畜禽疾病类症鉴别与防控原色图谱丛书

猪病类症鉴别与防控原色图谱

罗满林　主编

河南科学技术出版社

·郑州·

图书在版编目（CIP）数据

猪病类症鉴别与防控原色图谱 / 罗满林主编．— 郑州：河南科学技术出版社，2019.5
（畜禽疾病类症鉴别与防控原色图谱丛书）
ISBN 978-7-5349-9228-5

Ⅰ．①猪… Ⅱ．①罗… Ⅲ．①猪病-鉴别诊断-图谱 ②猪病-防治-图谱 Ⅳ．① S858.28-64

中国版本图书馆 CIP 数据核字（2018）第 166017 号

出版发行：河南科学技术出版社
地址：郑州市郑东新区祥盛街 27 号　　邮编：450016
电话：（0371）65788859　65788613
网址：www.hnstp.cn
策划编辑：李义坤
责任编辑：李义坤
责任校对：吴华亭
整体设计：张　伟
责任印制：张艳芳
印　　刷：郑州新海岸电脑彩色制印有限公司
经　　销：全国新华书店
开　　本：787 mm × 1092 mm　1/16　印张：13.5　字数：323 千字
版　　次：2019 年 5 月第 1 版　2019 年 5 月第 1 次印刷
定　　价：148.00 元

编写人员名单

主　　编　罗满林

副 主 编　常洪涛　林瑞庆　吕宗吉　邓衙柏　韩建强

编写人员　彭国良　张　欣　刘远佳　王　衡　邱深本

　　　　　仇华吉　廖晓萍　赵　晶　赵　津　范小龙

前　言

改革开放以来，随着集约化养殖业的不断发展，我国已成为名副其实的养殖大国，生猪的饲养规模已位居世界第一位。养猪不仅为市场供应了猪肉，同时也成为农民脱贫致富的一条路径。然而养猪也有风险，当前猪病繁多复杂，呼吸系统、消化系统和生殖系统的传染病仍占主流，免疫抑制病也较为普遍，有时老病未除，而消失多年的一些疫病又死灰复燃，同时一些新病也不断出现；多种血清型或基因型的出现，多重耐药菌株的产生导致的病原体变异频率加快，多种病原混合感染，疾病临床症状和病理变化的不典型等，均给我国养猪业发展带来了挑战。针对这些情况，我们组织了从事猪病防控一线的专家编写了本书。

本书共分为三部分。第一部分为猪病病理学基础及常用诊疗技术。第二部分为猪病类症鉴别与防治，为本书的重点和精华，分别对呼吸系统疾病、消化系统疾病、生殖系统疾病、多系统疾病、神经系统疾病、运动和被皮系统疾病、多种猪病混合感染、食源性人畜共患病的类症鉴别与防治进行了阐述。对每种疫病进行现场诊断、实验室诊断，同时提供了有效的防治措施。第三部分为猪场环境控制及废弃污染物处理，这是本书内容的拓展，也是每个猪场目前的痛点。附录部分包括猪的解剖、品种特征、免疫程序、疾病类别诊断、临床用药、常用药物制剂配制及给药方法、常用消毒药等。本书不同于以往的单纯性病例图片或无图片的教科书式的介绍，具有以下三个特点：一是针对性和实用性强，内容紧密结合现场和实际，旨在通过疫病的比对和鉴别，进行临床诊治；二是涵盖病种较全，除常见传染病外，一些寄生虫也被列入其中；三是病变或症状图片典型、清晰，图片多为现场诊断时拍摄。本书涉及面广，知识系统、全面，适合基层兽医工作者现场使用。

在大家的共同努力下，本书稿的编写工作才得以完成。在此，特别感谢各位参编人员积极主动地收集其他同事的图片，丰富了本书的内容。特别感谢河南农业大学王川庆教授，他为本书提供了多幅图片，并就本书内容编写也提出了很好的建议。另外，还要特别感谢中国农业科学院哈尔滨兽医研究所仇华吉研究员，特别为本书编写了非洲猪瘟类症鉴别与防控的内容。河南科学技术出版社李义坤编辑为本书的出版付出了很大努力，对本书内容的完善提出了具体意见，在此一并致谢。

虽然我们做出了很大的努力，但由于时间仓促以及专业水平有限，书中可能存在错误和不足之处，恳请广大读者批评指正。

编者

2019 年 1 月

目　录

第一部分

猪病病理学基础及常用诊疗技术

第一章　猪病病理学基础

第一节　发热

体温升高是许多疾病，尤其是传染性疾病经常伴发的一种临床症状。其中，病理性体温升高是最常见和最主要的表现类型，即发热（fever）。发热的发生过程及其变化动态具有一定的规律性，根据其规律性可为诊断疾病提供一定的帮助。

一、概念

机体在内生性致热源的作用下，体温调节中枢的调定点上移，引起体温出现调节性升高（升高≥ 0.5 ℃），称为发热。发热本身是机体的一种适应性反应，对机体起到防御性作用，但同时也会给机体带来损伤。

与发热相对应的另外一种病理性体温升高类型是过热。当机体体温调节功能发生障碍（颅脑受损）、产热与散热失衡（甲状腺功能亢进）、散热过程发生障碍（脱水热）时，引起体温的被动性升高，称为过热。发热与过热二者在发生机制和治疗方法上完全不同，临床上需要加以区分。

二、常见病因

通常，将能够刺激机体产生和释放内生性致热源，进而引起发热的物质称为发热激活物。根据其来源可分为两类。

1. 外源性发热激活物　常见于各种生物因素。如细菌及其代谢产物，常见的革兰氏阴性菌（大肠杆菌、沙门氏菌、巴氏杆菌等），其发热激活物的主要成分为细菌壁的内毒素（主要活性成分为脂多糖）；常见的革兰氏阳性菌（猪丹毒杆菌、猪链球菌、葡萄球菌等），其主要引起发热的成分为其全菌及其释放的外毒素。除此之外，还包括病毒性因素，如猪瘟病毒、猪繁殖与呼吸综合征病毒等；另外，真菌、附红细胞体、螺旋体（钩端螺旋体）以及寄生虫（弓形虫）等也是外源性发热激活物。临床上，动物不但在感染某些病原微生物时会出现发热，有时在注射疫苗进行免疫后，也会出现短时间的发热。

2. 内源性发热激活物 这类物质多是在病因作用下机体自身出现的病理产物。如超敏反应和自身免疫反应过程中形成的抗原-抗体复合物；在其他病因作用下，体内出现的炎性刺激（如尿酸盐结晶）、组织蛋白裂解产物（如红细胞裂解物）以及某些恶性肿瘤。

三、发生机制

发热的发生机制可以简单概括为三个阶段。

1. 信息传递 当病因作用于机体后，产生发热激活物，从而激活体内的内生性致热源细胞，并产生和释放内生性致热源，其作为发热的信息分子对机体体温调节中枢产生作用。

2. 中枢调节 下丘脑视前区存在体温调定点以控制体温的高低。当内生性致热源达到体温调节中枢时，通过发热中枢正调节介质（钠离子、钙离子、前列腺素、环磷酸腺苷等）使体温调定点上移，同时刺激释放负调节介质，以避免体温过度升高。

3. 效应器反应 神经冲动通过交感神经到达效应器。一方面，骨骼肌发生寒战，肝、肾等实质器官分解代谢加强，肾上腺、甲状腺等内分泌器官激素分泌增加，使产热增加；另一方面，皮肤毛细血管收缩、排汗减少，使散热减少。

四、对机体的影响

发热时，全身各系统器官的物质代谢都会产生相应的变化。物质代谢方面，机体每升高 1 ℃，基础代谢率提高约 13%。因此，当发热时，糖类、蛋白质、脂肪分解速率大于合成速率，并可能出现代谢性酸中毒、酮血（尿）症等，同时伴随 B 族维生素和维生素 C 的消耗，以及水和电解质的变化。此外，持续高热可引起机体脱水。

1. 神经系统 在发热初期表现为兴奋不安，高热期表现为精神沉郁。心血管系统方面，在发热期表现为心跳加快、血压升高、心脏收缩力加强，但长期发热可导致心力衰竭；随着体温恢复正常，心率和血压也逐渐恢复正常，但在高热骤退时，可因血压下降过快而导致休克。

2. 呼吸系统 发热时呼吸加深加快，有利于散热，但也可由于 CO_2 排出过多而出现呼吸性碱中毒；长时间发热时，呼吸中枢可出现抑制，使呼吸变慢变浅。

3. 消化系统 发热时消化腺分泌减少、消化道蠕动减慢，导致食欲减退、腹胀和便秘。

第二节 炎症

动物疾病是动物机体在致病因素作用下发生损伤与抗损伤的过程。在此过程中，机体自身调节紊乱，功能代谢和形态结构发生改变，机体内外环境之间的相对平衡与协调关系发生障碍，从而表现出一系列的症状和体征，并造成动物的生产能力下降或经济价值降低。很多疾病都伴随炎症反应的发生，尤其是感染性疾病。炎症反应即炎症，是指动物机体对致炎因素的局部损伤所产生的具有防御意义的应答性反应，是疾病中损伤因素与抗损伤因素相斗争的最为具体的表现。炎症反应与免疫密切相关，从免疫学角度分析，炎症过程包括特异性免疫反应及非特异性免疫反应。从病理学角度分析，炎症反应包括从最初的组织损伤到血管反应，再到最终的组织适应与修复等一系列连续的病理过程。它包括病毒性因素、细菌性因素、寄生虫性因素、中毒性因素等，无论哪种病因，尽管各自引起的临床症状、作用强度、持续时间不同，但这些疾病都以炎症作为共同的发病基础。

炎症的临床症状主要表现为红、肿、热、痛、功能障碍五大病征。从病理组织学角度分析，炎症反应主要包括组织损伤（变质性变化）、血管反应（渗出性变化）及细胞增生（增生性变化）。根据炎症的病理变化特点，炎症可分为变质性炎症、渗出性炎症及增生性炎症三类。对于常见的猪病，其发生、发展及转归与炎症过程密切相关。因此，正确认识炎症的不同变化，对疾病分析和诊断具有重要的指导意义。

一、炎症的分类

1. 变质性炎　以实质细胞的变性、坏死为主要病变，渗出和增生性变化轻微的炎症，称为变质性炎（alterative inflammation）。可由重度感染和中毒等外因直接引起，如伪狂犬病毒感染、弓形虫感染、沙门氏杆菌感染、黄曲霉毒素中毒等；也可由过敏反应、营养不良等内因间接造成，如硒和维生素 E 的缺乏。这一类炎症主要以心、肝、肾、脑等实质性器官的变质性变化最为显著，因此又称实质性炎（parenchymatous inflammation）。

（1）大体变化：发生变质性炎的器官体积增大，被膜紧张光滑，边缘钝圆。初期呈红色或暗红色，有时伴随出血。随病变加重，色泽逐渐变淡，可呈灰白色或灰黄色，切面膨隆、混浊、干燥、脆弱，组织结构模糊不清，有时脏器表面和切面可见浅色点状病灶。

（2）组织学变化：实质细胞主要表现为变性（颗粒变性、水疱变性及脂肪变性）及坏死。间质表现为不同程度的充血、水肿及炎性细胞浸润。严重者间质崩解液化，实质细胞排列零乱，组织失去固有结构。

实质性炎多表现为急性经过，病变较轻的组织和细胞通过再生而修复痊愈。病变严重时可造成器官功能急剧障碍，甚至危及生命。炎症若长期迁延不愈，可转为慢性经过，引起结缔组织显著增生，并导致脏器的硬化。

2. 渗出性炎　渗出性炎（exudative inflammation）是以血液液体成分和细胞成分的渗出为主，伴有不同程度变质和增生性变化的炎症。渗出性变化以微循环变化为核心，因此又称为血管反应。在致炎因素导致组织损伤的基础上，局部循环血流动力学发生改变，出现充血、瘀血，甚至血流停滞，同时微循环血管通透性亢进，血管内液体成分及细胞成分渗出，白细胞游走并发挥其吞噬能力，提高机体防御能力，以清除病因或病理产物。

根据渗出物成分的不同，渗出性炎症又分为浆液性炎、纤维素性炎、出血性炎、化脓性炎和腐败性炎。

（1）浆液性炎：浆液性炎（serous inflammation）是以渗出大量浆液为主的渗出性炎症，多为渗出性炎的早期变化。渗出的浆液类似血浆和淋巴液，含有3%～5%的蛋白质（主要为白蛋白、少量的球蛋白及纤维蛋白），并混有微量白细胞和脱落的细胞成分。浆液为无色或淡黄色半透明的液体，轻度混浊，在活体内不发生凝固，被排出体外或动物死亡后浆液转变成为半凝固的胶冻状物。

1）原因：各种理化性因素（烧伤、冻伤、酸碱腐蚀、机械擦伤）以及生物性因素都能够引起浆液性炎症。

2）病理变化：浆液性炎症可发生于结缔组织、黏膜、浆膜、表皮及肺脏中。

发生于结缔组织时，称为炎性水肿（inflammatory edema），如猪水肿病。皮下结缔组织发生炎性水肿时，局部肿胀，并可见面团样凹陷；腔性器官管壁内结缔组织水肿可造成管壁增厚。组织学变化表现为血管管腔、淋巴管管腔扩张，结缔组织胶原纤维的排列变得疏松，空隙增大，其间充满浆液和絮状物以及浸润细胞，继之胶原纤维膨胀、解离和断裂分解，网状结构消失。

发生在黏膜时，称为浆液性卡他（serous catarrh），常发生于消化道、呼吸道、生殖道的黏膜层，如急性咽型炭疽。大体变化表现为黏膜表面附有大量稀薄透明的浆液性渗出物，黏膜肿胀，管壁肥厚，略有透明感。组织学变化可见黏膜上皮细胞变性、坏死、脱落，固有层血管充血、出血及炎性细胞浸润。

发生在浆膜时，称为炎性腔水肿。由于浆膜层毛细血管出现渗出性变化，渗出的浆液可经浆膜进入并积聚于浆膜腔内，造成体腔（胸腔、腹腔、关节腔、颅腔）积液，严重时可充满浆膜腔并压迫腔内的脏器，引起机体功能障碍，如副猪嗜血杆菌感染时出现的胸腔积液。伴随出血，浆液可呈现血色。组织学变化可见间皮细胞肿胀、变性、坏死和剥落，导致浆膜面粗糙，失去固有光泽。

发生在皮肤时，浆液呈灶性蓄积，可引起肉眼可见的水疱。如发生口蹄疫时，皮肤棘细胞发生水疱变性和液化崩解，液体将表层上皮拱起而形成水疱，小水疱可融合为大水疱，水疱破裂转变成溃疡。

发生在肺脏时，可引起浆液性肺炎，浆液性渗出物可分布于肺泡腔及间质内，如2型猪圆环病毒感染时出现的肺水肿。

（2）纤维素性炎：纤维素性炎（fibrinous inflammation）是指渗出物中含有大量纤维素的渗出性炎症。浆液性炎症持续发展，逐渐有纤维蛋白原渗出。渗出的纤维蛋白原为受损伤组织在释放出的各种酶的作用下凝结形成的不溶性纤维蛋白，发生炎症时通常将析出的纤维蛋白称为纤维素。

1）原因：该病主要是由病原微生物感染所引起的，例如猪巴氏杆菌感染引起的纤维素性胸膜肺炎，猪瘟或猪副伤寒感染引起的纤维素性坏死性肠炎等。

2）病理变化：纤维素性炎症多伴有组织坏死，依照组织坏死程度的不同可分为浮膜性炎和固膜性炎两种。

A. 浮膜性炎：浮膜性炎（croupous inflammation）为组织坏死程度轻微的纤维素性炎症，主要发生于器官的浆膜、黏膜和肺脏。

浆膜的浮膜性炎发生于胸膜、腹膜及心包等浆膜时，病变部浆膜间皮细胞肿胀、变性、坏死和剥落。渗出到浆膜表面的纤维素与坏死的间皮凝结成膜状物（伪膜）。初期伪膜呈灰白色柔软的网状，随着渗出的纤维素不断增多，伪膜不断增厚和变得致密。伪膜易剥落，剥落后病变部浆膜呈暗红色，干燥，混浊，无光泽，不出现明显的组织缺损。此时，浆膜腔内蓄积数量不等的絮状纤维素浆液；病程持续过久时，仅见有纤维素。当发生于心外膜时，随着心脏的搏动，附着的纤维素也随之搏动，这种绒毛状外观的心脏，称为绒毛心。如副猪嗜血杆菌感染常造成此种病理变化。

黏膜的浮膜性炎发生于咽喉、气管、肠道、膀胱、子宫等黏膜时，亦可见由渗出纤维素、白细胞和坏死的上皮细胞形成的伪膜覆于黏膜表面，这种伪膜容易剥离，且常自然翘起，呈半游离状态。伪膜脱落后，该部位黏膜潮红、水肿、失去光泽，除部分上皮细胞坏死脱落外，不会伴有深层组织的缺损。

浮膜性炎发生在肺脏时，称为纤维素性肺炎。肺泡壁毛细血管充血，渗出的纤维素炎在肺泡内凝结成网状，使肺脏质地变硬，这通常称之为肝变（hepatization）。纤维素性炎的发生，伴随不同病理变化的出现。典型纤维素性肺炎可分为充血期、红色肝变期、灰色肝变期和消散期四个阶段。

浆膜发生浮膜性炎时，随着炎症消退，浆液可被吸收，纤维素可被白细胞释放出的蛋白酶溶解。但当纤维素渗出过多时，可被自身肉芽组织取代而发生机化，造成浆膜肥厚或脏器之间的粘连。而黏膜发生浮膜性炎时，表面形成的伪膜一般不发生机化现象，而是通过炎性反应，脱离后被排出体外，上皮再生而完全治愈。肺脏发生浮膜性炎时，一旦纤维素被肉芽组织取代，便可造成肺组织的肉变。

B. 固膜性炎：固膜性炎（diphtheritic inflammation）是一种伴随严重组织损伤的纤维性炎，又称为纤维素性坏死性炎。与浮膜性炎不同，它只发生于黏膜，亦形成伪膜，但黏膜组织坏死程度严重，并可达深层组织。伪膜与深层活组织交错，故不易剥离，若强行剥离黏膜则出现较深溃疡和出血，有时坏死可达管壁的肌层甚至浆膜下，造成管腔穿孔。根据固膜性炎的波及范围，可将其分为局灶型和弥漫型两种。发生局灶型固膜性炎时，黏膜表面可形成隆起的痂，如猪瘟出现于肠道黏膜的扣状肿；弥漫型固膜性炎波及范围更大，表现为黏膜层大面积的损伤，如猪感染副伤寒杆菌时肠道黏膜出现糠麸样外观。

当固膜性炎趋向痊愈时，假膜与下方组织之间的炎性反应有脓性溶解，假膜脱落，缺损的局部被肉芽组织取代而形成瘢痕组织。

（3）化脓性炎：化脓性炎（suppurative inflammation）是指以大量中性粒细胞渗出并伴有组织坏死溶解而导致渗出物呈脓性的炎症。化脓性炎可发生于各部位的器官组织。

1）原因：引起化脓性炎的主要原因是化脓性细菌感染，如葡萄球菌、链球菌、绿脓杆菌等。此外，有些化学物质，如松节油、巴豆油、硝酸银或机体自身的坏死组织亦可引起无菌性化脓。

2）病理变化：化脓性炎症病灶中的坏死组织被中性粒细胞或坏死组织产生的蛋白酶所溶解液化的过程，称为化脓，所形成的液体称为脓液。脓液中含有大量炎性细胞、溶解的坏死组织和浆液，有时还混有絮状纤维素和红细胞。炎性细胞以中性粒细胞为主，混有不同比例的单核细胞、嗜酸性粒细胞和淋巴细胞。急性化脓性炎，绝大多数为中性粒细胞，但在慢性化脓性炎时，特别是结核性化脓性炎，则以淋巴细胞为主。脓液中的炎性细胞除少数尚保持吞噬功能外，大多数发生变性、坏死、崩解。脓液中的这种处于变性坏死状态的炎性细胞，称为脓球或脓细胞，脓球以外的液体成分为脓清。

脓液的外观颜色往往与化脓菌的种类有关，如感染葡萄球菌可形成黄白色脓汁，感染绿脓杆菌可形成黄绿色脓汁；当化脓性炎继发感染其他厌氧性细菌时，脓液呈污褐色或黑绿色，并有恶臭味。

依据化脓性炎发生部位的不同又可分为以下形式：

A. 脓性卡他（purulent catarrh）：发生于黏膜表面，引起表层组织溶解破坏，而深部组织没有明显的中性粒细胞浸润和溶解坏死的化脓性炎。

B. 积脓（empyema）：当浆膜腔或胆囊、输卵管、子宫、额窦等黏膜发生表层化脓时，脓液蓄积于相应的腔或窦内，称为积脓。

C. 脓肿（abscess）：在组织内发生局限性化脓性炎时，该部位组织被中性粒细胞和淋巴细胞释放的酶溶解液化，形成充满脓液的囊腔。脓肿周围的组织有显著充血和细胞浸润。经过一定时间后脓肿周围有肉芽组织增生，成熟后形成纤维性包囊。化脓菌被消灭和炎性渗出停止后，小脓肿的内容物可逐渐被吸收而治愈；较大的脓肿内脓液难以完全被吸收，进而干涸、钙化。

深部的脓肿有时可溶解体表、体腔或自然管腔，形成狭窄的管道，导致脓肿破坏黏膜和皮肤，与体表、体腔或自然管道相通，不断向外排出脓液。当脓肿仅通过一个管道向体外或自然腔排脓时，称为窦道。当通过两个通道同时向体外和自然腔排脓并造成体外和自然腔连通时，称为瘘管。当皮肤毛囊出现脓肿时，如果是以单个的毛囊为中心形成脓肿，称为疖；以多数毛囊为中心形成脓肿，造成局部皮下组织化脓，则称为痈；在复层上皮形成的充满脓液的疱，称为脓疱。

D. 蜂窝织炎（phlegmonous inflammation）：在皮下或肌间疏松结缔组织内出现的弥漫性化脓性炎。病因主要见于溶血性链球菌感染。炎性组织内有大量中性粒细胞浸润，引起细胞坏死溶解，进而引起附近的实质组织坏死溶解，使病灶与健康组织无明显界限。蜂窝织炎扩散迅速，容易通过组织间隙和淋巴管蔓延，如治疗不及时，病势可波及全身，甚至发展成为败血症或脓毒败血症。

（4）出血性炎：出血性炎（hemorrhagic inflammation）是指渗出液中含有大量红细胞从而

导致渗出液甚至整个炎症灶呈红色的一类炎症。出血性炎常见于各种传染病（如败血症型炭疽、急性猪瘟及仔猪红痢疾时的肠道变化）和某些中毒性疾病，可造成小血管损伤、通透性亢进、红细胞外渗。

出血性炎多呈急性经过，并常与其他类型渗出性炎混合存在，如浆液性出血性炎、纤维素性出血性炎、化脓性出血性炎等。出血性炎与单纯性出血不同，出血性炎除出血变化外还具有炎症的特征。渗出物中有大量红细胞，也有一定数量的炎性细胞浸润、纤维素性渗出物，同时可能伴随组织的变质性变化。

3. 增生性炎　增生性炎（proliferative inflammation）是指以组织成分增生过程占优势，变质和渗出性变化表现轻微的一类炎症。根据其病因和病理变化，又可分为普通增生性炎和特异性增生性炎两种。

（1）普通增生性炎：普通增生性炎主要为成纤维细胞、血管内皮细胞、单核－巨噬细胞和淋巴细胞的增生，或组织的固有成分（上皮细胞及其他实质细胞）增生，增生的成分不构成特殊的结构。增生反应发生在组织的间质部分时，称为间质性炎（interstitial inflammation），如间质性肺炎、间质性肾炎。普通增生性炎可分为急性增生性炎和慢性增生性炎两种。

1）急性增生性炎：急性增生性炎是以网状内皮系统或单核吞噬细胞系统细胞的增生为主，浸润于组织间隙内，结缔组织的增生不明显。在发生传染病时，由于脾脏和淋巴结的淋巴细胞、巨噬细胞、血管窦或淋巴窦的内皮细胞等急性高度增生，常造成脾脏和淋巴结的肿大。如仔猪副伤寒时，在肝脏、脾脏等器官内的血管内皮细胞和巨噬细胞增生，形成副伤寒结节；猪伪狂犬病、蓝耳病等传染病常伴发非化脓性脑炎，脑组织中可见由胶质细胞增生形成的神经胶质结节和血管套；也可见脏器正常成分的增生，如猪感染劳森氏细菌时，肠道黏膜隐窝增生造成增生性肠炎的出现，大体变化表现为肠壁增厚，如橡皮管样。

2）慢性增生性炎：在慢性炎症或炎症后期，主要以间质结缔组织增生为主。初期表现为大量的成纤维细胞和新生毛细血管组成的肉芽组织增生，其中可混有淋巴细胞、浆细胞、巨噬细胞，如猪感染蛔虫时出现的"乳斑肝"；后期形成瘢痕组织，间质成分增多，实质减少，造成器官的纤维化。慢性炎症的增生是对炎症过程中的组织损伤进行修复的过程，但常常导致器官组织的硬化，质地变硬，体积缩小，表面凹凸不平，机能下降。

（2）特异性增生性炎：特异性增生性炎是指由某些特定病因引起的增生性炎症，可由生物性因素引起，如结核分枝杆菌、布鲁氏菌、寄生虫；也可由非生物因素引起，如异物、病理产物等。这些病因可在炎症局部引起单核巨噬细胞的增生，形成眼观或显微镜可以辨认的局灶性结节病灶，这些单核巨噬细胞以后可演变为上皮样细胞和多核巨细胞。我们将这样的结构称为肉芽肿。根据其病因，肉芽肿又可分为传染性肉芽肿和异物性肉芽肿。

1）传染性肉芽肿：当猪感染结核分枝杆菌、2 型圆环病毒时引起特异性增生性炎时，结核分枝杆菌引起的肉芽肿结构比较典型，而 2 型圆环病毒主要引起小肉芽肿。以结核性肉芽肿为例，病变之初表现为局部组织内巨噬细胞增生和浸润，以后巨噬细胞转变为上皮样细胞，在上皮样细胞之间散在多核巨噬细胞。上皮样细胞周围聚集淋巴细胞组成界线明显的结节，结节中心常发生凝固性坏死。

2）异物性肉芽肿：它是因进入组织内的异物或病理产物而引起的局部增生性反应，如寄生虫虫体、组织内沉积的尿酸盐等。主要表现为异物周围分布有上皮样细胞和多核巨噬细胞。

二、炎症的转归

上述三类基本炎症在疾病发展过程中联系密切，它们可能是同一病理过程的不同阶段，也可能是两种炎症类型同时出现，每种炎症变化对机体都存在利弊并影响病程的发展，但炎症最终的发展方向还是取决于机体与病原之间的抗损伤与损伤作用。炎症反应的结局一般表现为三种形式。

1. 痊愈 当机体抵抗力占优势，病原被消灭，体内病理产物被清除，损伤组织得以修复，脏器的结构和功能完全恢复正常的过程，称为完全痊愈；当组织损伤严重时，病原未被清除，但病理产物或损伤组织被肉芽组织取代并形成瘢痕，脏器的结构和功能未能完全恢复，则称为不完全痊愈。

2. 迁延不愈 当机体抵抗力低下、治疗不及时，不能彻底清除病原，使炎症持续存在，转为慢性，并表现为有时缓解、有时加剧的预后过程，称为迁延不愈。

3. 蔓延扩散 在机体抵抗力下降的同时，病原微生物增殖、毒力增强，可造成其蔓延扩散。病原微生物的蔓延扩散主要通过三个途径：①局部扩散。如猪支原体肺炎出现的支气管炎、支气管周围炎、支气管肺炎及融合性肺炎的病理过程。②淋巴道蔓延。如猪瘟病毒和 2 型圆环病毒可通过感染门户进入淋巴循环造成的淋巴结炎。③血液蔓延。当病原微生物或其毒性产物突破血液屏障进入血液时，即可通过血液在体内蔓延并在其最适宜部位生长繁殖，造成菌血症、病毒血症、虫血症、毒血症、败血症、脓毒败血症的出现。

大多数疾病过程与炎症反应相伴出现，在某些情况下，疾病的发生、发展及转归的过程就是炎症的变化过程。某些疾病，尤其传染病的病理本质就是炎症反应，而炎症的本质又是机体针对致炎因素的一种保护性和防御性反应，其参与病因的消除、组织的修复和创伤的愈合，但同时又会造成组织的损伤。因此，面对疾病时，应科学认识和合理控制炎症，既要发挥其消除病因、控制感染、参与修复的有利优势，又要减轻其对机体的损伤。

第三节　水肿与脱水

疾病过程中经常伴随体液的变化，体液代谢变化不单单是水分的变化，同时还包括钠离子、钾离子、钙离子、镁离子等电解质的变化。水和电解质的变化包括脱水、水中毒、盐中毒水肿、钾代谢障碍等，其中水肿和脱水在临床上较为常见。

一、水肿

当过多的等渗液体在组织间隙或体腔中积聚时，称为水肿（edema）。当体腔内积聚大量液体时，常被称为积水。水肿一般不伴有细胞内液增多，细胞内液增多称为细胞水肿。根据水肿的发生原因，可分为心源性水肿、肝源性水肿、肾源性水肿、炎性水肿及营养不良性水肿等。根据其发生范围，又可以分为全身性水肿和局部性水肿。

1. 常见水肿类型

（1）心源性水肿：心性水肿主要由心力衰竭而引起。通常左心衰竭时，多引起肺水肿；而右心衰竭时，常引起全身水肿，并表现为身体下垂部或皮下疏松组织处水肿，平卧后水肿减轻，严重时可出现胸腹水。

（2）肾源性水肿：当发生肾小球肾炎、间质性肾炎、肾病综合征、肾功能不全时，造成机体出现低蛋白血症及水钠潴留，进而导致肾性水肿的出现。肾性水肿属于全身性水肿，主要出现在组织结构疏松、皮肤伸展度大的部位，如眼睑。

（3）肝源性水肿：当感染、中毒造成肝硬化、肝功能受损时，可引起肝静脉回流受阻、门静脉高压、水钠潴留以及低蛋白血症，进而导致肝性水肿的出现。肝性水肿也属于全身性水肿，常表现为肠壁水肿及腹水生成增多等症状。

（4）炎性水肿：当各种病因作用于机体时，在局部引起充血、瘀血等血液循环障碍，使局部毛细血管内流体静压升高、血管壁通透性增大、组织内胶体渗透压升高，可引起血浆成分及淋巴液成分在组织间隙积聚。炎性水肿为典型局部水肿，水肿部位蛋白质含量较高，水肿局部伴随红、肿、热、痛的变化。

（5）营养不良性水肿：当饲料中营养物质缺乏，或动物因病因作用出现饲料摄入不足、消化吸收障碍、排泄过多时，可引起机体出现低蛋白血症，并造成全身性水肿，常以低垂部、组织疏松处、四肢下部水肿最为明显。

2. 水肿对机体的影响　水肿是一种可逆的病理过程，针对病因及症状进行治疗后，水肿变化可以得到改善及恢复。炎性水肿中渗出的水肿液可对局部的病理产物、毒物起到稀释的作用，同时可以运送抗体提高局部的防御能力。但大多数类型的水肿或长时间的水肿可对机体造成不良的影响。脏器水肿时，可造成其功能障碍，如喉头、肺水肿时可出现呼吸障碍，脑水肿时可出现神经症状，心包积液时可造成心功能障碍等。另外，组织间隙内的水肿液会增加实质细胞与毛细血管之间的距离，不利于细胞间的物质交换，进而引起组织缺血、缺氧、物质代谢障碍等，不利于组织的再生，并使组织抵抗感染的能力下降。

二、脱水

在病因作用下，机体体液容量明显减少的现象，称为脱水（dehydration）。在机体水分丧失的同时，常伴随各种电解质，特别是钠离子的比例失衡。因此，根据脱水后体液渗透压的变化，可分为高渗性脱水、等渗性脱水和低渗性脱水。

1. 高渗性脱水 动物机体发生以失水为主、失水大于失钠的脱水现象，此时细胞外液钠离子浓度和血钠浓度均升高。该类型脱水常见于咽喉、食管疾病导致的吞咽困难或由水源断绝引起的缺水，还见于仔猪呕吐、腹泻时水分从消化道流失，天气炎热大汗、发热、过度呼吸时水分从皮肤和呼吸道流失，以及静脉注射高渗葡萄糖溶液、肾功能障碍时水分从肾脏流失。

发生高渗性脱水时，机体可以通过增强渴感、增加抗利尿激素的分泌以及细胞内液向细胞外转移等方式进行适应性调节。

如果脱水量过大、时间过久并超出机体的调节能力，机体体液持续减少，机体皮肤和呼吸器官蒸发水分减少，散热减少，热量在体内蓄积而引起体温升高，称为脱水热。严重时，还可以造成酸性和（或）有毒代谢产物在体内的蓄积，进而引起酸中毒和（或）自体中毒。

2. 等渗性脱水 动物脱水时，失水与失钠比例基本相当，此时细胞外液渗透压基本不变。该类型脱水常见于大面积烧伤、软组织损伤时血浆的丧失，成年猪呕吐、腹泻时肠道液体的流失，以及胸腔腹水时细胞外液的流失。

发生等渗性脱水时，体液（细胞外液）减少，回心血量减少、心输出量降低，严重时可引起血压下降甚至休克；同时可以造成血液浓缩，红细胞压积增大。另外，在等渗性脱水初期，如果治疗不及时，患畜体液经皮肤和呼吸道的正常蒸发，可造成高渗性脱水。如果在治疗过程中，仅进行水分的补充，又可能导致低渗性脱水，甚至水中毒。

3. 低渗性脱水 动物脱水时，失钠大于失水，此时细胞外液容量减少，渗透压降低。该类型脱水常见于呕吐、腹泻、出汗、失血等脱水后，仅进行水分的补充而没有进行钠离子的补充。还见于长期使用利尿剂、慢性间质性肾炎时，钠离子大量从肾脏排出流失；肾上腺功能障碍时，其皮质分泌醛固酮激素量减少，导致肾小管对钠重吸收能力下降。

低渗性脱水时，由于细胞外液渗透压的下降，可导致细胞外水分向细胞内转移。这样一方面加剧细胞外液（体液）的容积，引起循环血量的减少、血压下降甚至低血容量性休克的出现；另一方面引起细胞水肿，当神经细胞出现水肿时，可导致神经症状的出现。

第四节 酸碱平衡紊乱

在正常情况下，机体尽管不断地摄取、生成、排出酸性物质或碱性物质，但通过血液缓冲系统、肺脏呼吸、肾脏排酸保碱以及细胞内外离子交换的调节，可以始终维持机体的 pH 值相对恒定，使其处于动态平衡的状态。然而，当机体酸碱负荷过重和（或）超出机体自身的调节能力时，这种酸碱平衡将被打破，出现酸碱平衡紊乱（acid-base balance disturbance）。根据血液pH值高低的变化，可将酸碱平衡紊乱分为酸中毒和碱中毒；根据其原发性原因，又分为代谢性酸中毒、代谢性碱中毒、呼吸性酸中毒和呼吸性碱中毒，其中代谢性酸中毒是临床上最为常见的酸碱平衡紊乱类型。

一、代谢性酸中毒

代谢性酸中毒是指当体内固有酸增多和（或）碱性物质丧失过多而引起的以 $NaHCO_3$ 原发性减少为特征的酸碱平衡紊乱的过程。

1. 常见病因

（1）体内酸性物质增多：

1）酸性物质生成增多：当出现发热、缺氧、血液循环障碍、微生物感染、过度饥饿时，导致机体蛋白质、脂肪、糖代谢加强，由于这些营养物质不能进行彻底的氧化，产生大量的中间代谢产物，如酸性氨基酸、酮体、乳酸等，使酸性物质堆积。

2）酸性物质摄入过多：例如当饲料中糖类添加过多，或治疗时没有科学地使用稀盐酸、水杨酸钠、氯化铵等酸性药物。

3）酸性物质排泄障碍：如长期使用磺胺类药物或微生物感染等造成的急、慢性肾炎，可导致肾脏排酸保碱的能力降低。

另外，由于输入大量含钾溶液、溶血或组织坏死而引起的高钾血症，同样可以造成代谢性酸中毒。

（2）体内碱性物质流失过多：

1）碱性物质随肠液流失：消化液中，肠液为碱性。当猪感染大肠杆菌、流行性腹泻病毒、传染性胃肠炎病毒时造成的剧烈腹泻，或发生肠梗阻、肠扭转时，可排出大量碱性肠液，造成体内酸性物质相对增多。

2）碱性物质随尿液流失：正常机体原尿中含有 HCO_3^- 等碱性物质，并通过肾小管上皮细胞的排酸保碱过程急性重吸收。当出现肾小管性肾炎时，肾上腺皮质功能损伤导致醛固酮激素（具有保碱排酸的功能）分泌减少时，或使用大量碳酸酐酶抑制剂型利尿药（如乙酰唑胺）时，可导致碱性物质随尿液流失。

3）碱性物质随血液流失：血液中的 HCO_3^- 等碱性物质称为碱储，它具有强大的缓冲作用。当发生严重出血、失血时，可造成碱性物质随血液流失。

2. 对机体影响　代谢性酸中毒时，神经系统处于抑制状态，机体表现为意识模糊、反应迟缓、嗜睡、昏迷，严重时可出现呼吸和心血管运动中枢的麻痹而引起死亡。对于心血管的影响表现为心肌收缩力降低、心律失常、血压下降甚至低血容量性休克。另外，慢性酸中毒时，骨骼中的钙盐会被释放进入血液以中和 H^+，导致骨骼中钙的流失，从而出现佝偻病、软骨症等。

二、呼吸性酸中毒

呼吸性酸中毒是指由于 CO_2 排出障碍或 CO_2 吸入过多而引起的血浆中 H_2CO_3 浓度原发性

升高，pH 值趋向或低于正常水平的病理过程。

1. 常见病因

（1）CO_2 排出障碍：

1）呼吸中枢抑制：如颅脑损伤或由于病原微生物感染造成脑部出现炎症时（如乙型脑炎病毒感染），大量使用全身麻醉药或呼吸中枢抑制药物（巴比妥类药物）时，可造成呼吸中枢的抑制。

2）呼吸肌麻痹：常见于有机磷农药中毒，还可见于脑脊髓炎、低血钾症或重度高血钾症。

3）呼吸道堵塞：如猪肺疫时出现的喉头水肿，支气管炎时的炎症物质堵塞，食管严重堵塞时对气管造成压迫等情况。

4）胸腔及肺部疾病：胸腔积液、纤维素性胸膜炎、气胸、肋骨骨折等情况可影响呼吸功能；同时猪感染巴氏杆菌、副猪嗜血杆菌、传染性胸膜肺炎、支原体、圆环病毒、蓝耳病病毒等，可造成肺水肿、肺气肿、间质性肺炎、肉变、化脓等病理损伤，使肺脏换气功能发生障碍，造成 CO_2 在体内的蓄积。

（2）CO_2 吸入过多：常见于圈舍空间小、饲养密度大、空气流通性差等情况。

2. 对机体的影响 呼吸性酸中毒对于心血管的影响与代谢性酸中毒相似。除此之外，高浓度CO_2还能使脑血管扩张、颅内压增加，导致持续性头痛；严重时可出现“二氧化碳麻醉”，引发震颤、精神沉郁、嗜睡甚至昏迷。

三、代谢性碱中毒

代谢性碱中毒是指由于机体碱性物质摄入过多后酸性物质流失过多而引起的以血浆 $NaHCO_3$ 浓度原发性升高，pH 值趋向或低于正常水平为特征的病理过程，兽医临床少见。

1. 常见病因

（1）碱性物质摄入过多：常见于饲料中尿素含量超标或 $NaHCO_3$ 不合理的使用，以及排泄物清理不及时，圈舍内氨气蓄积。

（2）碱性物质排泄障碍：多见于机体肝功能不全引起的氨基酸脱氨基后产生的—NH_2 不能形成尿素而在机体的蓄积。

（3）酸性物质流失过多：见于动物严重呕吐时，胃液中的盐酸从消化道流失；长期使用噻嗪类利尿剂时，H^+ 从肾脏流失。

2. 对机体的影响 机体发生碱中毒，轻微时患畜表现为兴奋、躁动，严重时可出现昏迷。呼吸方面表现为呼吸变浅、变慢甚至组织缺氧。碱中毒可以导致低钾血症的出现，表现为肌肉无力、多尿、口渴。当低钾血症纠正后，又因碱中毒引起的血钙减少而出现抽搐症状。

四、呼吸性碱中毒

呼吸性碱中毒是指由于 CO_2 排出过多而引起的以血浆中 H_2CO_3 浓度原发性减少，pH 值趋向或低于正常水平的病理过程。

1. 常见病因

（1）中枢神经功能异常：当机体出现脑炎、脑膜炎、脑水肿、脑外伤时，或发热的一定阶段，呼吸中枢表现为兴奋性升高，呼吸加深加快，排出大量CO_2。

（2）药物副作用：某些药物如水杨酸钠、铵盐类药物具有兴奋呼吸中枢的副作用。

（3）低氧血症：家畜转移至高海拔地区，机体由于缺氧而出现呼吸加深加快的现象。

（4）环境温度影响：环境温度过高，导致体温升高、物质代谢增加，引起呼吸中枢兴奋。

2. 对机体影响　对机体的影响基本与代谢性碱中毒一致。另外，由于低碳酸血症可引起脑血管收缩，导致头痛、眩晕、意识障碍等神经症状。

第五节　黄疸

黄疸（jaundice）是由于胆红素代谢障碍或胆汁分泌与排泄障碍而导致血清胆红素浓度升高，引起巩膜、黏膜、皮肤以及骨膜、浆膜和实质器官被染成黄色的病理过程。根据其发病原因及发生机制，可分为溶血性黄疸、实质性黄疸、阻塞性黄疸。

一、溶血性黄疸

由于红细胞被大量破坏，血液中非酯型胆红素生成增多，大量的非酯型胆红素运输至肝脏，使肝细胞负担增加，当超过肝脏对其摄取与结合能力时，则引起血液中非结合型胆红素浓度的增高。常见于溶血性疾病，如猪附红细胞体病、血液寄生虫感染、饲料霉变以及化学物质中毒等病因。

该类型黄疸不但出现黏膜黄染症状，有时还伴随粪便、尿液颜色加深。仔猪出现该类型黄疸时，可能出现痉挛、抽搐、运动失调等神经症状。

二、实质性黄疸

实质性黄疸是由于肝脏实质发生严重损伤、肝功能受损，使其对胆红素的代谢发生障碍而引起的黄疸。常见于各种类型的肝炎，如败血症、病毒性肝炎、黄曲霉毒素中毒、磷中毒等。

该类型黄疸除黄染外，还伴随肝功能障碍引发的各种临床症状。

三、阻塞性黄疸

阻塞性黄疸是由于胆管堵塞，胆红素排出受阻，造成胆红素从胆管内溢出并反流入血液而造成的黄疸。常见于胆管内结石、肝内寄生虫感染、胆管内炎性产物蓄积、肝内或胆道内肿瘤的压迫等。

该类型黄疸由于胆管堵塞，肠道内缺乏胆汁，引起脂肪消化吸收不良，脂溶性维生素吸收不足；慢性过程时，可导致出血倾向。

第六节　应激

应激（stress）是指机体受各种因素的强烈刺激或长期作用所呈现的以交感神经过度兴奋和垂体－肾上腺皮质功能异常增强为主要特征的一系列神经内分泌反应。由此可引起各种功能和代谢的改变，以提高机体的适应能力并维持内环境的相对稳定。任何生理的（physiological）或心理的（psychological）刺激只要达到一定程度，除了可引起特异性变化外，还可引起一些与刺激因素无直接关系的全身性非特异性反应，如神经内分泌的变化，以适应内外环境的改变。

能够引起应激反应的所有因素统称为应激源（stressor），简称激源。任何刺激，只要达到了一定强度，都可作为应激源。它包括外环境因素、内环境因素和心理因素。外环境因素（external factor）包括环境突然变化、捕捉、长途运输、过冷、过热、缺氧、缺水、断料、断电、密度过大、混群、营养缺乏、改变饲喂方式、更换饲料、气候突变、过劳、仔猪断尾等；内环境因素（internal factor）包括贫血、休克、器官功能衰竭、酸碱平衡等；心理因素（psychological factor）包括惊吓、焦虑、突发事件的影响等。

适当的应激可以提高机体的适应能力及抵抗能力，但强烈应激或长久的应激可能导致器官功能紊乱，直至出现疾病。如在生猪生产中，常会见到动物出现应激性溃疡、商品猪的应激综合征等。

一、应激性溃疡

应激性溃疡（stress ulcer）又称为急性胃黏膜病变（acute gastric mucosal lesion）、急性出血性胃炎（acute hemorrhagic gastritis），是指在大面积烧伤、严重创伤、休克、败血症等应激状态下，胃、十二指肠黏膜出现急性损伤，主要表现为胃和十二指肠黏膜糜烂、出血、溃疡。应激性溃疡一般多发生在浅表位置，少数可以出现深层组织的损伤甚至穿孔。强烈刺激作用可在数小时内引起应激性溃疡的出现，如果应激源刺激逐渐减弱，溃疡可在数天后愈合，愈合后一般不留瘢痕。但患畜有严重的创伤、休克及败血症等时，如果再伴有应激性溃疡引发的大出血，死亡率则明显升高。应激性溃疡的发生是机体神经内分泌失调、胃黏膜屏障保护功能降低及胃黏膜损伤作用增强等多因素综合作用的结果，具体可以归纳为以下几点。

1. 胃黏膜屏障功能降低　胃黏膜屏障的作用是保护胃黏膜免受损伤。应激性溃疡时，胃黏膜的屏障作用遭到严重的破坏。胃粘膜屏障功能降低主要有以下几方面原因。

（1）胃黏膜缺血：应激时，交感－肾上腺系统兴奋，儿茶酚胺分泌增加，外周血管收缩，其胃肠道血管的收缩尤其明显，胃黏膜血管痉挛，并可使黏膜下层动、静脉短路，流经黏膜表面的血液减少。胃黏膜持续性的缺血、缺氧，致使黏膜上皮坏死、脱落，毛细血管通透性增高而引起出血。黏膜的损害程度与缺血程度密切相关。

（2）黏液与碳酸氢盐分泌减少：应激造成胃黏膜缺血，可使胃黏膜上皮分泌黏液和HCO_3^-的作用降低，从而破坏屏障。交感神经兴奋，胃肠平滑肌受到抑制，胃肠蠕动减弱，幽门功能紊乱，胆汁反流入胃，胆汁酸盐可以破坏生物膜大分子疏水基团之间的作用，直接破坏胃黏膜上皮细胞对H^+的屏障作用；胆汁同时具有抑制碳酸氢盐分泌的作用，并能溶解胃黏液，间接抑制黏液合成。另外，应激时机体物质代谢率升高，糖类、脂肪、蛋白质的分解代谢增强，血液中乳酸、脂肪酸和酮体等酸性代谢产物在体内蓄积，引起酸中毒，使血浆中HCO_3^-含量降低，胃黏膜分泌HCO_3^-能力进一步减弱。与此同时，糖皮质激素分泌量增加，其可抑制胃黏液的合成与分泌；又可使胃肠黏膜细胞蛋白质的合成减少、分解增加，导致黏膜上皮细胞更新减慢，再生能力受到抑制。

（3）前列腺素水平降低：胃黏膜上皮可以合成、分泌并释放前列腺素。前列腺素对黏膜上皮细胞具有较强的保护作用，表现为能够使细胞腺苷酸环化酶激活而使环磷酸腺苷（cAMP）升高，促进胃黏液和HCO_3^-的分泌，还能增加胃黏膜血流量，促进上皮细胞更新。但在应激时，前列腺素分泌水平下降，加重胃黏膜损伤。

（4）超氧离子增加：应激状态时机体可产生大量超氧离子，破坏细胞膜系统，使核酸合成减少，上皮细胞更新速率减慢，进而损伤胃黏膜。

2. 胃酸分泌增加　动物实验和临床观察均表明，动物遭受颅脑损伤和烧伤等应激源刺激后，胃液中氢离子浓度明显增加。胃酸增加主要与神经中枢和下丘脑损伤引起的神经内分泌失调、血清促胃液素增高、颅内压刺激迷走神经兴奋通过壁细胞和G细胞释放促胃液素产生大量胃酸等因素有关，应用抗酸剂及抑酸剂可预防和治疗应激性溃疡。

二、猪应激综合征

猪应激综合征（porcine stress syndrome，PSS）是猪遭受多种不良因素的刺激引发的非特异性应激反应。该病多发于封闭饲养或运输后待宰的猪，表现为死亡或屠宰后猪肉苍白、柔软和水分渗出，从而影响猪肉的品质。猪应激综合征在国内外发病较多，给养猪业造成了巨大的经济损失。根据应激的性质、程度和持续时间，猪应激综合征的表现形式有猝死性应激综合征、恶性高热综合征、急性背肌坏死征、水猪肉、胃溃疡以及急性肠炎水肿等。特别是猪的饲养管理和运输方面的应激问题，危害严重，可导致繁殖障碍、生长发育受阻，造成严重疾患甚至死亡。在宰后肉品质量方面引起的经济损失十分惊人。据报道，应激敏感猪宰后60%～70%出现水猪肉，这种肉适口性差，不适合加工，也不宜鲜销。据统计，我国每年因水猪肉造成的经济损失高达数十亿元。

水猪肉是指猪宰后肌肉苍白（pale）、质地松软（soft）、缺乏弹性、肌肉表面渗出水分（exudative），俗称白肌肉，也叫水猪肉（watery pork）或PSE肉。常见于半腱肌、半膜肌、腰大肌、背最长肌等肌肉。该肉眼观呈淡白色，与周围肌肉有明显区别，其表面湿如水洗，多汁，指压无弹力，呈松软状态。显微镜下观察，可见肌纤维变粗，为正常肌纤维的 3 ~ 4 倍，横纹消失，肌纤维分离、断裂，严重时可见坏死。有时可见浆细胞、淋巴细胞、嗜酸性粒细胞和单核细胞浸润现象。

形成水猪肉的主要原因是应激导致肌糖原大量分解、乳酸堆积、pH 值下降、肌肉温度升高。一般宰后 45 min 胴体的正常 pH 值为 6.0 ~ 6.4，而水猪肉，一般情况下宰后 45 min 的 pH 值为 5.1 ~ 5.5。pH 值 5.5 是肌动蛋白和肌球蛋白的等电点，在此 pH 值时，肌动蛋白和肌球蛋白凝结收缩呈颗粒状，游离水增多，肌肉吸水性下降；同时高温又使肌膜变性、崩裂，细胞内水分渗出。另外，高温和低 pH 值又可以使胶原蛋白膨胀，组织脆弱。

第二章　猪病常用诊断技术

及时且正确的诊断是做好猪病防治工作的前提和基础。猪病诊断的方法很多，大体可分为现场诊断和实验室诊断两类。现场诊断通常采用流行病学、临床症状和病理剖检方法，利用视、触、闻、问等手段对疾病进行临诊综合诊断。现场诊断水平的高低和准确性，与实际工作经验有密切的关系，也需要有扎实的专业知识功底作为基础。实验室诊断包括血、粪、尿等检验方法，病理组织学方法，病原学诊断（含分子生物学诊断）以及免疫学诊断等。尽管诊断的方法很多，但不是每次诊断工作或每种疫病都需用到所有的方法，而是应根据不同疫病特点具体情况做具体分析，有时仅需一两种方法就可以做出诊断的话，就没必要进行更烦琐的工作。在实际工作中，任何一种诊断方法都有其不足之处，因而要注意各种诊断方法的配合使用，尤其是检测性试验要兼顾其特异性和敏感性。需要指出的是，随着临床工作复杂性的增加，如非典型感染、多重感染的出现，最后做出确诊，要进一步加强实验室的检验和诊断，对各种诊断结果进行对比分析。另外，从事实验室检测的专业人员，要注重对检测结果的分析，加强对临床案例工作具体情况的了解，从而选择合适的诊断方法，特别是保证采样材料、保存方法和诊断手段的正确性，才能出具可靠的诊断报告，提高诊断的准确性。

在分析检测结果时，应充分了解：原发性疾病有哪些，继发感染的病原有哪些，可以通过胎盘感染的病原有哪些，持续感染、潜伏感染、终生感染的病原有哪些，哪些病原可以产生免疫抑制，哪些病原容易变异，哪些病原血清型众多且没有交叉免疫力，哪些病原有抗体依赖增强作用，哪些是可以做现场鉴别诊断的，哪些是使用药物后不能达到理想效果的，了解了这些，才有助于免疫程序的制定和免疫效果的评估。

第一节　现场诊断

一、现场诊断采用的方法

在现场进行诊断，主要采用的方法有看（视）、听、嗅、问、触。

1. 看　看是最直接、最简单，也是最常用的方法。走进猪舍，可以通过一边走动，一边观察，发现许多有价值的第一手资料。如猪舍中污秽不洁，栏舍四处和猪的尾部、肛门周围有稀粪，就可以判定是腹泻问题。又如猪犬坐姿势，张口伸舌，大口吸气，可以大致断定是呼吸困难；猪倒地，四肢游泳状划动，一定是神经系统的疾患。一些病变更是在剖检后通过检查和观察确定的。如黄疸、贫血、出血、纤维素性胸膜炎、绒毛心、脾脏出血性梗死等病变都是诊断疫病的直接依据。作为一个兽医要做到眼到心细，不要放过任何一个细节，不要对现场的重要场景视而不见。

2. 问　问是现场诊断必要的步骤。外来人员不熟悉情况，应通过与本场饲养员、兽医的沟通来了解猪群健康状况和发病后的各种诊疗情况。问什么、怎么问都需要事先有所考虑。要通过咨询问诊，了解有关的生产管理情况、疫苗免疫情况、药物使用和疾病诊治情况。

3. 听　听也是现场诊断常用的方法。一是听取现场饲养员和兽医的看法，对疾病过程的描述，对医治效果的意见；二是在现场听取猪的声音。如走到猪舍，发现许多保育猪有咳嗽或喷嚏，则提示猪群有呼吸道疾病。

4. 嗅　嗅在现场诊断中偶尔也会用到。它主要是通过鼻子来辨别气味，特别是针对组织液、分泌物等。

5. 触　触是现场通过触摸感受猪的肿胀性质，确定其病性。如脓肿成熟程度，有无波动感。有些涉及人畜共患病，需做好隔离防护工作，避免被感染。

二、现场诊断的内容

1. 流行病学调查和诊断　流行病学诊断是从群体流行病学观点出发，对疫情的发生、流行过程和分布情况进行调查研究，并结合病原生态学特点，通过相关性分析继而做出疫情的诊断。

流行病学诊断是动物群发病最常用的诊断方法之一。如某种疾病的发生、流行和分布与另外一种已确诊的疫情相同或相似时，则可能做出相同疫病的推断。如水疱性疫病有口蹄疫、水疱病、水疱性口炎和水疱性疹等，尽管临诊症状基本一致，但其特点和流行规律却有差异，由此亦不难做出判断。因此，这种方法在疫病诊断工作中具有极大的实用价值。流行病学诊断一般是贯穿在临诊诊断过程中，其中做好疫情调查是基础，而疫情调查内容一般应包括以下几个方面。

（1）*本次流行情况*：最初发病时间、地点，目前传播和分布情况，疫区内各种患病动物的种类、数量、年龄、性别，疫病传播速度、持续时间，感染率、发病率、病死率和治疗效果等；动物防疫情况如何，接种过哪些疫苗，疫苗来源、免疫方法和剂量、接种次数等；是否做过免疫监测，动物群体抗体水平如何；发病前饲养管理、饲料、用药、气候等变化情况或其他应激因素是否存在。

（2）*疫情来源*：本地过去是否曾经发生过类似的疫病，若发生过，则需了解发生于何时、何地、流行情况如何、确诊与否、有无历史资料可查、采取过何种措施、效果如何；如本地未曾发生过，那么附近地区是否发生过，发病前是否由外地引进过动物及其产品、饲料等，输出地有无类似的疫病存在，疫情发生前是否有外来人员进入本场或本地区进行参观、访问、购销活动等。

（3）传播途径和方式：本地各类有关家畜的饲养管理制度和方法，使役和放牧情况；牲畜流动、收购以及防疫卫生情况；交通检疫、市场检疫和屠宰检验的情况；病死猪处理情况；有哪些助长疫病传播蔓延的因素和控制疫病的经验；疫区的地理位置、地形、河流、交通、气候、植被和野生动物、节肢动物等的分布和活动情况，它们与疫病的发生及蔓延传播之间有无关联等。

（4）该地区政治、经济的基本情况：包括群众生产和生活的基本情况和特点，畜牧兽医机构和工作的基本情况，当地领导、干部、兽医、饲养员和群众对疫情的看法如何等。

综上所述，疫情调查不仅可以给流行病学诊断提供依据，而且能为拟定防治措施提供依据。

2. 临床症状观察与诊断　临床症状观察与诊断是最基本的诊断方法之一，它是靠人的感官或借助于简单的器械如温度计、听诊器等直接对患病动物进行检查的诊断，有时也包括对血、粪、尿的常规检验。一般来说，都简便易行，如上述提及的视、听、触、嗅、问等。临床症状观察内容主要包括病猪的精神、食欲、体温、体表、被毛及天然孔色泽变化，分泌物和排泄物特性，呼吸系统、消化系统、泌尿生殖系统、神经系统、运动系统变化等。由于许多疫病都具有独特的症状，因此对于这些具有特征性临诊症状的典型病例如破伤风、猪气喘病等，经过仔细的临诊检查，一般不难做出诊断。

临床症状观察与诊断有一定的局限性和片面性，特别是对发病初期尚未出现特征症状的病例，或症状相似病例，或非典型病例，依靠临诊检查往往难以做出诊断。尤其是在复杂的混合感染的情况下，临床症状观察与诊断只能给出可疑疫病的大致范围，必须结合实验室诊断方法才能做出确诊。在进行临床症状观察与诊断时，应注意对整群发病猪所表现的综合症状加以分析判断，不要单凭个别或少数病例的症状轻易下结论，以免误诊。

3. 病理解剖学检查与诊断　病理解剖学检查是兽医诊断疫病的重要方法之一。猪患各种疫病死亡后，尸体多数都有一定特征性的病理变化，因此可作为诊断的重要依据，如猪瘟、猪气喘病等具有特征性的病理变化都具有很大的诊断价值。需要注意的是，每种疫病的病理变化不可能在每一个病例中都充分表现出来，如有些最急性死亡的病例和早期屠宰的病例及有些寄生虫病，其病理变化大都不明显或缺乏，尤其对于非典型病例，需要多剖检一些病例方可见到典型病变。因此，应尽可能较多地选择那些症状较典型、病程长的、未经治疗的自然死亡病例进行剖检。如需要做病理组织学检查或病原学检查，应根据情况事先无菌采集新鲜、含病原量高的病料送实验室检查。患病动物死亡或急宰后以尽早剖检为好，尤其是夏季气温高时，尸体会很快腐败，不利于正确地观察和诊断。

病理解剖学诊断可以验证临床诊断结果的正确与否，也可为实验室诊断方法和内容的选择提供参考依据。病理剖检主要是检查肉眼病变（或称大体病变），一般由兽医人员在规定的地点和场所来操作，不可任意随地剖检，以免造成污染、传播疾病。做病理解剖检查时应按照操作顺序，先观察尸体外观变化，包括有无尸僵出现、被毛及皮肤变化，天然孔有无出血及其性质，有无分泌物、排泄物，体表有无肿胀或异常，四肢、头部及五官有无变化等。然后检查内脏，先胸腔再腹腔；先看外表（浆膜），再切开实质脏器和浆膜；先检查消化道以外的器官组织，最后检查消化道，以防消化道内容物溢出而影响观察。检查时注意各种实质脏器有无炎症、水肿、出血、变性、坏死、萎缩、肿瘤等异常变化。为了防止漏检，最好能按系统进行全面检查。

第二节　实验室诊断

尽管在现场可以通过多种方法和手段获得大量有关疾病诊断的信息，有些可以凭特征性症状或病变确定诊断。但大多数情况下，只能提出大致的疑似诊断或疾病所在范围（系统），尤其是在多种病因混合感染或作用下，更需要用实验室诊断来进行鉴别，特别是涉及血清型或基因型的鉴别。一些水疱性疫病在临床症状和病变上都是非常相似的，如区分是口蹄疫病毒（FMPV）还是塞尼卡病毒（SVA），实验室诊断就显得非常重要了。

一、病理组织学诊断

通过观察组织学病变或显微病变来进行疾病诊断，是兽医常用的一种诊断方法。有些疫病引起的大体病变不明显或缺如，仅靠肉眼很难做出判断，还需做病理组织学检查才有诊断价值，如传染性海绵状脑病和肿瘤等。有些病还需检查特定的组织器官，如疑为狂犬病时，应取脑海马角组织进行包涵体检查。除了直接观察外，许多诊断方法也用到组织学的知识，如原位核酸探针杂交、原位 PCR 以及免疫组织化学法。这些诊断方法不仅能显示抗原或基因的阳、阴性结果，而且能在组织细胞中对这个抗原或基因进行精确的定位，也是研究发病机制中常用的抗原或基因示踪方法。

二、病原学诊断

病原学诊断是诊断猪病的重要方法之一。常用的诊断方法和步骤如下。

1. 病料的采集　正确采集病料是病原学诊断的基本环节。采集的病料应力求新鲜，最好于濒死时或死亡数小时内采取，尽量减少细菌污染。用具、器皿尽可能严格消毒。通常采集病变明显的部位，同时易于采取、保存和运送。如缺乏临诊资料，剖检时又难以分析判断出可能属于何种病时，则应按系统进行全面取样，同时要注意采取带有病变的部分。特别需要注意的是，若怀疑为炭疽时，则禁止剖检，应按规定方法取样与处理，如只割取一只耳朵即可，且局部彻底消毒。

2. 病料涂片镜检　通常选择有明显病变的组织器官或血液进行涂片、染色镜检。此法对一些具有特征性形态和染色特性的病原体如炭疽杆菌、巴氏杆菌、猪丹毒杆菌等，具有一定的诊断意义。若怀疑为寄生虫病，应根据寄生虫生活史的特点，对病料中寄生虫的某一发育虫期进行检查，这是诊断寄生虫病最可靠的方法。但对大多数疫病来说，只能提供进一步检查的参考或依据。

3. 病原分离培养和鉴定　细菌、真菌、螺旋体的等分离培养，可根据营养需要选择适当的人工培养基，病毒分离培养常选用禽胚、动物或细胞等。分离到病原体后，再通过形态学、培养特性、动物接种、免疫学及分子生物学等方法鉴定。目前，对细菌等微生物已有快速鉴别的仪器，如全自动和半自动细菌鉴定及药敏分析仪，在较短的时间内即可做出定性。

4. 动物接种试验　通常应选择对该病病原体最敏感的动物进行人工感染试验：将病料用适当的方法处理并进行人工接种，然后根据对动物的致病力、症状和病理变化特点来辅助诊断。当实验动物死亡或经一定时间剖杀后，观察体内变化，并采取病料涂片检查和分离鉴定。从病料中分离出病原体，虽是确诊的重要依据，但也应注意动物的“健康带菌（毒）”现象，其结果还需与临诊及流行病学、病理变化结合起来进行综合分析。有时即使没有发现病原体，也不能完全排除不患该种疫病，因为任何病原学方法都存在漏检的可能。

常用的实验动物有家兔、小鼠、豚鼠、仓鼠、鸡、鸽子等。有时也用本动物进行疾病的复制。实验接种应在严格隔离条件下进行，注意对接种动物的饲养管理和观察，实验完毕后要对实验室进行清洁和消毒，废弃物和尸体应作无害化处理。

5. 分子生物学诊断　分子生物学诊断又称基因诊断，是近几年快速发展且日益普及的一种与病原学相关的诊断方法。它主要是针对不同病原体所具有的特异性核酸序列和结构在分子水平上进行检测，从而达到鉴别和诊断疫病的目的。它具有特异性强、灵敏度高的特点，在动物疫病的诊断中，已显示出广阔的应用前景。分子生物学诊断包括基因组电泳分析（如具有特征性的轮状病毒等病毒基因组）、核酸分子杂交、聚合酶链反应（PCR）、DNA 指纹图谱分析技术、核酸序列测定、DNA 芯片、实时荧光定量 PCR 等。其中，PCR 技术具有特异、敏感、快速，适于早期和大量样品的检测等优点，已成为当今疫病诊断中发展最快、最具应用价值的方法。

由于病原体在免疫、药物或各种不利因素的影响下不断进化，产生越来越多的亚型和变异株，其与原有病原体的差异可能仅表现为基因的缺失、插入、重组和基因位点突变，应用传统的血清学检测方法往往难以鉴定，常导致原有的疫苗接种失败以及耐药性的不断增加，造成疫病难以控制。同时，由于疫苗特别是活疫苗的广泛使用，也常常会干扰疫病的免疫学诊断结果。现代分子生物学技术，已能够精确地鉴别基因组中仅有一个碱基不同的细微差异。因此，通过分子生物学的检测，能够准确而迅速地鉴定不同的亚型或变异株，并能区分出疫苗株与强毒株。

三、免疫学诊断

免疫学诊断是疫病诊断和检疫中最常用的诊断方法，它包括血清学检测和变态反应两大类。

1. 血清学检测 血清学检测是利用抗原和抗体特异性结合的免疫学反应进行诊断。可以用已知抗原来测定被检动物血清中的特异性抗体，也可用已知的抗体（免疫血清）来测定被检材料中的抗原。在现代化大型养猪企业中，一般都进行免疫监测。可以用标准诊断试剂盒（ELISA）监测重大疫病免疫后抗体水平及群体内离散度，用以评价免疫效果、分析危险程度、确定疫苗再次免疫时间。免疫抗体检测中所用的抗原可以是完整的病原体，也可以是病原体的一部分或基因表达的产物。根据实验类型不同，血清学试验可分为中和试验、凝集试验、沉淀试验、溶细胞试验、补体结合试验以及免疫荧光试验、免疫酶技术、放射免疫测定、单克隆抗体、免疫胶体金、免疫传感器等。近年来因其与现代科学技术相结合，血清学试验发展很快，在方法改进上日新月异，应用也越来越广，已成为疫病快速诊断的重要工具。

2. 变态反应 猪患某些慢性疫病时，可对该病原体或其产物的再次进入产生强烈反应。能引起变态反应的物质（病原体、病原体产物或抽提物）称为变应原，如结核菌素、布鲁氏菌素等，将其注入患病猪体内时，可引起局部或全身反应，如局部炎性肿胀、体温升高等，故可用于疫病的诊断。

第二部分

猪病类症鉴别与防治

第三章　呼吸系统疾病类症鉴别与防治

呼吸系统作为机体与外界环境气体交换的枢纽，由上呼吸道（鼻孔、鼻腔、鼻窦和鼻咽）、中呼吸道（喉、气管和主支气管）及下呼吸道（细支气管和肺泡区域）组成，各部分彼此协调，共同完成气体交换的功能。其中任何一部分发生异常，都会影响猪体正常呼吸功能，降低生产效率，并表现出特定的临床症状，如打喷嚏、咳嗽、呼吸困难，甚至死亡。本章对生产中常见的几种呼吸系统疾病鉴别与防治做一介绍。

第一节　副猪嗜血杆菌病

副猪嗜血杆菌病以多发性浆膜炎、脑膜炎和关节炎为主要特征，是近年来猪场常见的传染病，同时更是各种感染后常见的继发性细菌病。临床上该病常以多种血清型的菌株共同感染，且极易产生耐药性，发病率和死淘率均较高，给养猪业造成了严重危害。现用抗生素或单一菌型的疫苗防控效果不太理想。

一、现场诊断

1. 流行病学　2 周龄至 4 月龄猪易感，尤其是 5 ~ 8 周龄保育猪多发；至少有 15 种血清型，毒力有高、中、低之分，单个病例中常可分离到多种血清型的菌株；隐性带菌猪和临床发病猪是主要传染源，呼吸道和消化道是主要传播途径（即通过飞沫、被污染的饲料和饮水传播）。

副猪嗜血杆菌是猪上呼吸道常在寄生菌，在高度健康的猪群中亦可分离到，在鼻腔气管检出并不预示疾病的发生；在机体抵抗力下降时的内源性感染中更为常见，断奶转栏、长途运输、恶劣环境和气候骤变等应激因素都可诱导临床症状的发生；严重程度取决于菌株毒力、自身免疫力、其他病原体并发情况以及猪的遗传抵抗力。临床上该病通常与猪蓝耳病病毒、猪圆环病毒共感染，故又将其称为“蓝耳、圆环影子病”。一年四季均有感染，但晚秋和早春季节多发。该菌对环境抵抗力不强，在干燥条件下易死亡，常用消毒剂即可轻易杀灭。

2. 临床症状

（1）急性病例：病猪体温升高（41 ℃左右），呼吸困难，咳嗽；关节肿大，跛行，侧卧；

伴有肌肉震颤、四肢划动、共济失调等神经症状（图 3.1.1），2 ~ 3 d 死亡。

（2）慢性病例：病猪精神沉郁，食欲减退，消化不良，逐渐消瘦，常见被毛粗糙并竖立，因怕冷而相互扎堆，弓背，腿肿并伴有跛行，亦可出现肌肉震颤等中枢神经症状，病程较长，生长迟缓，多为僵猪（图 3.1.2 ~ 图 3.1.3）。

图 3.1.1　共济失调，倒地抽搐（刘远佳供图）

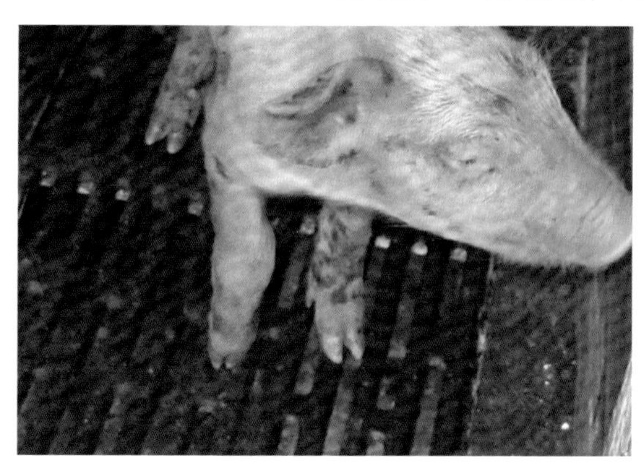
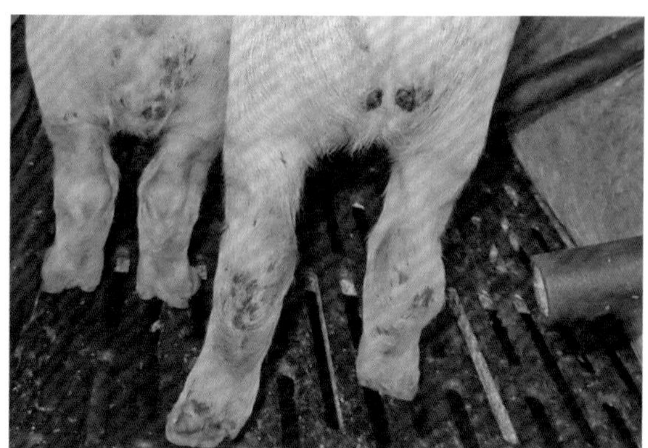

图 3.1.2　前肢或后肢关节肿大（刘远佳供图）

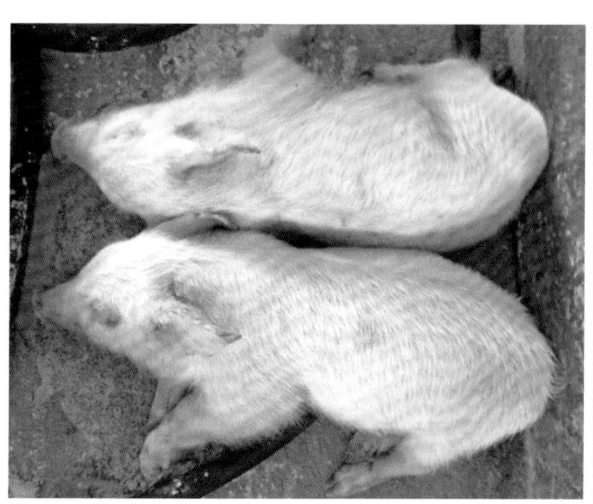

图 3.1.3　慢性消耗，被毛粗乱，弓背（刘远佳供图）

3. 病理变化　强毒菌株在全身多处浆膜复制，导致液体蓄积及纤维素性物质沉着，引发特征性病变即纤维素性胸膜炎、腹膜炎、心包炎、脑膜炎和关节炎。病初浆膜腔液体增多（如心包积液、胸腔积液、腹腔积液），混浊，内含大量蛋白及炎性细胞成分，随着病程发展，纤维素凝集，呈现心包炎，致心包粘连或出现绒毛心；也可发展成为胸膜炎或腹膜炎，引起胸肺粘连或腹腔组织粘连，导致呼吸困难，精神萎靡或肠道障碍，肠梗阻。关节炎主要表现为关节囊肿大，关节液增多，混浊，内含橙黄色浆液性渗出物（图 3.1.4~ 图 3.1.10）。

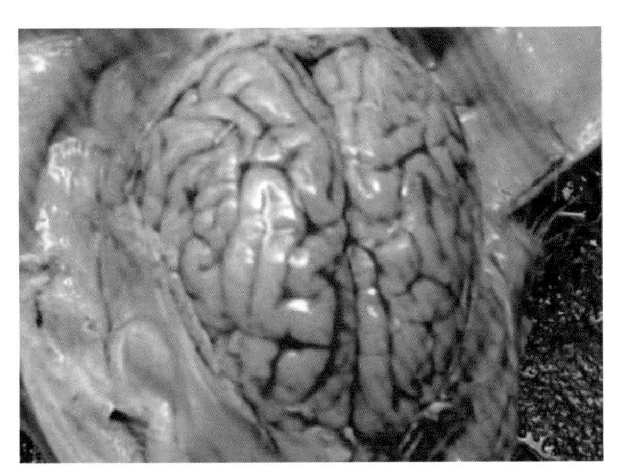
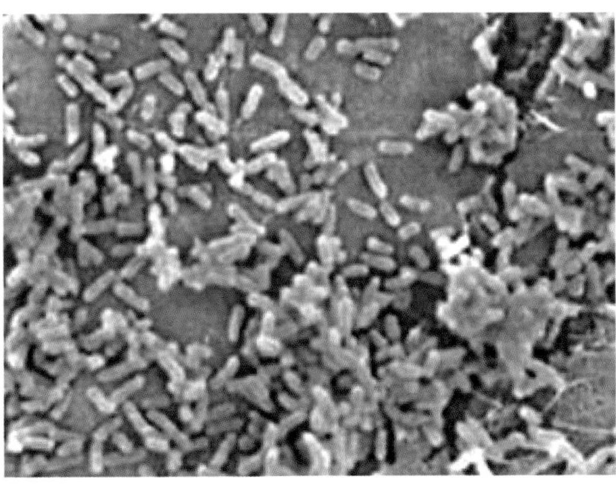

图 3.1.4　左侧为硬脑膜发炎，右侧为电镜下副猪嗜血杆菌侵入硬脑膜（Dr. Khampee 供图）

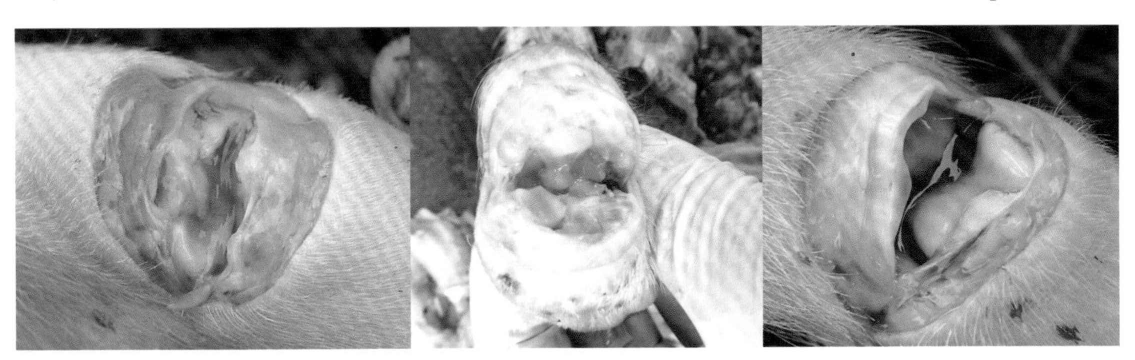

图 3.1.5　关节腔充满黄色浆液性渗出物（李立平供图）

图 3.1.10　左侧为正常关节，右侧为关节积液（刘远佳供图）

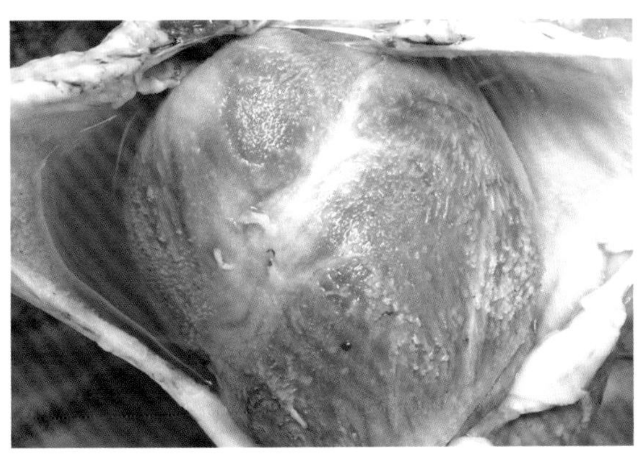
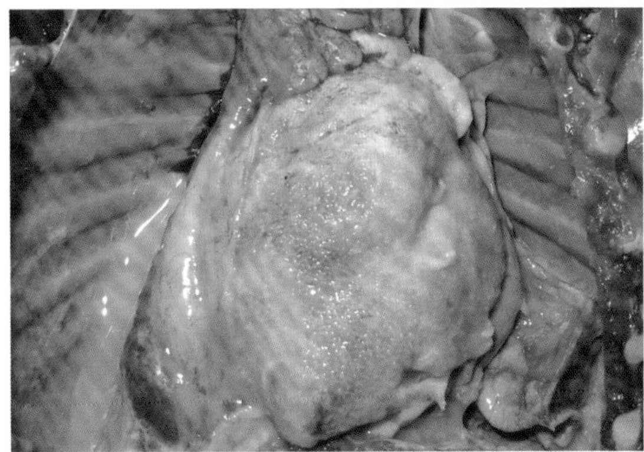

图 3.1.6　心包积液，纤维素性渗出，绒毛心（林文供图）

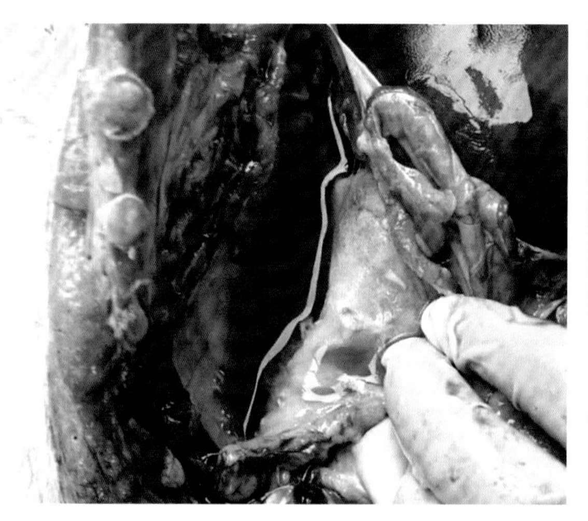

图 3.1.7　胸腔积液，纤维素性渗出，胸膜炎（刘远佳供图）

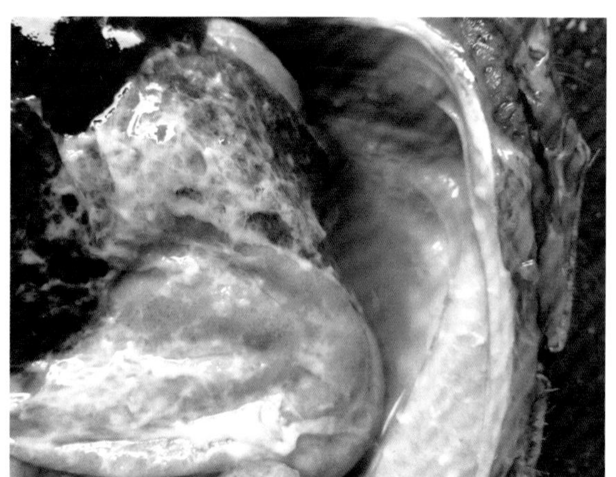
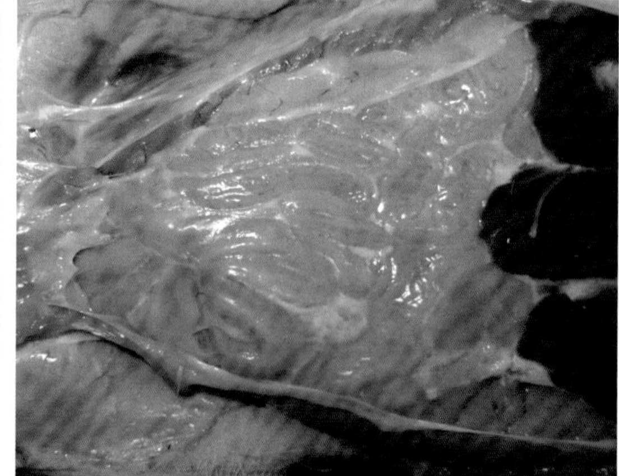

图 3.1.8　腹腔积液，纤维素性渗出，肠管粘连（刘远佳供图）

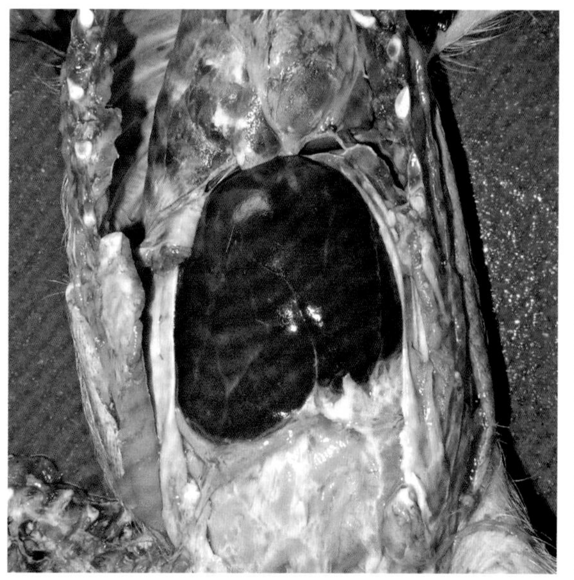
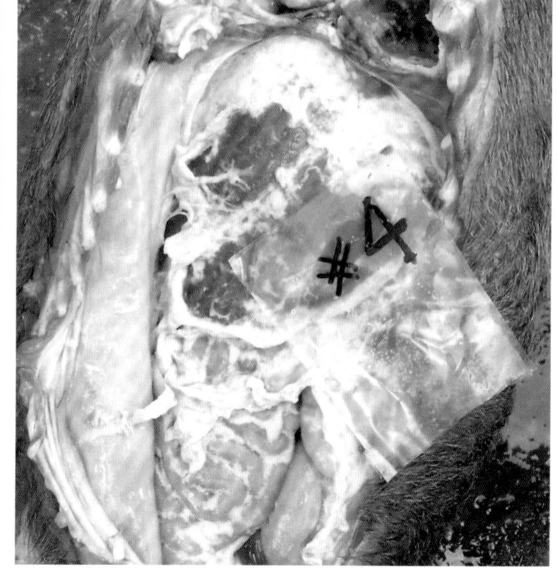

图 3.1.9　严重病例中的胸膜炎、腹膜炎、心包炎和肠道粘连（刘远佳供图）

二、实验室诊断

1. 接种、分离培养　取腹腔纤维蛋白渗出物，胸腔、腹腔、关节腔或脑膜渗出液，接种于金黄色葡萄球菌画线的血液琼脂培养基，形成特征性“卫星”现象，但细菌培养难度大，对采样、运输、培养基要求高。分离培养对研究其药敏特性、指导临床用药意义重大。

2. PCR 法　检测的敏感性高，特异性强，可用于区分毒力菌株和非毒力菌株，但无法区分活菌与死菌。

3. ELISA 检测、补体结合试验　可检测抗体，但多用于研究工作。

三、防治措施

1. 接种商品化疫苗，效果不确切　不同地区发病猪血清型存在差异，而不同血清型之间缺乏交叉保护。

2. 自家苗对本病预防有针对性　采集典型病猪的淋巴、脾脏、浆膜腔纤维素性渗出物，捣碎，磨细，用多层纱布过滤，经甲醛灭活后配以免疫佐剂制成，待通过细菌灭活检查及动物安全性试验后，尽早使用。

3. 自繁自养　引种前进行隔离检疫，“全进全出”，两点式饲养，断奶保温，提供舒适的饲养环境，避免应激，可减少疾病的发生。

4. 注重早期治疗，加强产房巡栏　发现扎堆弓背、被毛粗乱、关节肿大以及精神异常的哺乳仔猪，立即进行隔离注射治疗，可选择的药物有土霉素、磺胺、头孢噻呋或头孢喹肟，连用 3 d，以确保疗效。脑膜炎神经症状患猪，可选择阿莫西林、磺胺甲氧嘧啶，早期治疗尤为重要，时间过晚通常预后不良。对于长久患病及多种抗生素治疗效果不佳的猪，采集浆膜表面物质或渗出的脑脊髓液及心脏血液，先进行细菌分离培养，再进行药敏试验。

第二节　猪传染性胸膜肺炎

猪传染性胸膜肺炎以出血性肺炎及纤维素性胸膜炎为主要特征，是危害现代养猪业主要的呼吸系统传染病。临床上最急性发病可致大批中大猪发病死亡，病程短，治愈率低；慢性发病可降低生长速度，延长出栏时间，增加饲养成本，给养猪业造成严重的经济损失。

一、现场诊断

1. 流行病学　各年龄阶段猪均易感，3 ~ 5 月龄育肥猪多发，育成猪偶发，2 月龄以下仔猪由于母源抗体的保护通常发病率较低；有毒力大小不同的 15 种血清型，高毒力菌株及低毒力菌株可同时存在。引入带菌猪是该病在不同猪群间传播的主要原因；病原菌主要存在于带菌猪的扁桃体，病猪排出含菌气溶胶，通过呼吸道途径，可传播 5 ~ 10 m，导致疾病在不同栏舍间传播。

在管理良好的猪群中平时可能相安无事，当遇到恶劣环境、气候骤变等应激因素时，疾病可突然暴发；肺炎支原体、伪狂犬病毒、猪流感病毒可促进本病的发生；蓝耳病病毒、猪流感病毒混合感染可加重病情；一年四季均可感染，春季和冬季多发；该病菌在环境中存活时间较短，一般消毒剂对其均有杀灭作用。

2. 临床症状 猪群突然发病，一头至多头育肥猪急性死亡，其口鼻流出大量带血泡沫（图 3.2.1），耳尖、鼻吻、四肢乃至周身皮肤发绀（图 3.2.2），病程很短，仅有 2 ~ 3 h，甚至在没有出现任何临床症状的情况下突然死亡；同栏或邻近栏舍其他病猪表现为体温升高，食欲减退，精神不振，并伴有呼吸困难、不同程度间歇性咳嗽，甚至张口呼吸；给予抗生素治疗后，部分病猪仍然死亡，也有部分病猪症状逐渐减轻，但由于对肺脏已经造成难以修复的损伤，其呼吸频率明显加快，精神沉郁，体质减弱，增重减慢。

图 3.2.1 育肥猪急性发病，大批死亡，口鼻流出带血泡沫（刘远佳供图）

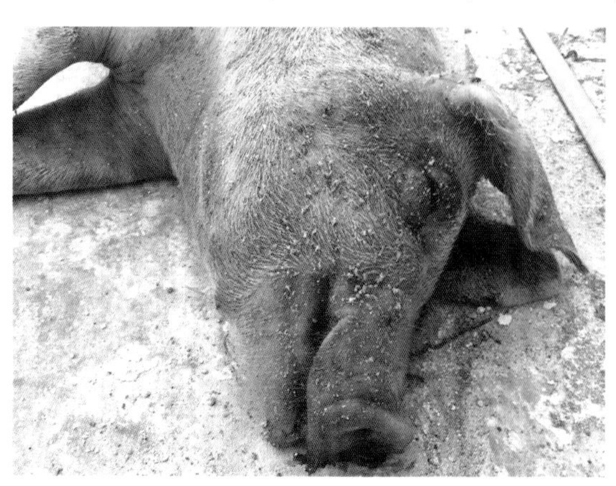
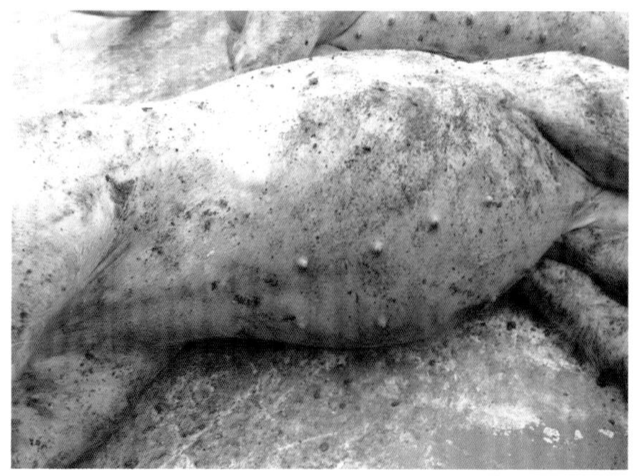

图 3.2.2 死亡猪只耳尖、鼻吻、四肢乃至周身皮肤发绀（刘远佳供图）

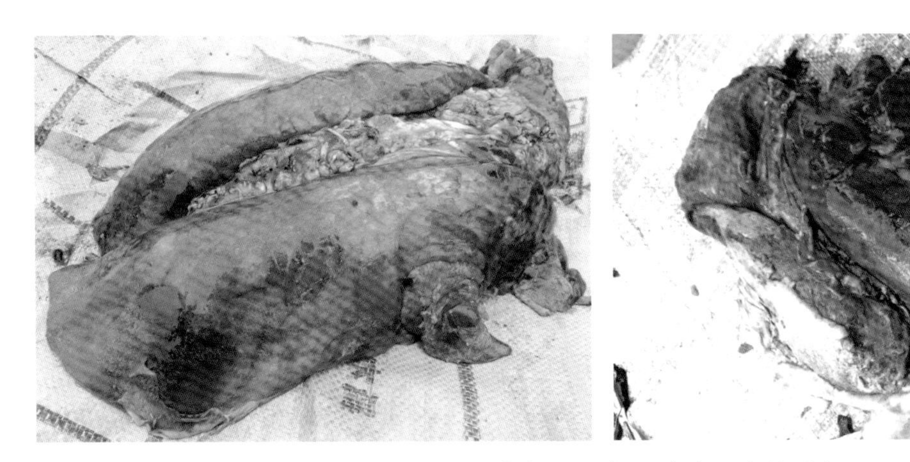

图 3.2.3　全肺充血、瘀血（刘远佳供图）

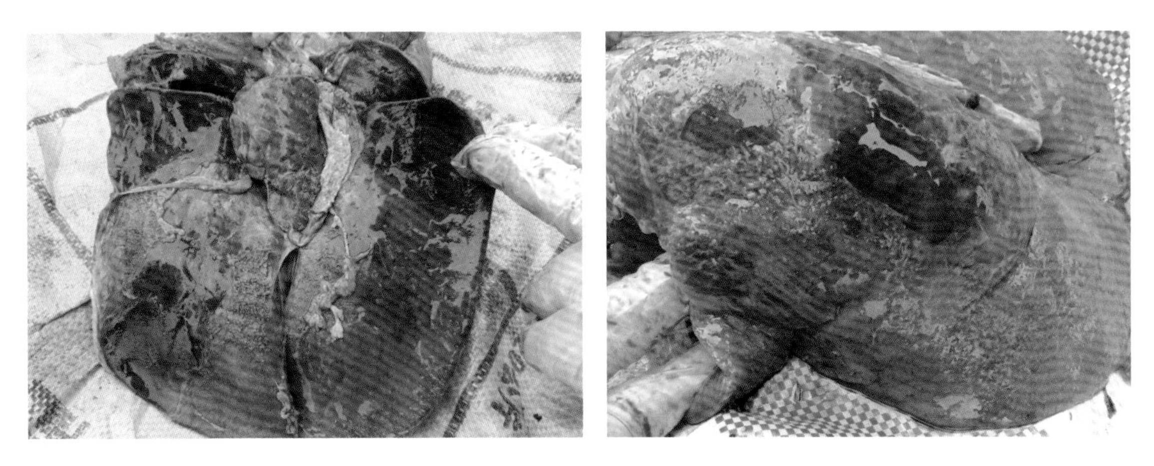

图 3.2.4　肺叶上散布的“小岛样”病灶（刘远佳供图）

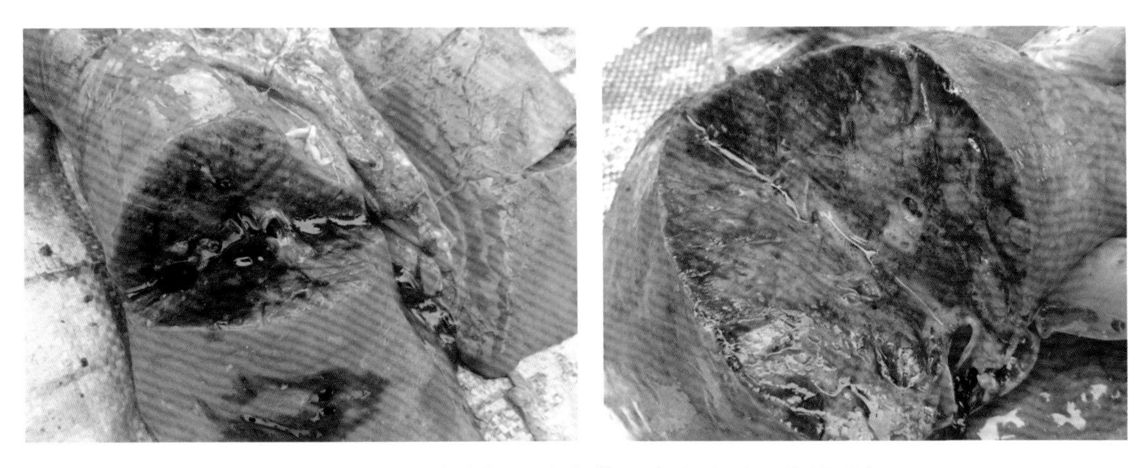

图 3.2.5　肺叶切面流出带血泡沫（刘远佳供图）

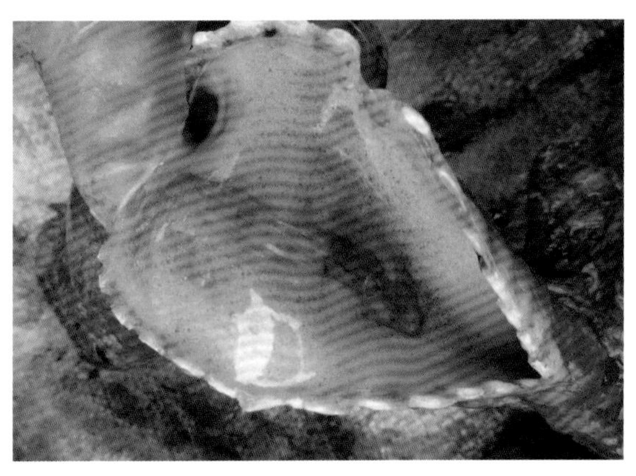

图 3.2.6 带血泡沫充满气管、喉头（刘远佳供图）

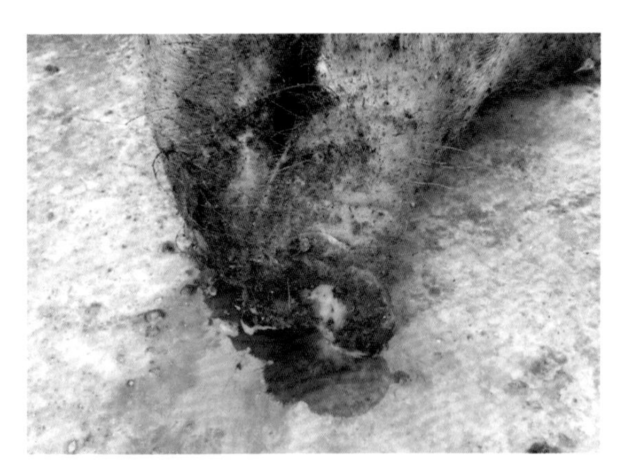
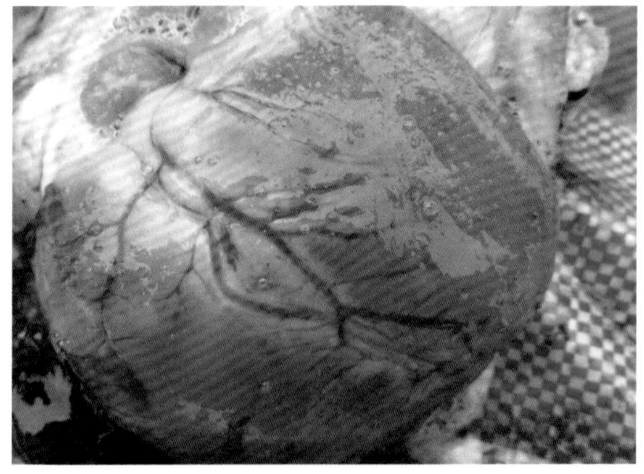

图 3.2.7 左侧为带血泡沫随口鼻流出，右侧为心肌松弛，心脏体积明显变大（刘远佳供图）

图 3.2.8 病猪胸腔严重积液，纤维素性肺炎（刘远佳 潘青供图）

3. 病理变化　强毒株 Apx 毒素作用于多种肺细胞，加之 LPS（细胞壁脂多糖）引起的炎性反应，导致肺脏出现广泛性损伤，常波及整个肺叶（尖叶、心叶和膈叶），表现为肺出血、充血和瘀血（图 3.2.3）；肺脏呈现暗红色，甚至黑褐色；充血的肺叶上常散布着“小岛状”的病灶区，与周围界线明显（图 3.2.4）；切开“小岛状”病灶区，可见肺组织坏死，大量血液流出，用力挤压，大量泡沫从坏死的肺组织中溢出；气管、支气管充满带血的泡沫，流向喉头，并最终从病猪口鼻流出；胸腔液体增多，肺、胸膜上覆盖一层纤维素性渗出物；肺脏损伤，气体交换功能减弱，心脏快速收缩，最终引起心力衰竭，表现为心肌松弛，心脏体积明显变大（图 3.2.5 ~ 图 3.2.8）。

二、实验室诊断

1. 细菌分离法　从急性发病猪肺脏病灶区取样，涂片，革兰氏染色，镜检，可见多形态、两极浓染的红色球杆菌。先将取样样本接种于5%绵羊血琼脂培养基上，再用金黄色葡萄球菌交叉画线接种，经过夜培养，在画线周围出现微小的“卫星”菌落，且菌落周围出现β溶血环。

2. PCR 检测　敏感性高，特异性强，简便快速。基于 Apx 毒素基因的 PCR 方法可区别大多数血清型，毒素分型 PCR 可以确定某一分离株携带的 Apx 种类，从而推测其毒力。从患病猪的支气管、鼻腔分泌物、扁桃体和肺部病变部采取样品，进行 PCR 检测，可以监控猪 Apx 强毒株带毒的情况。

3. 血清学检测　以间接血凝试验（IHA）和ELISA法最为常用，前者敏感、特异、操作方便，在流行病学调查研究中得到了广泛运用；后者可以针对胸膜肺炎放线杆菌所有血清型及特定血清型做出检测，对猪场Apx抗体检测很实用。

三、防治措施

1. 商品疫苗免疫　效果不确切，因不同血清型缺乏交叉保护。疫苗尽量选择多个血清型菌株组成的多价苗，最好能明确当地流行的血清型。

2. 自家苗免疫　对于急性发病场，特别是使用商品苗无效的猪场，可采集急性发病猪病变肺脏和扁桃体制备组织灭活苗，也可分离病菌，制备细菌灭活苗，对母猪和 2 ~ 3 月龄仔猪进行免疫接种。

3. 抗生素注射治疗　对于急性病例，尽早发现，尽早使用抗生素非常重要，可选择氟苯尼考、长效土霉素和替米考星（注射需谨慎，剂量超过 10 mg/kg 体重，有毒性反应）。

4. 抗生素拌料、饮水治疗　投药前注意评估猪群的饮水及采食情况。对于采食量下降的猪群，拌料给药往往起不到应有的效果；这时饮水给药会更有效，连续给药 5 ~ 7 d。

5. 环境消毒　该病可能通过气溶胶经呼吸道在猪群之间传播，所以对空气中的气溶胶和粉尘进行消毒就显得特别重要。这就要求一定要使用专门的微米级雾化消毒机，将消毒液均匀散布到空气中，与细菌充分接触，进而将其杀灭。

第三节　猪肺疫

猪肺疫以急性败血症，咽喉部及其周围组织肿胀，高度呼吸困难为主要特征，是一种常见的急性呼吸道传染病。其病原体多杀性巴氏杆菌（分为 A、B 型菌株）是鼻道、咽喉及扁桃体常在菌，正常情况时不会发病；当遇到气候剧变、冷热交替、长途运输、饲料更换、饲养管理不当导致机体免疫力降低时，病原菌经淋巴液进入血液，便可导致内源性感染；免疫抑制性疾病如蓝耳病、圆环病毒病、喘气病及猪瘟等疾病的发生，也会促使该病的暴发。该病菌是猪呼吸道疾病综合征中最常见的病原之一。

一、现场诊断

1. 流行病学　各品种及年龄阶段猪均易感，以小猪、中猪多发；多散发，并无明显的季节倾向性；以发病猪与隐性感染猪为主要传染源，通过分泌物或排泄物将病原体排出体外，污染饲料、饮水、用具及周围环境；经消化道、呼吸道及损伤的皮肤感染附近易感猪；通常表现为早期少数几头猪发病，后期逐渐蔓延开来；临床上以内源性感染为主，分布广，但发病率不高，常继发于其他原发性细菌和病毒感染，如蓝耳病病毒、猪瘟病毒及肺炎支原体。

病原体抵抗力不强，在自然环境中生长时间不长，日光、高温及一般消毒药在数分钟内均可将其杀死。

2. 临床症状　一头至多头猪突然发病，体温升高至 41 ～ 42 ℃，呈犬坐姿势，剧烈咳嗽，呼吸极度困难，常发出喘鸣声，继而表现为败血症及窒息而死亡，病程 1 ~2 d。死猪呈张口状，咽喉部和颈部肿大，口鼻流出大量带血泡沫，耳尖、鼻吻、四肢乃至周身皮肤发绀；控制不及时，疾病通常会在猪群蔓延开来，表现为同栏或邻近栏舍感染猪体温升高，食欲减退，精神不振，并伴有呼吸困难、咳嗽，甚至张口呼吸；给予适当抗生素治疗后，病猪症状逐渐减轻，但部分病猪由于肺脏已经造成难以修复的损伤，气体交换功能降低，呼吸频率明显加快，精神沉郁，

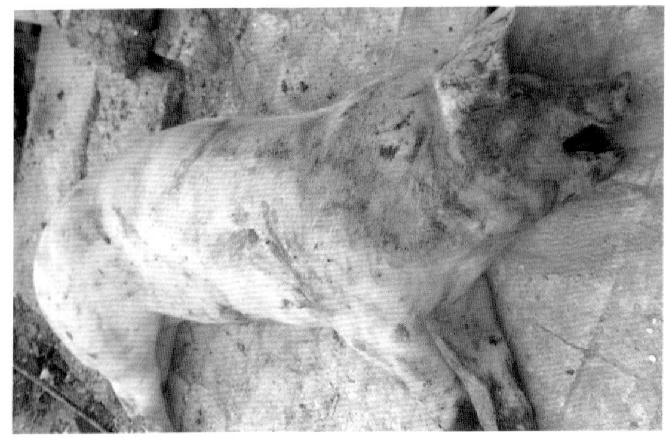
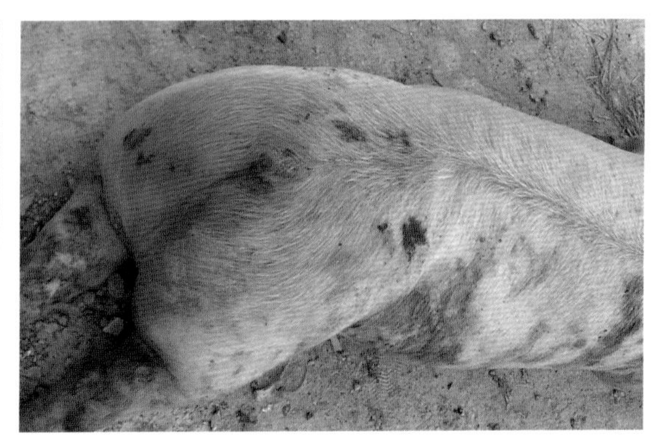

图 3.3.1　病猪急性死亡，周身皮肤发绀（李庆阳供图）

体质减弱，增重减慢（图 3.3.1、图 3.3.2）。

3. 病理变化　咽喉部及周围组织充血、出血，喉管变窄（图 3.3.3、图 3.3.4）；全身淋巴结肿大、弥漫性出血（图 3.3.5）；肺脏以充血、出血性变化为主（图 3.3.6）；病变部位与正常部位之间有明显分界线（图 3.3.7），肺脏炎症区切面红白相间，呈大理石样花纹（图 3.3.8）。

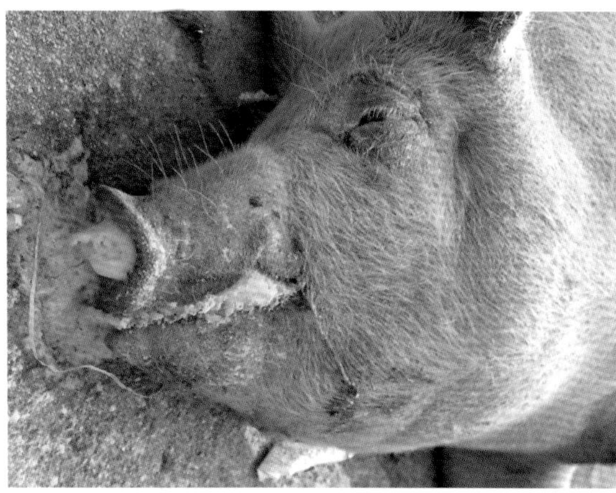

图 3.3.2　死猪呈张嘴状，口鼻流出大量带血泡沫（李庆阳供图）

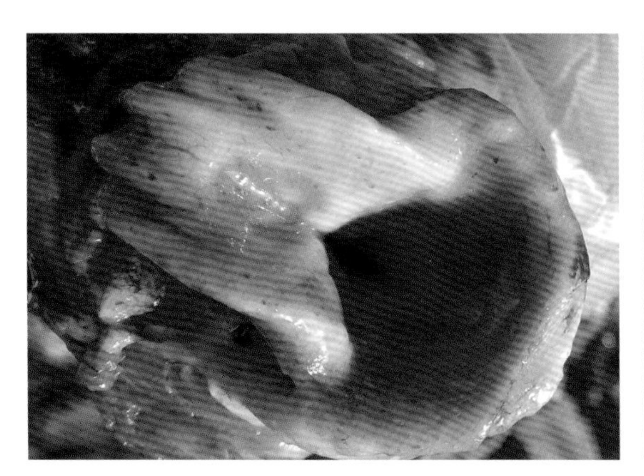
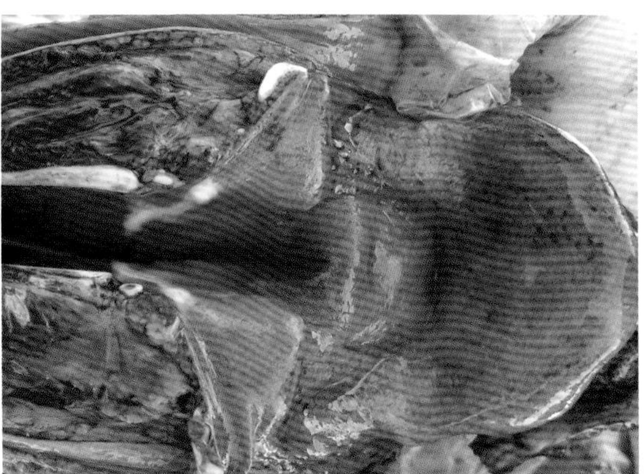

图 3.3.3　咽喉及周围组织充血、出血，喉管变窄（李庆阳供图）

图 3.3.4　喉管明显变窄（Dr. Khampee 供图）

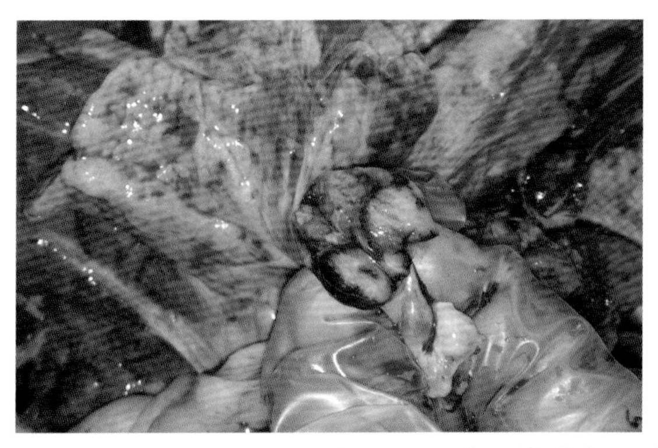

图 3.3.5　淋巴结肿大、弥漫性出血（李庆阳供图）

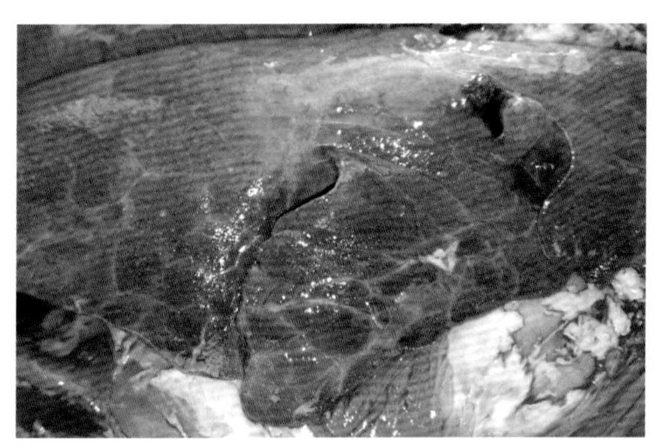
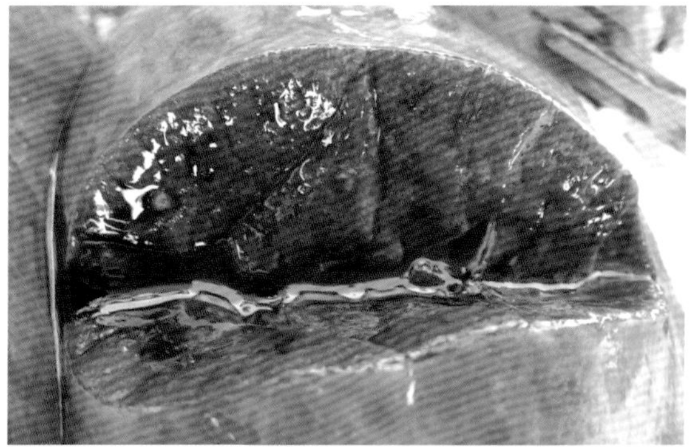

图 3.3.6　全肺充血，切面充满血液（李庆阳供图）

图 3.3.7　病变部位与正常部位有明显分界线，切面充满血液（李庆阳供图）

图 3.3.8　炎症区切面红白相间，呈大理石样花纹（李庆阳供图）

二、实验室诊断

1. 染色镜检　无菌采集病变肺组织样本或者支气管拭子样本，涂片，革兰氏染色，镜检，可见阴性球杆菌；瑞氏染色可见两极浓染、椭圆形小杆菌。

2. 分离培养　画线接种于鲜血琼脂培养基，37 ℃培养 24 h，可见湿润淡灰色、圆形、露珠样小菌落，周围不溶血；如有需要，可进一步进行生化试验和动物回归试验。

3. PCR 检测　基于 KMT 基因的 PCR 检测方法敏感性高、特异性强、简便快速，已在临床生产中得到运用。

三、防治措施

1. 商品疫苗免疫　商品疫苗接种时，保护效果不确切；但接种气喘病疫苗常可以间接控制本病的发生。

2. 加强饲养管理　由于多杀性巴氏杆菌多为条件性致病菌，所以预防本病的根本办法是尽可能地消除猪的免疫抑制因素，如不断改善饲养管理，提供均衡营养，保持猪舍干燥、清洁、良好通风及适宜密度。

3. 药物治疗　对于急性病猪，尽早发现，及时隔离，尽早注射敏感抗生素，可选择氟苯尼考配伍四环素类药物（如金霉素或多环素）。要注意给药途径，急性发病猪可采用肌内注射和饮水给药，周围接触猪群可采用拌料方式预防给药；要注意给药时间，充分治疗。

4. 巡栏　加强猪舍巡栏工作，通过不断观察及时掌握急性病猪的前期表现，遇到恶劣天气如气温突变时，一旦觉察到猪群中有异常表现，立即群体预防性投药，可选择氟苯尼考、泰妙菌素和金霉素配伍。

5. 环境消毒　对于发病猪场，可使用微米级雾化消毒机，将消毒液均匀散布到空气中，进而有效消灭空气中的病原菌，切断传播途径。

第四节　猪气喘病

猪气喘病以融合性支气管肺炎、肺脏弥漫性实变、肺水肿为主要特征，是一种重要的慢性消耗性呼吸道传染病。临床上以地方性流行为主，感染率高，死亡率低，导致猪生长减慢，饲料转化率降低，生产成本增加，给养猪业造成了巨大的经济损失。该病引起呼吸道黏膜纤毛坏死脱落，为副猪嗜血杆菌、链球菌、胸膜肺炎放线杆菌、多杀性巴氏杆菌以及肺炎双球菌的感染创造了条件。一旦发生继发感染，则可导致较高的死亡率。

一、现场诊断

1. 流行病学　各年龄阶段猪均易感，以哺乳仔猪和妊娠母猪敏感，中后期保育猪多发，育肥猪多呈隐性感染；相比外来引进猪种及其杂交后代，我国地方品种猪更易感，病症更严重，死亡率更高。病猪和隐性带毒猪是主要传染源，呼吸道是主要传播途径，病原经咳嗽或呼吸随气溶胶排出，可传播 2.5 ~ 3.0 km；产房母猪与仔猪通过鼻对鼻接触传播，通常 6 周龄以下很难见到明显症状，但蓝耳病可促使其临床发病，诱导仔猪提前暴发气喘病。

本病一年四季均可感染，但冬、春季多发；气温突变、恶劣天气等应激因素可诱发该病发生；饲养密度过大、猪舍阴冷潮湿、通风不畅、卫生条件差等不利环境因素会加速本病传播。病原体在环境中存活时间较短，一般消毒剂对其都有杀灭作用。

2. 临床症状 单纯气喘病通常体温正常，主要表现为咳嗽、喘气；从最初单声干咳，发展为持续性干咳，短声连咳，常常连续咳嗽七八声，在冬、春季清晨被驱赶后最容易听到；病猪采食量不同程度降低，导致后期大小参差不齐；一旦蓝耳病参与其中，或者继发其他细菌性疾病，如传染性胸膜肺炎、猪肺疫，病猪可出现严重的临床症状，如体温升高、食欲减退、肺脏坏死、呼吸困难，死亡率较高。

3. 病理变化 尖叶、心叶、膈叶前部发生弥漫性实变，与正常肺组织界线明显，触摸较硬，颜色较深，呈肉样或胰样，故称为“虾肉样变”或“胰样变”，单侧性实变较少，多呈对称性发生（图 3.4.1~ 图 3.4.2）；整个肺脏体积增大，表现为肺水肿，小叶间距增宽；早期感染气管分泌物不多，继发感染出现后，气管内充满黏性、脓性分泌物（图 3.4.3），肺门淋巴结及支气管淋巴结肿大。

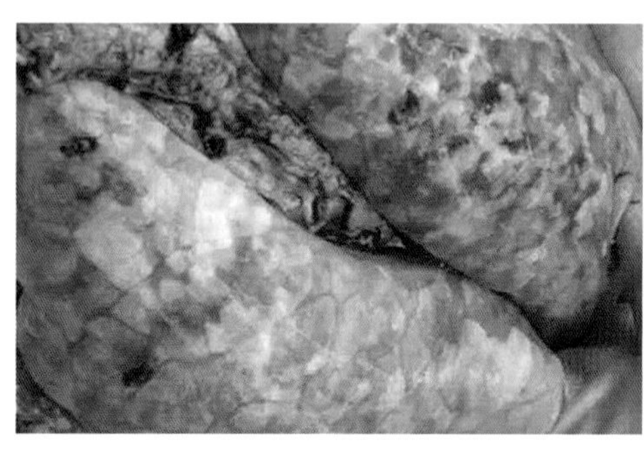

图 3.4.1 肺叶对称性“虾肉样变”（1）（刘远佳供图）

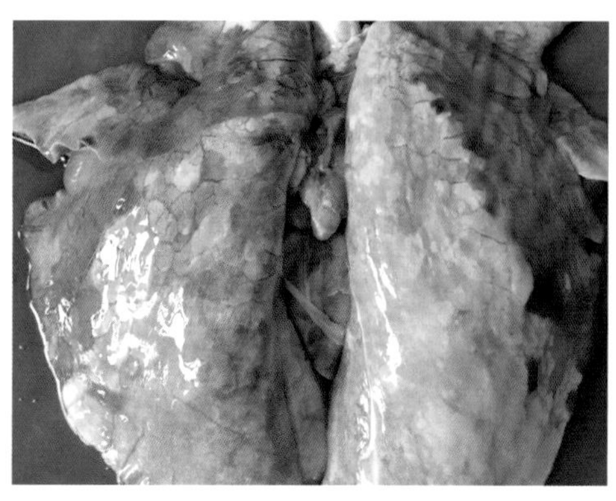

图 3.4.2 肺叶对称性“虾肉样变”（2）（刘远佳 王平威供图）

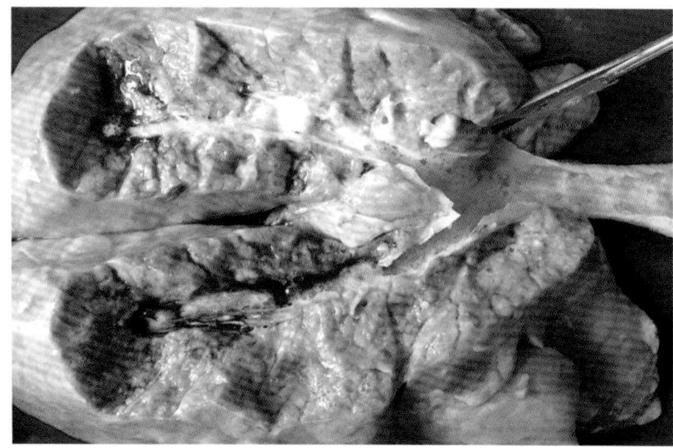

图 3.4.3　不同病例气管中的分泌物（刘远佳供图）

二、实验室诊断

1. 分离培养　肺炎支原体分离培养非常困难，需要专门实验室通过 4 ~ 8 周才能准确鉴定，所以该方法通常不作为常规诊断方法。

2. PCR 检测　敏感性高，特异性强，操作简便，但需考虑肺炎支原体的遗传多样性，单一基因检测位点可导致假阴性的结果，应当选择多个基因位点进行检测。

3. ELISA 方法　该法是目前普遍运用的血清学检测方法，适合于确定畜群的感染状态。

三、防治措施

1. 饲养管理　“全进全出”非常重要。使用高质量的饲料，保证猪群的营养需求与平衡。保持圈舍卫生，增加猪舍的通风换气；保持畜群最佳的饲养密度，注意环境消毒，平时注意观察猪群情况，一旦有异常，应及早进行隔离治疗，防止疫病传播。另外，要注意猪群的流动，切勿使用病猪对后备猪进行驯化，切勿将隔离病猪返群饲养。

2. 疫苗预防　疫苗分为灭活苗和弱毒苗。灭活苗采用肌内注射，使用方便，主要激发机体的体液免疫，在加入佐剂后亦能激发细胞免疫和黏膜免疫；弱毒苗采用肺内注射、胸腔注射或滴鼻免疫，操作较为专业。免疫前后应避免使用敏感抗生素，但可使用青霉素、氨苄西林、阿莫西林、头孢喹肟和磺胺等药物，疫苗株对这些药物不敏感，不会对其免疫产生影响。

3. 药物防控　在饲料和饮水中使用抗生素，仍然是养殖场猪支原体肺炎防治的常用策略，但使用药物应坚持“预防在先，治疗在后”的原则，并且需要间隔用药或者定期给药，亦可辅以中西医结合的给药方式，以控制猪群的感染率，有效降低病猪带菌率。泰万菌素、泰妙菌素和泰乐菌素都是目前对支原体敏感性较好的抗生素；对于支原体病与蓝耳病混合感染的病猪，按照5 mg/kg体重的剂量饮水或者拌料给药泰万菌素，有较好的临床治疗效果。

第五节　猪萎缩性鼻炎

猪萎缩性鼻炎以慢性鼻炎、鼻梁变形、鼻甲骨萎缩和生长性能下降为主要特征，是一种常见的慢性呼吸道传染病。猪萎缩性鼻炎分为进行性萎缩性鼻炎（progressive atrophic rhinitis，PAR）和非进行性萎缩性鼻炎（non-progressive atrophic rhinitis，NPAR），前者由产毒素多杀性巴氏杆菌（toxigenic pasteurella multocida，T+Pm）单独或与支气管败血波氏杆菌（bordetella brochiseptica，Bb）共同引起，后者由 Bb 引起。该病在全国范围内分布，多呈散发，单独感染不引起死亡，但可影响猪群生长速度及饲料利用效率；其破坏机体免疫屏障，降低机体抵抗力，使肺炎支原体、副猪嗜血杆菌、猪流感病毒及蓝耳病病毒的易感性增强，促进猪呼吸道综合征的发生，增加死淘率，给猪场带来巨大的经济损失。

一、现场诊断

1. 流行病学　各年龄阶段猪均易感，幼龄猪多发，特别是 3 ～ 4 周龄仔猪及保育猪；相比我国的地方品种，外来引进猪种及其杂交后代更易感，病症更严重；带菌猪和患病猪是主要传染源，空气气溶胶传播是主要的传播途径；带菌母猪是哺乳仔猪发生感染的重要传染源，其通过直接接触或者气溶胶感染哺乳仔猪，哺乳仔猪不断向环境中排菌，水平传播给其他猪群；不利的管理和环境因素，如饲养密度过大、营养太差、温度不适、通风不畅、环境脏乱、不同日龄猪混养、长期饲喂粉料等因素均能诱发此病。一般呈散发或地方性流行。一年四季均可发病，但发病率冬季高于夏季。

2. 临床症状　病初主要症状为打喷嚏及鼻塞，有时可见鼻孔出现黏液性或脓液性分泌物，随着病程发展，鼻腔分泌物增多，甚至流出血液。病猪眼角分泌物增多，以致在内眼角下部面颊形成灰色或黑色扇形泪斑，以生长育肥猪多见。不同病原或相同病原不同菌株间致病力各异，NPAR 可出现一定程度的鼻甲骨萎缩和鼻中隔扭曲，但通常感染 1 个月左右可逐渐恢复；PAR 则较为严重，吻部扭曲变形，皮肤皱缩，上下颌咬合不全，上颚变短，鼻面部变形（图 3.5.1）。

3. 病理变化　临床病猪剖检中，一般在第 1、第 2 臼齿间，鼻甲骨卷曲发育最充分之处，将鼻腔锯成横断面，然后观察鼻甲骨的形状和变化。特征性病理变化为鼻甲骨不同程度萎缩、上下卷曲变小而钝直，甚至消失，使鼻腔变成一个空洞的鼻道（图 3.5.2~ 图 3.5.3）；鼻中隔可出现不同程度倾斜或弯曲，鼻黏膜常有浆液性分泌物，当情况较为严重时，流出大量脓性分泌物，掺杂有脱落的黏膜上皮细胞。

二、实验室诊断

1. 拭子采样法　肉汤中充分浸湿的棉拭子，经 121℃高压灭菌 30 min，7 d 内使用；

采样时保定好猪，将其鼻盘洗净，随后用75%乙醇彻底消毒鼻盘，将棉拭子插入鼻腔深处（约至第1臼齿处），轻轻转动数次，不宜过重以免损伤鼻黏膜；取出鼻拭子后迅速放入盛有4～8℃肉汤或灭菌生理盐水的试管内，编号并快速送往实验室。

2. 细菌分离培养　上述样品可通过培养，进行细菌菌落形态、颜色、生化反应鉴定，此种方法可鉴定到Bb及Pm。但要区分Pm为产毒型还是非产毒型，须做动物试验和细胞培养，其操作烦琐，费时费力，临床运用有一定的局限性。

图3.5.1　吻部扭曲变形，皮肤皱缩；鼻孔流血，扇形泪斑（陈武活　邱明贤供图）

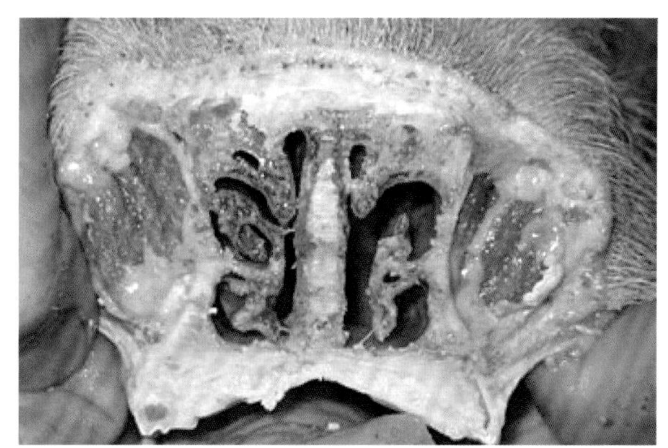
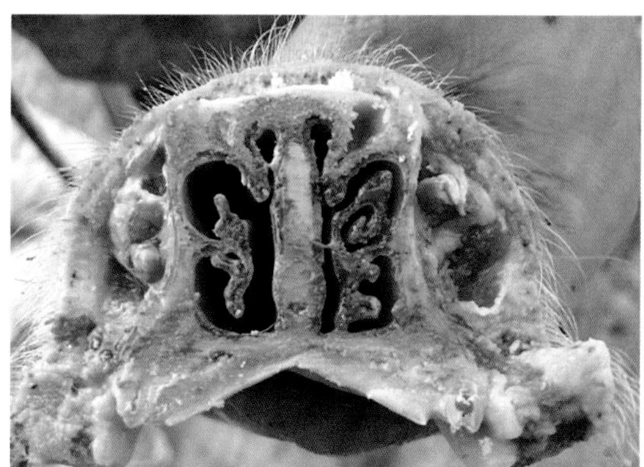

图3.5.2　鼻甲骨上下卷曲，不同程度萎缩（1）（么忠生供图）

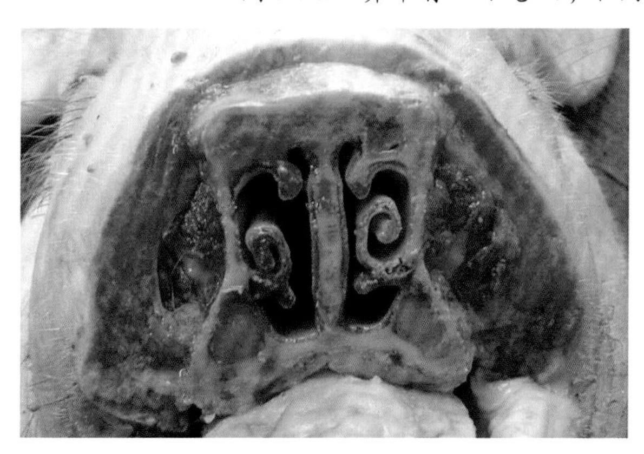
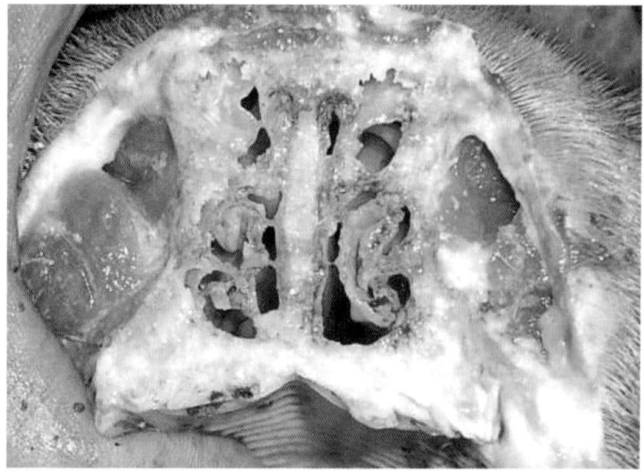

图3.5.3　鼻甲骨上下卷曲，不同程度萎缩（2）（陈武活供图）

3. PCR技术 能同时鉴定Bb及T+Pm的多重PCR方法已经建立，已被广泛应用于Bb及T+Pm的快速检测和诊断中。基于toxA基因位点的套式PCR检测技术，可直接鉴定产毒型Pm，最少可以检测到20个T+Pm细菌数，灵敏度极高。

4. 毒素检测 目前已研制出多种ELISA试剂盒用于检测血清、初乳及鼻拭子中的T+Pm毒素，可快速分析大量样本。但由于成本和适用性原因，此法在养殖生产中尚未得到广泛应用。

三、防治措施

1. 加强管理 引种前要了解种猪场疫情，避免从阳性场引种，引种后隔离观察至少45 d；产房设计为小规模饲养，全进全出周批次管理，注意均衡营养及微量元素，降低猪舍密度、湿度，加强通风，减少应激因素，定期在保育舍做鼻腔横断面萎缩性鼻炎监控。

2. 疫苗接种 对母猪及后备猪进行商品二联苗免疫接种，首次免疫通常连续免疫两次，间隔4～6周，随后对母猪进行跟胎免疫，通常在产前4～8周进行，以期获得母源抗体保护产房仔猪。根据疾病监控情况决定是否对仔猪免疫。疫苗接种可减少本病传播，但不能完全根除本病。注射疫苗操作时需小心，一旦注入人体，可引起严重反应。

3. 抗生素治疗 对发病猪采用敏感的抗生素进行治疗，以减轻细菌感染及其对鼻甲骨的致病作用，但不能消除感染。注射针剂可选择长效土霉素或阿莫西林，群体给药可选择磺胺类药物、金霉素。

4. 净化 目前世界上一些国家在萎缩性鼻炎净化方面做出了一些尝试，如无特定病原（SPF）猪生产技术、药物治疗性早期断奶技术（MEW技术）以及隔离早期断奶技术（SEW技术），这些技术在萎缩性鼻炎净化工作中起到了很重要的作用，特别是SEW技术，由于其操作相对容易，在规模化猪场中是一种值得推广的方法。

第六节　猪肺丝虫病

后圆线虫病是由后圆科后圆属的线虫寄生于猪的气管和支气管内所引起的一种呼吸系统寄生虫病，又称为猪肺丝虫病。该病对仔猪危害较大，可引起支气管炎和支气管肺炎。

一、现场诊断

1. 流行病学 该病的主要病原体为野猪后圆线虫（又称长刺后圆线虫），流行比较广泛，遍布全球，猪群的感染率比较高。影响该病流行的因素主要有：①猪肺丝虫虫卵随粪便排出，对外界抵抗力强，其第一期孵化出来的幼虫生存能力也很强；②蚯蚓是该病传播的中间宿主，病原体对蚯蚓的感染率高，在其体内发育的速度快，保持感染性的时间也长，因此凡是有蚯蚓生存的地方均可能有猪肺丝虫病的存在。本病的发生具有季节性，在温暖潮湿的夏、秋季节，即蚯蚓活动的季节，本病的流行比较广泛，而温度低的冬、春季则感染率下降。

2. 临床症状 临床上该病主要侵害仔猪，死亡率较高，成年猪对该病有较强的抵抗力，发病轻微。主要临床症状为阵发性咳嗽，尤其是早晚时候，或者运动、采食和遇到冷空气袭击时表现得更为剧烈；病猪眼结膜苍白，流鼻液，呈腹式呼吸且延长呼气，肺部有啰音；食欲废绝，行动缓慢，甚至极度衰弱而死亡。

3. 病理变化 主要见于病猪的肺部，在表面可见灰白色、有隆起的病灶，如果将肺切开，可见到支气管的内腔有大量沿着支气管拉长的白色丝状虫体和黏液（图 3.6.1）。气管和支气管的管壁增厚，黏膜肿胀、发红，可见很多出血点。常可见化脓性肺炎灶。

图 3.6.1 猪肺丝虫感染肺部病变
（林瑞庆供图）

二、实验室诊断

1. 病理剖检 在肺部查找虫体及检查组织器官的相关病变。猪肺丝虫病的临床症状与很多疾病导致的咳嗽相似，但可参考流行病学、病猪发病时间和年龄来初步判定，最后结合尸体剖检结果和能否找出虫体情况来确诊。

2. 虫卵漂浮检测法 因为肺丝虫的虫卵密度较大，可采用饱和硫酸镁漂浮法来提高其检测率。

3. 变态反应鉴定法 取病猪气管黏液作为抗原，加入约为黏液体积 30 倍的生理盐水，再注入大约 30% 的乙酸溶液，直到稀释的黏液沉淀下去为止，然后再进行过滤，取滤液再缓慢地注入 3% 的碳酸氢钠溶液进行中和，把 pH 值调节至 7.0 左右，消毒之后备用。用注射器抽取 0.2 mL 抗原注入待检猪耳背内皮，如果 15 min 内被注射的部位出现超过 1 cm 的肿胀，则证明是阳性，否则为阴性。

三、防治措施

目前常用驱除猪后圆线虫的药物有左旋咪唑、阿苯达唑和伊维菌素等，但对于感染比较严重、有肺炎的猪群，可使用青霉素和链霉素协同治疗。另外，猪场应该建在比较干燥的地方，猪舍和猪能接触到的地方要铺上水泥，防止蚯蚓出入和繁殖。同时还要严格处理粪便，可以采取堆积发酵以杀灭虫卵。

第四章　消化系统疾病类症鉴别与防治

在猪的消化系统疾病中，以腹泻为主要临床症状的疾病，是猪场发生较多且严重影响养猪经济效益的一类疾病。临床上引起腹泻的常见病原以细菌性为多数，包括大肠杆菌引起的腹泻，如仔猪黄痢、仔猪白痢、猪霍乱沙门氏菌及鼠伤寒沙门氏菌引起的猪沙门氏菌病，C型魏氏梭菌引起的仔猪红痢、短螺旋体引起的猪痢疾、胞内劳森菌引起的猪增生性回肠炎、急性出血性回肠炎等消化系统疾病；由病毒引起的肠道感染主要有流行性腹泻、传染性胃肠炎、轮状病毒等。在生产中常见多种病原的混合感染，这既加剧了临床疾病的复杂程度，同时也增加了疾病控制的难度。此外，疾病的流行形式因猪群养殖方式而有所不同。

腹泻的机制包括分泌增加、吸收不良、炎症和肠通透性增加等。分泌增加导致的腹泻呈水样，无明显大体病变，往往由肠道致病性大肠杆菌或轮状病毒感染引起。等孢球虫属及某些大肠杆菌、轮状病毒和冠状病毒等感染会引起细胞损伤和脱落，上皮脱落导致体液外渗，结果引起水样腹泻和脱水。冠状病毒和轮状病毒感染还与肠绒毛萎缩有关。在这些情况下，肠腔内充满液体，肠道松弛，无明显炎性病变。肠糜烂、坏死以及青年猪的出血性肠炎往往与C型产气荚膜梭菌感染有关；大肠溃疡性盲肠－结肠炎与猪痢疾相关，也可能与沙门氏菌和胞内劳森菌有关。上皮屏障遭到任何破坏或肠道致病菌感染均可引起炎性细胞浸润。冠状病毒等肠道病毒性感染可引起肉芽肿性炎症。急性胞内劳森菌感染引发的猪增生性回肠炎，回肠大量出血，在没有肠道溃疡的情况下可出现较大的新鲜血凝块。急性梭菌性肠炎可引起哺乳仔猪的肠道出血。在猪痢疾导致的溃疡性盲肠－结肠炎中，结肠内容物带血，黏液分泌增加，导致黏液出血性下痢，并且粪便带有新鲜血液。鞭虫也可引起黏液出血性下痢。本章主要通过临床症状、鉴别诊断、防治措施对上述疾病进行介绍。

第一节　猪大肠杆菌病

一、仔猪黄痢

仔猪黄痢是由产肠毒素性大肠杆菌所引起，在出生后几小时到1周龄哺乳仔猪上发生的一种急性、致死性传染病，又称早发性大肠杆菌病。引起新生仔猪腹泻的大肠杆菌通常只产生热稳定肠毒素。仔猪黄痢主要临床表现为排黄色稀粪，发病率和病死率较高，是猪场常见的疾病，在防治措施不当时可引起严重的经济损失。

1. 现场诊断

（1）流行病学：一年四季流行，发病日龄为出生后几小时至 1 周，以 1 ~ 3 d 常见，发病率可达 90% 以上，有时高达 100%。仔猪黄痢第 1 例发病 1 ~ 2 d 后，至少有 80%的同窝仔猪发病。可影响单头猪或整窝猪。初产母猪所产的仔猪比经产母猪所产的仔猪更易感。感染猪群的发病率差异很大，平均为 30% ~ 40%，但有些猪群可能高达 80%。

（2）临床症状：本病潜伏期较短，出生 8 ~ 12 h 内发病，一般为 1 ~ 3 日龄，病猪主要症状是拉黄痢，粪便大多呈黄色水样，内含凝乳小片，顺肛门流下，其周围多不留粪迹，易被忽视。下痢严重时，后肢被粪液沾污，从肛门冒出稀粪。患病仔猪不愿吃奶，很快消瘦、脱水，最后因衰竭而死亡。

急性型不见下痢，身体软弱，倒地昏迷死亡。少量猪的感染可能非常迅速，以至在没有出现腹泻时就已经死亡。在流行较严重时，少量病猪可能呕吐，由于体液流进肠管可造成体重下降 30% ~ 40%并伴有脱水症状，腹肌系统松弛、无力，病猪精神沉郁、迟钝，眼睛无光，皮肤蓝灰色，质地枯燥，水分流失，不久仔猪死亡。

腹泻的症状可能非常轻，无脱水表现，或腹泻物清亮、呈水样。粪便颜色不一，从清亮到白色或程度不一的棕色（图 4.1.1）。在慢性或不严重时，猪的肛门和会阴部可能由于与碱性粪便接触而发炎。脱水不严重的病猪可能还会饮水，治疗及时可以恢复。

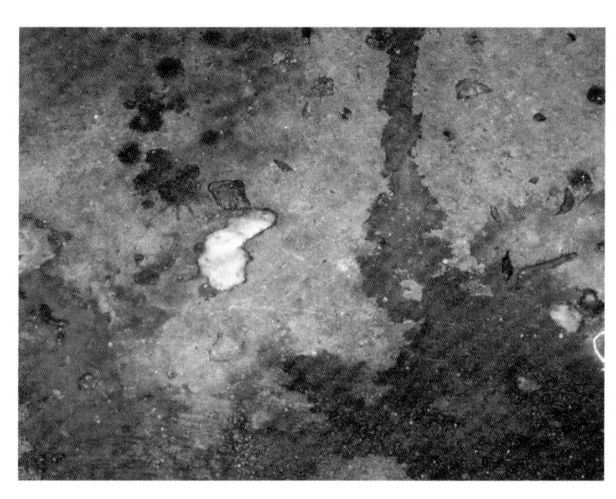

图 4.1.1　大肠杆菌引起的仔猪黄痢及脱水（张欣供图）

（3）病理变化：肠道大肠杆菌感染很少有特异性病变，大体病变包括脱水、胃扩张（可能包括未消化的凝乳），胃大弯部静脉梗死，局部小肠壁充血，小肠扩张，内含黄色内容物（图 4.1.2）。

2. 实验室诊断

（1）病原学诊断：取发病猪十二指肠内容物接种至麦康凯培养基进行分离培养和生化试验。

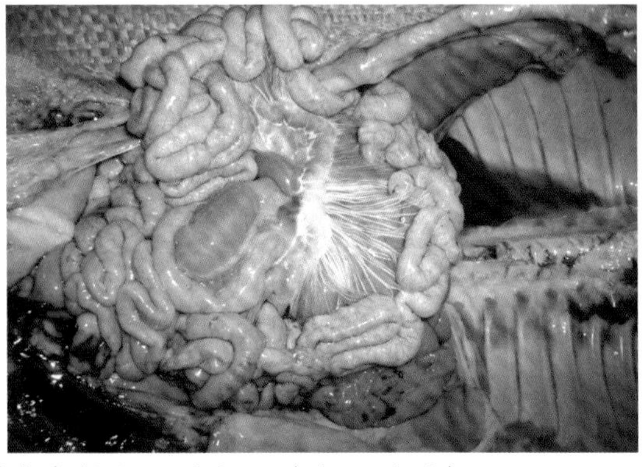

图 4.1.2 大肠杆菌感染后典型的水样内容物和肠道充血（张欣供图）

（2）粪便 pH 值测定：肠道大肠杆菌感染形成的分泌性腹泻液 pH 值为碱性，而由传染性胃肠炎病毒（TGEV）或轮状病毒引起代谢紊乱的腹泻液 pH 值多是酸性。

（3）鉴别诊断：本病应与猪传染性胃肠炎、流行性腹泻、猪轮状病毒感染和仔猪球虫病等进行区别。

1）发病日龄：早发性大肠杆菌病发病时间在1~3日龄，迟发型大肠杆菌发病时间在10日龄，仔猪球虫病主要发生于7～14日龄，流行性腹泻和传染性胃肠炎发病日龄差异较大，轮状病毒主要发生在10～21日龄。

2）传播速度：大肠杆菌引起的腹泻传播速度慢，呈现以窝发生的现象；流行性腹泻和传染性胃肠炎传播速度快。

3）剖检诊断：大肠杆菌引起的腹泻因肠绒毛未受损伤，可以观察到乳糜管中有乳糜，而病毒性腹泻乳糜管中无乳糜。

4）临床症状：大肠杆菌引起的腹泻中，呕吐比例低，脱水速度慢；病毒性腹泻除腹泻外，普遍呕吐，脱水速度快。

3. 防治措施

（1）加强产房生物安全和生产管理：产房严格执行“全进全出”制度；临产母猪进产房前，应用温水淋浴；临产前可对母猪外阴部、乳房、腹部进行清洗。检查猪舍内空气流动及有无贼风。对仔猪要加强保温，仔猪保温箱温度设定在 32 ℃；仔猪出生后立即擦干黏液，确保仔猪在 30 min 内吃上初乳并吃足初乳。

（2）免疫预防：妊娠母猪在临产前 40 d 和 15 d，肌内注射 K88/K99/987P 三价灭活疫苗。必要时对仔猪进行免疫，但保护期较短（5～7 d）。

（3）药物防治：定期检测本场大肠杆菌的血清型和药物敏感性，临床常用药物有恩诺沙星、庆大霉素等药物，或者使用微生态制剂调整肠道菌群。

（4）防止脱水：猪场常用口服补液盐进行补充水分，以防止腹泻仔猪脱水。注意做好腹泻仔猪的补液工作，防止因脱水死亡导致的损失。

（5）发病后采用的措施：进入猪栏时对鞋只消毒；使用一次性隔离服减少来自于衣服的

病原；处理发病仔猪后及时洗手消毒；不同栏之间做好工具（刷子、铁锹）的消毒。对产房采用高压清洗和消毒。确保产床干燥，使用密斯陀等干燥粉来降低猪舍湿度。每天对母猪后躯进行清洁护理。

二、仔猪白痢

仔猪白痢又称迟发型大肠杆菌病，引起仔猪白痢的血清型主要以 O8、K88 多见。

1. 现场诊断

（1）流行病学：白痢发病多在 10～30 日龄，以 10～20 日龄最多见也较严重，1 月龄以上的仔猪很少发生。

（2）临床症状：病猪突然发生腹泻，排出浆状、糊状的粪便，呈灰白色或黄白色，有腥臭，体温和食欲无明显改变（图 4.1.3）。病猪逐渐消瘦，发育迟缓，拱背，皮毛粗糙，无光泽，病程 3～7 d，多数能自行康复。

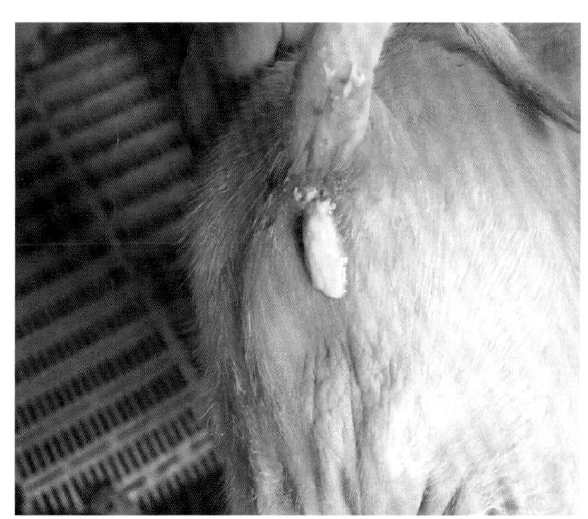

图 4.1.3　由大肠杆菌引起的仔猪白痢（张欣供图）

（3）病理变化：表现为身体消瘦、脱水，胃肠黏膜充血，易剥落，肠内空虚，有大量气体和少量灰白色带酸臭味的稀薄粪便。

2. 实验室诊断

（1）病原学诊断：从小肠内容物中分离出大肠杆菌，用血清学方法鉴定为常见病原血清型时即可确诊。

（2）鉴别诊断：临床上应注意与仔猪黄痢、猪传染性胃肠炎等的区别。具体鉴别诊断见仔猪黄痢。

3. 防控措施

参考仔猪黄痢。

第二节　猪流行性腹泻

猪流行性腹泻（PED）是由流行性腹泻病毒（PEDV）引起的一种急性高度接触性肠道传染病。为冠状病毒科冠状病毒属的成员，具有囊膜，呈皇冠状。1971 年 PED 首次发生于英国，1993 年首次发生在韩国，2013 年首次暴发在美国，2010 年至今 PED 在中国呈现暴发性流行。

一、现场诊断

1. 流行病学　猪场所有日龄的猪均可感染，哺乳仔猪发病率接近 100%，病死率也接近 100%。本病流行毒株与现有疫苗毒株同源性较远，且发病无规律性。

2. 临床症状　潜伏期短，通常为18 ~ 72 h，感染后一般很快传遍整个猪群，发病仔猪首先表现为呕吐，然后开始腹泻，最严重病猪腹泻呈现水样并很快脱水，并混杂有黄白色的凝乳块（图4.2.1、图4.2.2）。哺乳仔猪一旦感染、症状明显，但母猪的发病率高低不一。

图 4.2.1　哺乳仔猪脱水死亡（张欣供图）

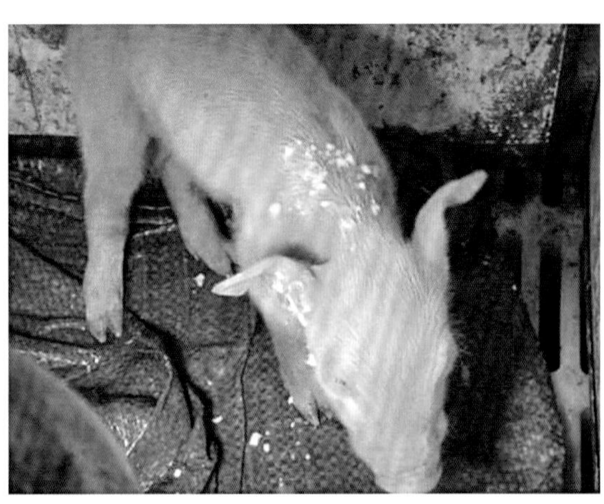

图 4.2.2　哺乳仔猪呕吐和水样腹泻（张欣供图）

3. 病理变化　剖检见肠壁透明，内容物稀薄呈黄色泡沫状（图 4.2.3）；胃底潮红、出血，甚至溃疡，内容物呈黄色，有白色凝乳块。

图 4.2.3 肠壁透明化（张欣供图）

二、实验室诊断

1. 病原学诊断 采集发病仔猪肠道组织，冷冻保存，可用 RT-PCR 方法检测病毒的 RNA。

2. 免疫层析技术 采用市面上销售的 PED 胶体金快速检测卡可进行定性诊断。

3. 鉴别诊断 在发病日龄上，流行性腹泻和传染性胃肠炎仔猪发病日龄早，存在呕吐和腹泻现象，腹泻呈现水样，脱水症状明显，所有猪群可能都有腹泻症状。详见本章第一节仔猪黄痢的鉴别诊断。

三、防控措施

1. 一般性生产管理要求

（1）生物安全体系建立：发病舍实行单独管理，饲养员不得串舍；重点做好接生员和防疫员手、水鞋、工作服的消毒，至少做到每窝洗一次手；猪舍内共用设施（保温灯、料槽、接生工具）不得交叉使用，如有需要，待清洗消毒后方可使用。疫苗免疫、去势、补铁等操作的生物安全管理：出现疑似病例的猪舍，优先处理健康猪群。腹泻严重时，暂停免疫、去势，待猪群情况稳定后再实施。

（2）空舍管理：猪只转出后，使用泡沫清洗剂处理 30 min 后冲洗，带清洗彻底后，使用百胜 30 消毒，待干燥后再用 20% 石灰乳进行全面彻底地消毒。

（3）猪舍环境控制：猪舍大环境控制在 24 ℃，较正常情况下提升 2 ℃；仔猪出生后实施保温箱管理，减少因受寒导致的腹泻；对于出现疑似病例的猪舍，应降低空气湿度，如使用密斯陀进行喷洒。

2. 疫苗预防 本病为病毒性疾病，主要通过疫苗免疫进行预防。但由于病毒的变异，目前市场上的灭活疫苗效果不理想，可考虑使用针对新毒株的疫苗。结合国内防控经验，对于发病猪场可以使用发病仔猪的肠道进行返饲或制作自家灭活苗，于母猪产前 5 周、2 周进行两次免疫。对于反复发作的猪场，使用自家灭活苗对种猪群进行紧急免疫接种；对于较稳定的猪场，采取后备猪 26 周进行返饲，配种前用灭活疫苗加强免疫，产前 5 周、2 周免疫的策略，可有效降低流行性腹泻的发病率。

3. 预防及治疗 哺乳料中添加 α－单月桂酸甘油酯，用量为 3 000 g/t，自临产前 3 周至产后 2 周使用，有一定的预防作用。对于出现腹泻的仔猪，将 50 g α－单月桂酸甘油酯加入 100 g 蒙脱石中，混匀，用生理盐水定容至 500 mL，按 4 mL/ 头进行口服治疗，每天两次。一头发病，全窝治疗。特别注意在饮水中添加口服补液盐，要保证充足供应，重点关注夜间饮水的供应。

超过15日龄的仔猪发生流行性腹泻后，对仔猪进行断奶，提供温暖的环境、奶粉、补液盐；考虑猪舍周转，可以移走母猪，留下仔猪继续在产房内饲养。如果产房仔猪小于7日龄发生腹泻，则在产前1周至产后1周对母猪进行紧急免疫，同时注意抗应激管理。

第三节　猪传染性胃肠炎

猪传染性胃肠炎（TGE）是由猪传染性胃肠炎病毒引起猪的一种高度接触性肠道传染病。临床上以引起 2 周龄以内仔猪呕吐、严重腹泻、脱水和高死亡率（通常 100%）为特征。猪传染性胃肠炎病毒为冠状病毒科冠状病毒属的成员，目前只有一个血清型。

一、现场诊断

1. 流行病学　各种年龄的猪均具有易感性，10 日龄以内仔猪发病率和死亡率较高；断奶仔猪、育肥猪和成年猪的症状较轻，大多呈良性经过，能自然康复。病猪和带毒猪是主要的传染源，主要通过消化道、呼吸道传播，也可以通过乳汁传播。在猪场主要以流行性和地方流行性为主，流行季节为每年的 12 月至翌年 4 月，2 月龄内猪多发。

2. 临床症状　本病潜伏期短，为 15 ~ 18 h，有的可延长至 2 ~ 3 d。本病传播迅速，数天内可蔓延至全群。典型症状是短暂的呕吐，伴有或继而发生水样腹泻。粪便黄色、绿色或白色，常含有未消化的凝乳块，气味恶臭（图 4.3.1）。育肥猪和成年猪症状较轻，发生水样腹泻，呈喷射状。死亡的最终原因可能是脱水和代谢性酸中毒，以及由高钾血症引起的心功能异常。

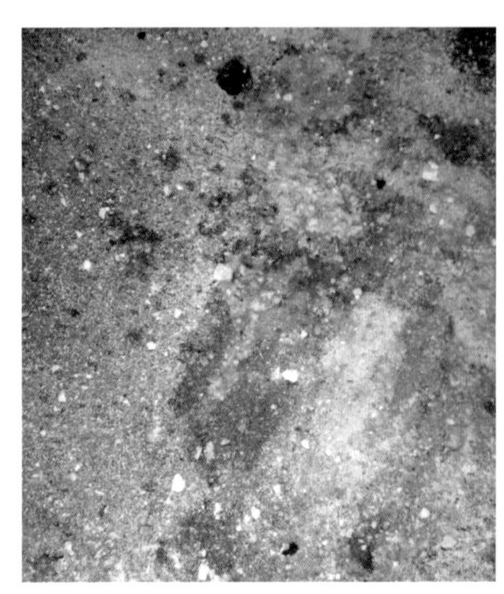
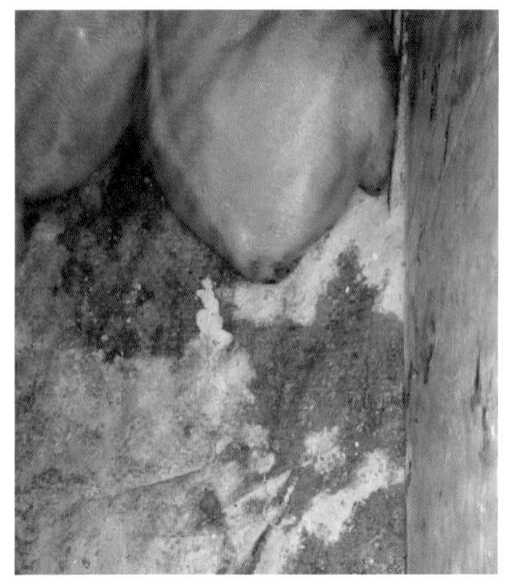

图 4.3.1　仔猪呕吐物和腹泻（张欣供图）

3. 病理变化　肉眼变化常局限于胃肠道，胃内充满凝乳，黏膜充血，小肠充满黄色的液体，并且一般含有未消化的凝乳块。肠壁菲薄，几乎透明。

二、实验室诊断

1. 病原学诊断　采集适当的发病仔猪肠道组织，冷冻保存，利用 RT-PCR 方法检测病毒的 RNA。

2. 免疫层析技术　采用市面销售的猪传染性胃肠炎快速检测卡可以作出定性的诊断。

3. 鉴别诊断　参考 PED 鉴别诊断。

三、防控措施

本病防控措施参考 PED 防控措施。

第四节　猪轮状病毒病

猪轮状病毒病是由轮状病毒引起的仔猪急性胃肠炎，特征为急性腹泻。病原为呼肠孤病毒科轮状病毒属的成员。

一、现场诊断

1. 流行病学　7 ~ 14日龄仔猪易感并表现为严重的临床症状。患病猪和隐性感染带毒猪是主要传染源，主要经粪-口途径传播。轮状病毒血清群的流行性与猪的年龄有关，A群轮状病毒仍然在全球范围内广泛流行，在我国发病率和死亡率相对较低。本病具有明显的季节性，多发生于晚冬至早春的寒冷季节，感染率可高达90% ~ 100%，但死亡率较低。

2. 临床症状　猪轮状病毒感染的潜伏期为 18 ~ 96 h，伴随着精神萎靡、腹泻（图 4.4.1），有时会有发热症状，严重时仔猪会发生脱水（图 4.4.2）。感染多为 1 ~ 14 日龄的仔猪或断奶后 7 d 内的猪。

3. 病理变化　剖检表现为胃内充满凝乳块和乳汁，肠管变薄，半透明，空肠、回肠内容

图 4.4.1　仔猪油腻状粪便（张欣供图）

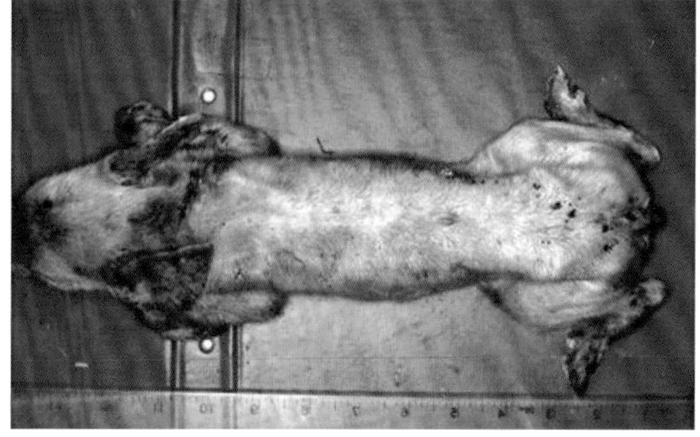

图 4.4.2　仔猪脱水（来源：NIDS）

物呈水样，肠系膜淋巴结水肿。

二、实验室诊断

1. 病原学诊断 采集发病仔猪肠道组织，冷冻保存，可用RT-PCR方法检测病毒的RNA。

2. 免疫层析技术 采用市面销售的胶体金快速检测卡，可以进行定性的诊断。

3. 鉴别诊断 临床上主要与仔猪白痢、球虫、脂肪性下痢进行鉴别诊断。

（1）*发病日龄*：轮状病毒感染主要发生于14日龄左右，与仔猪球虫病、营养不良引起的脂肪性下痢发病时间接近一致。在国外，轮状病毒的发生与国内差异较大，仔猪出生即有发生且呈现明显的水样腹泻。

（2）*治疗性诊断*：轮状病毒感染无特效药物，仔猪白痢使用抗生素治疗效果良好，在仔猪出生3 ~ 5日龄口服百球清1 mL/头，可控制球虫病的发病率，脂肪性下痢可通过仔猪断奶进行验证。

三、防控措施

1. 控制继发感染 本病无特效治疗药物。为防止继发感染，可口服或注射给药。常用药物有阿莫西林、新霉素、恩诺沙星等。为防止仔猪腹泻导致的脱水，需补足电解质，提供干燥、温暖和舒适的环境。

2. 管理控制、预防、全进全出及有效的消毒 猪舍清洗消毒后空舍2 ~ 4 d，确保猪舍干燥，以降低环境中的病毒数量。为减少疾病的传播，处理发病猪群时应注意对鞋帽、衣服、手的消毒。使用过氧化物或氯制剂对猪舍消毒。如果哺乳仔猪持续发病，实施返饲，采集发病仔猪肠道组织，饲喂产前3 ~ 4周的妊娠母猪，尤其是头胎母猪。

第五节　猪增生性回肠炎

猪增生性回肠炎（PE）是由胞内劳森菌引起青年猪和成年猪发病的一种肠道病。新传入时导致的经济损失较大。其病原菌是一种弯曲或直的弧状杆菌，适宜在肠上皮细胞的胞浆内生长。

一、现场诊断

1. 流行病学 该病分布于世界各地，猪群感染与猪场管理系统和抗生素的使用情况密切相关。发病率为1% ~ 30%，死亡率为1% ~ 5%。常为隐性感染，在气温骤变、长途运输、饲养密度过大等应激条件下，可促进该病的发生。

2. 临床症状

（1）在6 ~ 20周龄的猪群中，慢性增生性回肠炎最为常见，主要表现为腹泻，生长缓慢，均匀度差（图 4.5.1、图 4.5.2）。

（2）急性增生性回肠炎病主要发生于 4 ～ 12 月龄的青年猪，在临床上表现为急性出血性贫血。首次观察到的临床症状常常是排出黑色柏油状粪便（图 4.5.3 ~ 图 4.5.5）。

图 4.5.1 慢性增生性回肠炎：生长育肥猪均匀度差

图 4.5.2 慢性增生性回肠炎：粪便不成形，含不消化饲料颗粒

图 4.5.3 急性增生性回肠炎：皮肤苍白

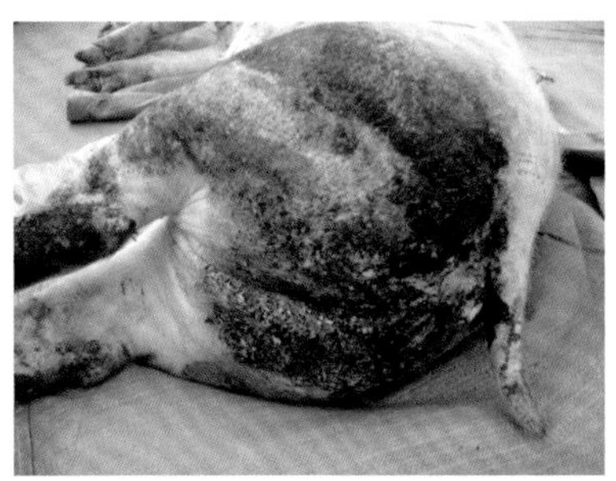

图 4.5.4 急性增生性回肠炎：后躯污染

图 4.5.5 急性增生性回肠炎：柏油状粪便

（本组照片由张欣提供）

3. 病理变化 剖检特征表现为小肠及回肠黏膜增厚、出血或坏死等（图 4.5.6 ~ 图 4.5.8）。

4. 鉴别诊断 临床上需要与猪痢疾、鞭虫引起的腹泻进行鉴别诊断。

（1）发病阶段：急性增生性回肠炎多发生于 4 ～ 12 月龄的青年猪，如后备母猪；猪痢疾多发生于生长育成猪；鞭虫感染主要发生于 4 月龄以上猪群且猪群与垫料有接触史。

（2）临床症状：急性增生性回肠炎临床表现为出血性贫血，首次观察到的临床症状常常是排出黑色柏油状粪便，可能会逐渐变稀，死亡猪皮肤苍白；猪痢疾感染后最初表现为排黄色或灰色的稀软粪便，萎靡不振，脱水和腹泻；鞭虫感染后腹泻，且腹泻物带有血色，剖检时在盲肠或结肠中可以发现鞭虫。

（3）病变部位：急性增生性回肠炎通常发生于回肠末端和结肠，被感染的肠壁增厚，回肠和结肠中含有少量或大量血块，直肠中可能混有从血液转变而来的黑色柏油状粪便；猪痢疾急性期的典型变化是大肠的肠壁和肠系膜发生出血和水肿；鞭虫感染主要出现在盲肠，感染严重时，也可以发展到结肠。

（4）粪便颜色：急性增生性回肠炎的病变部位在消化道前段，因血液的消化导致粪便呈黑色柏油状；而猪痢疾病变部位在结肠，粪便通常带有血色；鞭虫严重感染时，出现黏膜溃

图 4.5.6 慢性增生性回肠炎：回肠增厚，有隆起的黏膜（张欣供图）

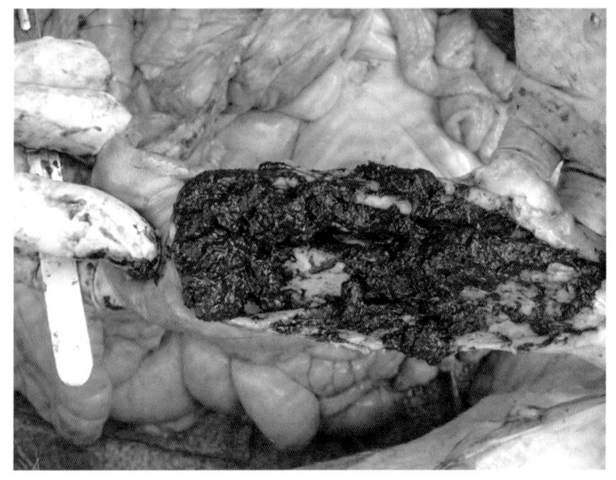

图 4.5.7 急性增生性回肠炎：肠道充满血液（张欣供图）

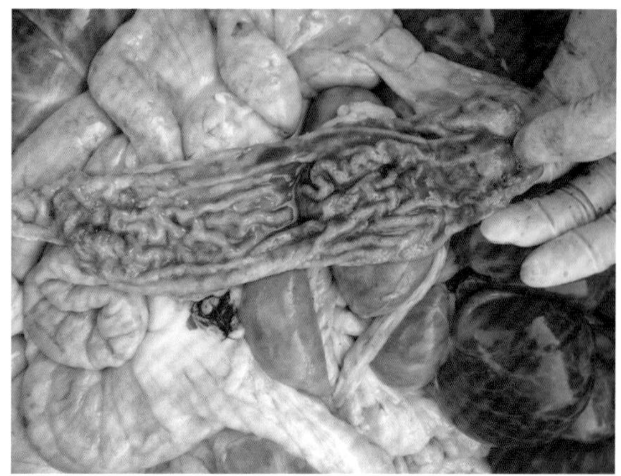

图 4.5.8 急性增生性回肠炎：回肠增厚（张欣供图）

疡、水肿、出血、痢疾和黏膜纤维素性坏死。

（5）药物治疗：对增生性回肠炎有效的药物是泰妙菌素、沃尼妙林等，猪痢疾的首选药物是痢菌净，驱除鞭虫的药物是芬苯达唑。临床上通过应用药物控制，也可以做出鉴别诊断。

二、实验室诊断

1. 病理切片检查 组织学切片检查，常见小肠上皮细胞增生。

2. 病原学检测 采集疑似病例粪便，采用 RT-PCR 方法确诊。

3. 血清学检测 应用夹心 ELISA 检测病料中的抗原，评估猪群的感染状况（图 4.5.9）。

三、防治措施

1. 生物安全防范 做好清洁、隔离、消毒工作，防范鼠类等动物，特别注意避免因人为活动而传播病原，对于鞋底、车轮等接触粪便的部位要特别注意消毒。推荐使用季铵盐及非酚类消毒剂加强消毒，特别是对于母猪舍的消毒。对于新引进的种猪应做好隔离工作，必要

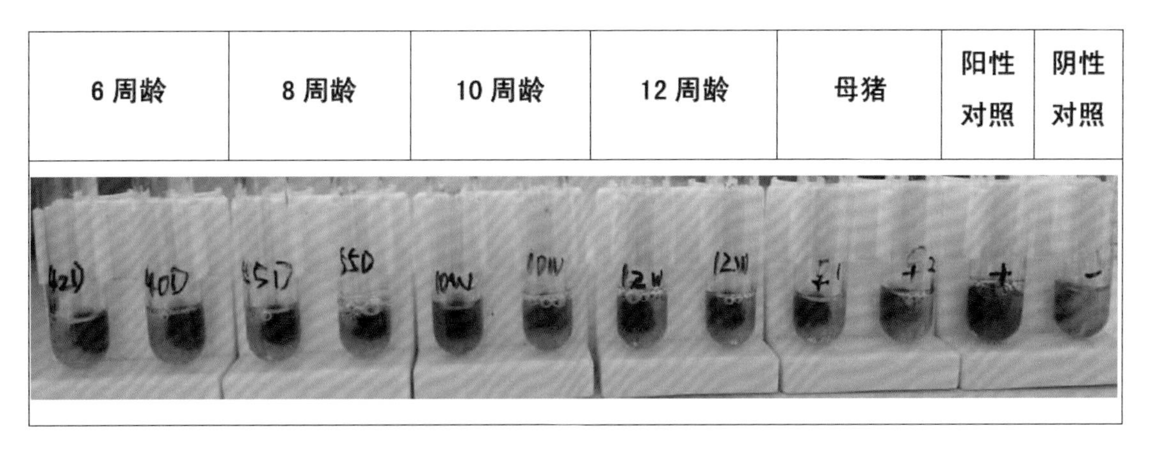

图 4.5.9　猪增生性回肠炎感染评估（张欣供图）

时在转群时进行策略性投药。

2. 策略性投药　胞内劳森菌属于专一性的细胞内病原菌，所选药物应具备敏感性高、能够进入到肠道细胞内且可在细胞内聚集的特性。另外，该病的主要危害是影响生长育肥猪的生产成绩，用药周期应持续两周以上时间。常用药物方案：泰乐菌素 110 mg/kg，泰妙菌素 100 mg/kg + 金霉素 300 mg/kg，林可霉素 110 mg/kg。对于繁殖猪群的急性增生性回肠炎需要考虑整群治疗，治疗对象既包括临床感染的猪，也包括接触过患病猪的可疑猪（可能是整个猪群）。首选的治疗药物是泰妙菌素（120 mg/kg）或泰乐菌素（100 mg/kg），可通过饮水、拌料给药或肌内注射等方式治疗感染猪和接触猪，连续治疗 14 d。

3. 疫苗免疫策略　考虑到增生性回肠炎的地方流行性特征，免疫接种是控制该病的有效方法。通过给青年猪一次口服低剂量的弱毒活疫苗（德国勃林格殷格翰公司的 Enterisol® 回肠炎疫苗），免疫猪只能够获得显著的免疫保护水平，能够抵抗胞内劳森菌不同强毒株的攻击。此疫苗已经在全球范围内广泛使用，具有良好的免疫效果。

在国内，疫苗目前主要用于种猪生产企业，商品猪场使用较少。疫苗使用前 1 d，测定猪群的饮水量。疫苗使用当天，提前 4 h 控水，按照 2 mL/ 头剂量将稀释好的疫苗加入到提前准备好的缓冲液中（牛奶和水的混合液），根据猪的头数核算饮水量，添加到长饲料槽中，确保猪群在 4 h 内饮用完毕。为保证疫苗的效果，在采用增生性回肠炎疫苗饮水给药时，疫苗使用前后各 3 d，一定确保未使用抗生素。检查和清洁饮水系统时，也不能使用消毒剂。

第六节　猪沙门氏菌病

猪沙门氏菌病主要由猪霍乱沙门氏菌及鼠伤寒沙门氏菌引起的，前者产生败血症，后者引起猪腹泻。

一、现场诊断

1. 流行病学 6月龄以内猪多发，病猪或带菌猪通过被污染的水源、饲料经消化道传播。一年四季均可发病，尤以多雨、潮湿季节发病多，急性型死亡率高。

2. 临床症状 急性型多见于断奶前后的仔猪，体温升高达41～42 ℃，精神不振，呼吸困难，腹泻，耳和四肢末端皮肤发绀，病死率较高；亚急性型和慢性型病猪体温升高至40.5～41.5 ℃，腹泻物呈灰白色或黄绿色，带恶臭，粪便呈水样，混有大量坏死组织碎片或纤维素性分泌物，形如糠麸（图4.6.1）；猪只消瘦，皮肤有痂状湿疹，病程长的会变为僵猪。

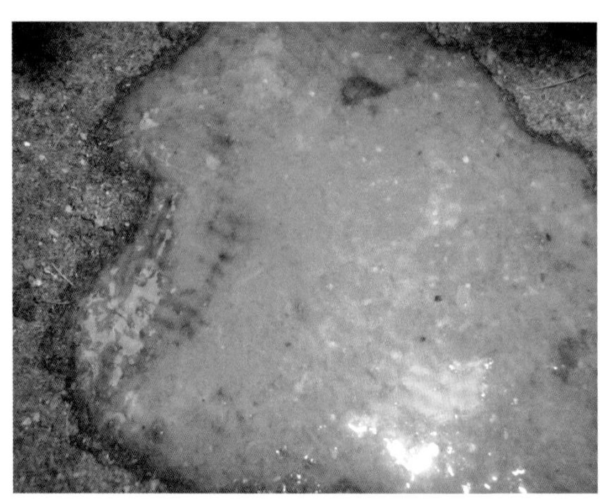
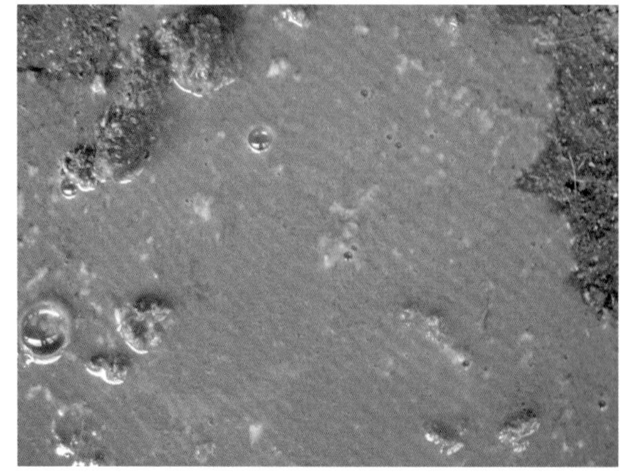

图 4.6.1 水样腹泻（梁志刚供图）

3. 病理变化 急性型病猪脏器呈败血症变化，全身淋巴结肿大、出血，心内外膜、喉头、肾、膀胱黏膜、肠浆膜等有散在的出血点，脾脏肿大，盲肠、结肠严重出血。亚急性型和慢性型主要表现为盲肠、结肠坏死性炎症，肠壁增厚，表面呈糠麸样伪膜，形成圆形或椭圆形溃疡，淋巴结肿大、出血、增生，肝脏瘀血、变性，可见针尖状大小的坏死点（图4.6.2）；脾脏肿大；肾有灰白色坏死灶；肺边缘发生卡他性肺炎。慢性型病猪关节肿胀，关节内有淡黄色积液。

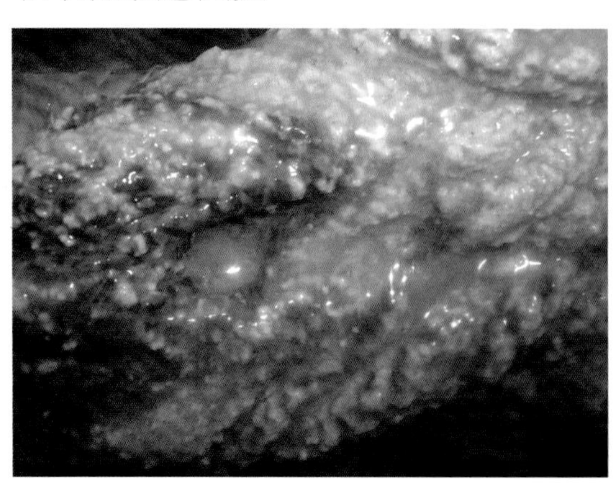
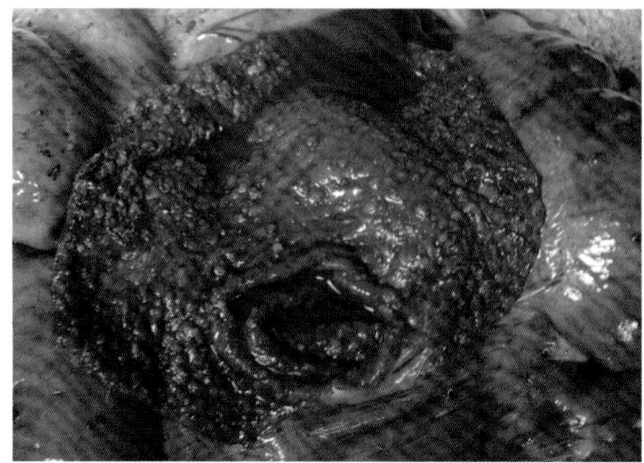

图 4.6.2 坏死性肠炎（梁志刚供图）

二、实验室诊断

1. 细菌分离　从病猪的回肠和肠系膜淋巴结混合样品即可诊断出正在发病的或新近康复的病例。在猪活体取样（粪便或扁桃体刮取物），使用四硫酸钠煌绿增菌基础进行细菌分离。

2. 血清学诊断　目前主要采用玻片凝集试验分离病原菌血清型。方法是先用沙门氏菌A~F多价血清与被检菌做玻片凝集试验，鉴定其抗原型组别，然后用单因子血清做玻片凝集试验，鉴定出特定菌型。此外，我国也有用于猪血清抗体检测的ELISA试剂盒销售。

3. 鉴别诊断　临床上要与猪痢疾、猪增生性回肠炎、猪轮状病毒病、猪传染性胃肠炎、大肠杆菌病、鞭虫病进行鉴别诊断。

三、防治措施

1. 预防　通过饲料或饮水实施预防给药或策略性给药。最好根据药敏试验结果，针对个体的具体病情进行诊治。另外，可在饲料中添加有机酸。

2. 管理及预防措施　沙门氏菌发病严重程度取决于细菌毒力、感染剂量等因素，需要加强猪舍卫生的管理、优化猪群密度，减少转群或猪只移动应激。对每个批次实行“全进全出”的生产体系并进行严格消毒管理，对进出人员实行登记或按指纹识别。用过的雨鞋要彻底消毒，避免鸟、鼠类污染饲料，控制好苍蝇、寄生虫。

第七节　仔猪红痢

仔猪红痢是主要由C型（有时还有A型）产气荚膜梭菌引起的以肠毒血症为特征的猪肠道传染病，在我国部分地区呈地方性流行，危害很大。

一、现场诊断

1. 流行病学　一年四季均可流行，以1～3日龄初生仔猪最常发病。

2. 临床症状　特征症状表现为突然排出血便，后躯沾满血样稀粪，病程长者排含有灰色坏死组织碎片且呈红褐色水样粪便，极度消瘦和脱水，一般在出生后5～7 d死亡。

3. 病理变化　主要见于消化道，尤其是空肠。肠管呈暗红色，充满了含血的液体（图4.7.1）。浆膜下和肠系膜有数量不等的小气泡。病程长的则有坏死性变化，管壁增厚，肠黏膜上附有灰黄色的假

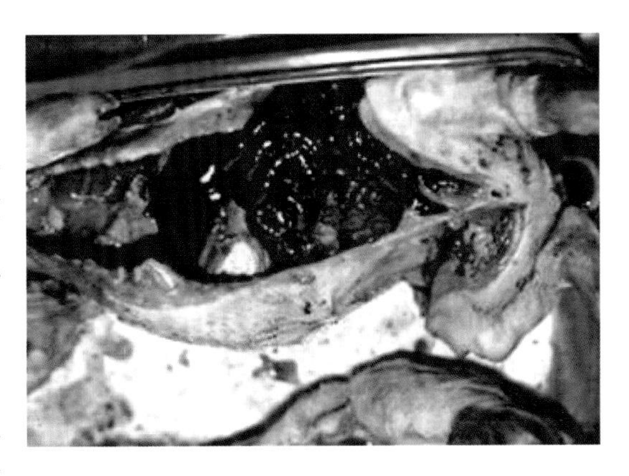

图4.7.1　典型的肠道出血（图片来源：Clostridium Perfringens Infectionin Piglets，NIDS）

膜，易于剥离，肠腔内有坏死组织碎片。

二、实验室诊断

1. 典型的急性病例诊断 可以根据临床症状和尸体剖检病变进行诊断，特征性病变是小肠中段出血，呈现酒红色。

2. 实验室诊断 活猪或死亡 3 ~ 4 h 内的猪只，可通过检测毒素确诊。

三、防治措施

1. 治疗 急性暴发时，在仔猪出生时注射羔羊痢疾抗血清。仔猪出生时、出生后 2 ~ 3 d，连续口服抗生素，通常使用阿莫西林。母猪在产前 5 d 至断奶，在饲料中添加阿莫西林 300 g/t。

2. 疫苗预防 使用含有仔猪 C 型产气荚膜梭菌毒素的疫苗（如利特佳），在疾病暴发阶段，母猪间隔 2 ~ 3 周免疫两次，最后一次免疫至少在分娩前 7 d。

3. 药物预防 饲料中添加杆菌肽锌或者在饲料中添加恩拉霉素，并加强猪舍卫生的管理。

第八节　猪痢疾

猪痢疾又称猪血痢，病原为猪痢疾密螺旋体。猪痢疾呈现全球性分布，在不同的国家和地区发病率不同并随时间变化。在欧盟、南美和东南亚地区的许多国家，猪痢疾仍然是一个相对普遍且主要的地区性难题。在美国抗生素的使用也可能抑制该病的发生，但随着抗生素使用的限制，该病的发病率呈上升趋势。

一、现场诊断

1. 流行病学 本病只发生于猪只，最常见于断奶后正在生长发育的架子猪和育肥猪，乳猪、断奶仔猪和成猪较少发病。发病日龄以 1 ~ 4 月龄最为常见。

病猪、临床康复猪和无症状的带菌猪是主要的传染源，经粪便排菌，病原体会污染环境、饲料、饮水并通过消化道传播。在呈现地方流行性的猪场，该病主要通过猪只摄入带菌的粪便而传播。尤其是在场所单一、自繁自养类型的猪场中，当持续转群流动且生物安全性较差时，本病更易传播。在隔离病猪群与健康猪群之间，可通过饲养员的衣服、鞋子等的污染而传播。易感猪与临床康复 70 d 以内的猪混养时，仍可感染发病。

本病的传播流行经过比较缓慢，持续时间较长，因此该病一旦传入猪群，则很难清除，且可反复发病，长期危害猪群。本病往往先在一个猪舍开始发生，几天后逐渐蔓延开来。在较大的猪群流行时，常常延续达几个月，直到出售时还可见到新发病例。

该病的流行季节为每年的 4 ~ 5 月和 9 ~ 10 月，各种应激因素，如阴雨潮湿、猪舍积粪、气候多变、拥挤、饥饿、运输及饲料更换等，均可促进本病的发生和流行。在大面积流行时，断奶猪的发病率一般为75%，高者可达90%，经过合理治疗，病死率较低，一般为5% ~ 30%。

2. 临床症状　本病的主要症状是有轻重程度不等的腹泻，通常可分为以下几种。

（1）最急性型：此型病例偶尔可见，病程仅数小时，多出现腹泻症状而突然死亡；有的先排带黏液的软便，继而迅速下痢，色黄稀软或呈红褐色水样粪便从肛门中流出；重症者在粪便中充满血液和黏液（图4.7.1、图4.7.2）。

（2）急性型：大多数病猪为急性型。初期病猪精神沉郁，食欲减退，体温升高至40 ~ 40.5 ℃，排出黄色至灰红色的软便；继而发生典型的腹泻，当持续下痢时，可见粪便中混有黏液、血液及纤维素碎片，使粪便呈油脂样或胶冻状，呈棕色、红色或黑红色。此时，病猪常出现明显的腹痛，弓背吊腹；显著脱水，极度消瘦，虚弱；体温由高温降至常温，死亡前则低于常温。病程一般为1 ~ 2周。

（3）亚急性和慢性型：病猪表现时轻时重的黏液出血性下痢，粪呈黑色（又称黑痢），病猪生长发育受阻，进行性消瘦，贫血，生长停滞。部分病猪虽然可以自然康复，但这样康复后的猪，经一定时间后还可能复发。本型的病程较长，一般在1个月以上。

图4.7.1　育肥猪腹泻（张欣供图）

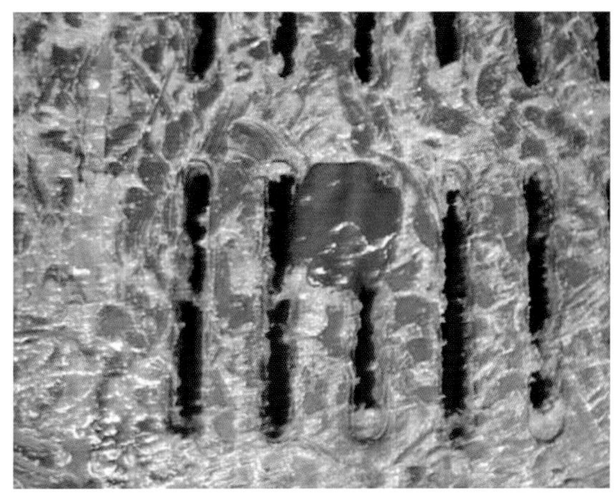

图4.7.2　育肥猪血样粪便（张欣供图）

3. 病理变化 为卡他性或出血性肠炎，大肠黏膜肿胀，皱褶明显，表层有点状坏死，黏膜出血，内容物稀薄，呈酱油色，胃底部出血或溃疡。

二、实验室诊断

根据流行特点、临床症状和病理特征可做出初步诊断，在类症鉴别困难或需进一步确诊时，应进行实验室检查。

1. 镜检法 取新鲜粪便（最好为带血丝的黏液）少许，或取小块有明显病变的大肠黏膜直接抹片，在空气中自然干燥后经火焰固定，以草酸铵结晶紫液、姬姆萨染色液染色 3 ~ 5 min，涂片、水洗、阴干后，在显微镜下观察，可看到猪痢疾密螺旋体。或将上述病料 1 小滴置于载玻片上，再滴 1 滴生理盐水，混匀，而后盖上盖玻片，以暗视野显微镜检查（400 倍）可发现有呈蛇样活泼运动的菌体。

2. 鉴别诊断 具体见增生性回肠炎。

三、防治措施

1. 饲料中加药治疗 林可霉素、泰妙菌素、沃尼妙林和泰乐菌素对密螺旋体有效，临床上常用药物为乙酰甲喹 75 mg/kg，或者是林可霉素 110 mg/kg、泰妙菌素 100 mg/kg、沃尼妙林 75 mg/kg。临床上也可使用泰妙菌素和金霉素配伍。个体治疗时可使用乙酰甲喹注射液。

2. 管理及预防措施 执行“全进全出”的生产管理制度，确保猪舍卫生情况良好，提供干净的饮水，避免贼风和冷应激。

第九节 猪肠道寄生虫病

猪肠道寄生虫病通常没有特征性症状，以下痢和消瘦为主要特征，常见病原是猪蛔虫、毛首鞭形线虫（鞭虫）、食道口线虫（结节虫）、猪球虫和结肠小袋纤毛虫，流行广泛，可造成较大的经济损失。

一、现场诊断

1. 流行病学 引起猪肠道寄生虫病常见病原的生活史都比较简单，不需中间宿主，均经口感染。从猪吞食虫卵后到发育为成虫，蛔虫需 60 ~ 75 d，毛首鞭形线虫需 30 ~ 40 d，食道口线虫需 38 ~ 50 d。结肠小袋纤毛虫在发育过程中有滋养体和包囊两个时期，急性发病时粪便中有大量运动的滋养体；球虫的生长分为裂殖生殖、配子生殖和孢子生殖三个阶段。调查显示，种猪的肠道线虫阳性率较高，是重要的传播来源；猪球虫有猪等孢球虫和猪艾美耳球虫两种，猪等孢球虫是猪球虫病的主要病原，可引起哺乳仔猪的严重腹泻；而结肠小袋纤毛虫流行广泛，是一种常在的条件性致病寄生虫。由于肠道寄生虫病原繁殖能力强，虫卵、卵囊或包囊对各种环境条件的抵抗力强，使其几乎在所有的猪场中都能生存。即使环境卫生和管理好的猪场也会受到寄生虫感染的威胁，而在饲养管理和环境卫生差的情况下肠道寄生虫病的流行更为严重。这些寄生虫病季节性均不明显。

2. 临床症状　患猪通常只表现下痢及生长发育受阻等非特征性临床症状。毛首鞭形线虫感染严重时会引起血痢；猪蛔虫感染时，病猪消瘦、贫血、生长发育受阻，严重时呼吸困难并伴有咳嗽、呕吐、流涎、拉稀等症状；食道口线虫致下痢、消瘦、发育受阻；猪结肠小袋纤毛虫条件性致病，通常猪只表现正常，粪便正常，粪便中虫体为包囊形态，如猪消化功能紊乱或各种原因致肠黏膜损伤时，虫体会侵入肠壁致病，病猪食欲减退、渴欲增加、消瘦、水粪恶臭，粪检常发现大量活动的滋养体；猪球虫病以 8 ~ 15 日龄仔猪多发，约 20% 的仔猪腹泻是由猪等孢球虫引起的，病猪排黄色或灰色粪便，恶臭，粪便以糊状开始，2 ~ 3 d 后转为水样，常呈黄色或灰白色（图 4.9.1），有强烈的酸奶味，成年猪多带虫，但不表现临床症状。

图 4.9.1　猪球虫病：黄色及灰白色水样腹泻（林瑞庆供图）

3. 病理变化　猪蛔虫感染中，在幼虫移行期间造成肝、肺组织损伤，导致出血、炎症，成虫在肠道数量多时可见卡他性炎症、出血或溃疡；毛首鞭形线虫病变局限于盲肠和结肠，虫体头部刺入黏膜内，引起慢性卡他性炎症，严重时造成出血、水肿和溃疡；食道口线虫严重感染时大肠出现大量结节，发生结节性肠炎（图 4.9.2）；结肠小袋纤毛虫病变可见肠壁变薄、黏膜瘀血和少量溃疡灶，溃疡主要发生在结肠，其次是直肠和盲肠；猪球虫主要寄生于空肠和回肠，导致肠上皮细胞坏死、脱落，肠黏膜上常有异物覆盖。

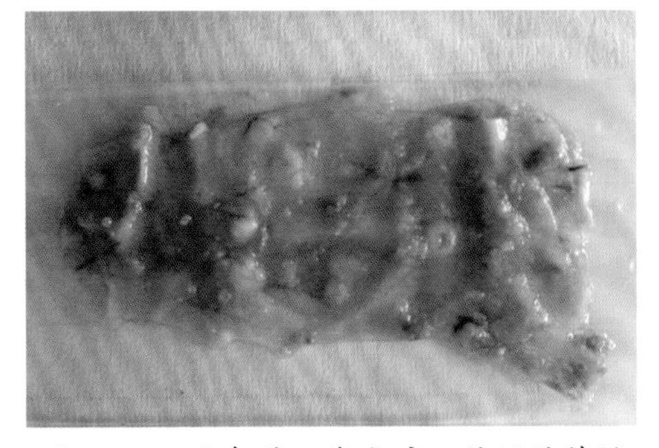

图 4.9.2　猪食道口线虫病：结肠结节性病变（林瑞庆供图）

二、实验室诊断

1. 粪便检查 采集猪新鲜粪便，用直接涂片法和饱和盐水浮卵法分别进行检查。

（1）直接涂片法：在清洁的载玻片上滴 1 ~ 2 滴水或甘油水，其上加少量粪便，用火柴棒或牙签仔细混匀，把粪渣移走或推到一边，之后加盖玻片，置于光学显微镜下观察虫卵或卵囊。

（2）饱和盐水浮卵法：配制饱和食盐溶液（食盐 400 g，蒸馏水 1 000 g，加热溶解，冷却备用），取 3 ~ 5 g 粪便，加 30 ~ 50 mL 饱和盐水，搅拌混合，用粪筛或纱布过滤，静置 10 min 左右，用金属环取液膜镜检。

根据虫卵或卵囊的形态特征来判断感染寄生虫的种类（图 4.9.3）。

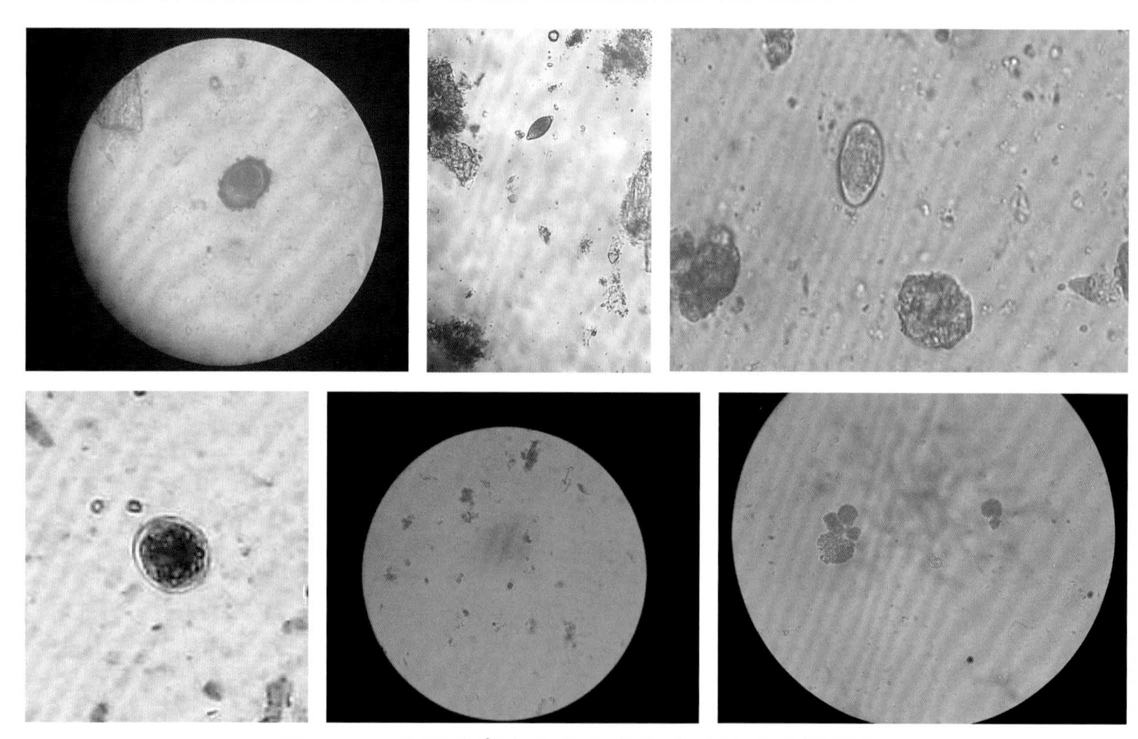

图 4.9.3 猪肠道寄生虫虫卵及卵囊（林瑞庆供图）

注：上排自左至右分别为猪蛔虫、毛首鞭形线虫、食道口线虫的虫卵；下排自左至右分别为猪结肠小袋纤毛虫、等孢球虫、艾美耳球虫

2. 病理剖检 在寄生部位查找虫体及检查组织器官的相关病变。

三、防治措施

通常采取综合性防治措施，除加强清洁卫生和饲养管理外，还要定期预防性驱虫，根据寄生虫的生活史和传播途径可采用种猪群每年 4 次、保育猪驱虫 1 次的“4+1”驱虫模式。选取高效、广谱、安全的驱虫药，常用的药物有伊维菌素、阿维菌素、多拉菌素、左旋咪唑、阿苯达唑、芬苯达唑等，也可选用伊维菌素、阿苯达唑等的复方制剂，其驱虫谱更广。

第五章　生殖系统疾病类症鉴别与防治

在猪的生殖系统疾病中，以流产，产死胎、木乃伊胎、弱仔等症状为主的一类疾病，在种猪场发生较多，严重影响了养猪业的经济效益。它主要表现为生产的活仔数减少，另外还会引起一系列连锁反应，如产后胎衣不下、久配不孕、子宫炎、阴道炎等问题。公猪感染导致睾丸炎、附睾炎、精子数量与活力下降，其他可能还会发生关节炎、滑液囊炎和淋巴结炎等。还有一些人畜共患病，对人类健康危害也很大。

猪的生殖系统疾病病因复杂，很多疾病具有传染性，按病原体类型分为病毒性传染病和细菌性传染病。除本章所列的疾病外，尚有许多是属于多系统感染的全身性疾病，如猪伪狂犬病、猪瘟、猪繁殖与呼吸综合征。另外，生殖系统疾病不仅种类多，而且症状与病变也很相似，临床上很难辨别，常需要借助实验室检验技术辅助诊断或确诊。

第一节　猪附红细胞体病

该病是由于附红细胞体寄生于猪红细胞表面、血浆和骨髓而引起的猪的一种血液原虫病。主要特征症状是贫血、黄疸，妊娠母猪流产。

一、现场诊断

1. 流行病学　通过伤口感染或摄食血液或含血物质、含血尿液而感染，也可通过吸血昆虫如虱子间接传播。

2. 临床症状　病猪对外界反应迟钝，体温升高达 40 ℃以上，体表淋巴结肿大，呼吸急促。个别猪出现黄疸，黏膜黄染，排血尿、酱油状尿。妊娠母猪出现繁殖功能障碍，产胎率低，不发情，流产，产弱仔。

3. 病理变化　贫血，血液稀薄，凝固不良。黄疸，黏膜、浆膜、肝脏、皮肤下脂肪出现不同程度黄染。

二、实验室诊断

1. 血液压片 取病猪新鲜血液1滴，加等量生理盐水混匀，盖上盖玻片，油镜暗视野下观察，发现红细胞表面和血浆中有多种形态如球形、椭圆形、环形及杆状的闪光虫体，这些虫体能前后、左右、上下伸展，旋转，翻滚。红细胞表面虫体的张力作用，使红细胞的形态发生变化，呈锯齿状、菠萝状等不规则形态，一个红细胞上可附着数个至数十个虫体（图5.1.1）。

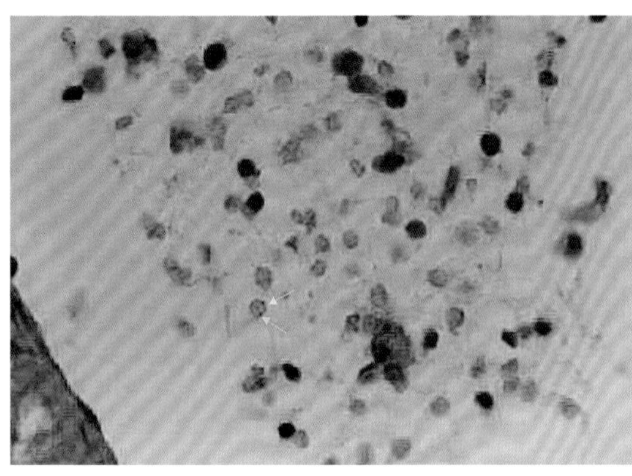
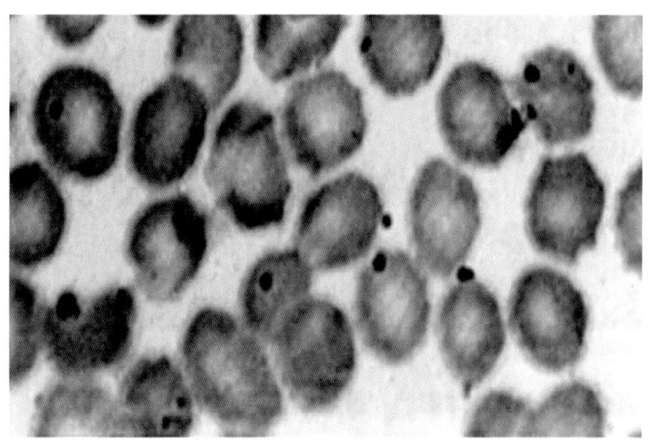

图 5.1.1 感染红细胞的附红小体（左图为普通显微镜，右图为扫描电镜）
注：附红细胞体病 400×，箭头所指为附红细胞体

2. 姬姆萨染色镜检 取病猪耳静脉血，涂片，姬姆萨染色，在 1 500 倍油镜下可观察到附在红细胞表面的淡紫色、呈多种形态的附红细胞体，而以点状、不规则的环形为多。其特点是当调节微动螺旋时，折光性较强，附红细胞体中央发亮，形似空泡。

3.分子生物学诊断 近年来，PCR方法已用于附红细胞体病诊断，特异性强，敏感性高，结果可靠。在此基础上还建立有半巢式PCR方法等诊断方法，进一步提高了敏感性。利用保守的msgl基因建立了荧光定量PCR检测方法，具有可实时检测、定量以及自动化程度高的优点。

4. 与猪瘟的鉴别诊断

（1）猪瘟流行无明显季节性，采用猪瘟弱毒疫苗全面注射预防，能控制其流行。

（2）猪瘟一般无贫血和黄疸症状。

（3）猪瘟呈现以多发性出血为特征的败血症变化，在皮肤、黏膜、浆膜、淋巴结、肾脏、膀胱、喉头、扁桃体、胆囊等组织器官都有出血，淋巴结周边出血是猪瘟的特征病变。

（4）在发生猪瘟时，有 25% ~ 85% 的病猪脾脏边缘具有特征性的出血梗死病灶。慢性猪瘟在回肠末端、盲肠，特别是回盲口有许多轮层状溃疡（扣状溃疡）。

5. 与猪繁殖与呼吸综合征的鉴别诊断

（1）猪繁殖与呼吸综合征无贫血和黄疸症状。

（2）猪繁殖与呼吸综合征呼吸困难明显，剖检肺部有间质性肺炎的病变。

（3）猪附红细胞体病用四环素类抗生素治疗，效果好。

三、防治措施

1. 预防措施　平时饲料中定期添加金霉素等药物可预防本病的发生。平时所用的注射器、断尾等所用的手术器械要严格消毒。

2. 治疗　发生本病时，全场所用的饲料中添加多西环素、7.5% 土霉素预混剂（尼可苏）等药物。病情严重、食欲减退的病猪，选用磺胺六甲氧嘧啶、贝尼尔等药物肌内注射治疗。

第二节　猪细小病毒感染

本病是由猪细小病毒引起的母猪繁殖障碍性传染病。

一、现场诊断

1. 流行病学　本病只引起猪发病，并多发生于初产母猪。其他类型猪只发生隐性感染而不表现症状。

2. 临床症状　母猪于怀孕 10 d 以内感染猪细小病毒，表现为比正常性周期推迟几天后重新发情；怀孕 35 d 左右感染，可完全流产或至怀孕期满时产仔少；怀孕中期感染，母猪往往

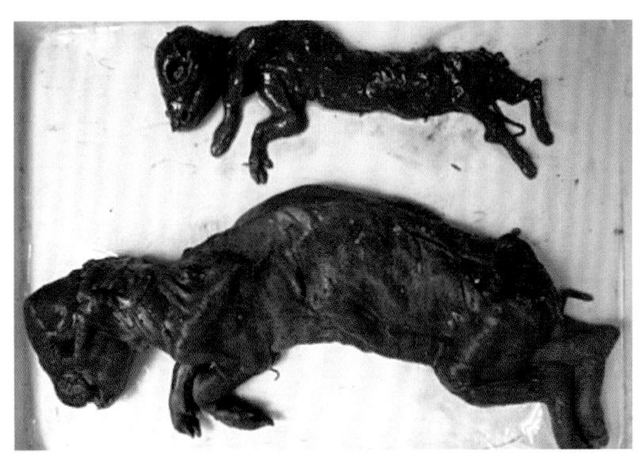

图 5.2.1　猪细小病毒感染导致孕猪产木乃伊胎（1）

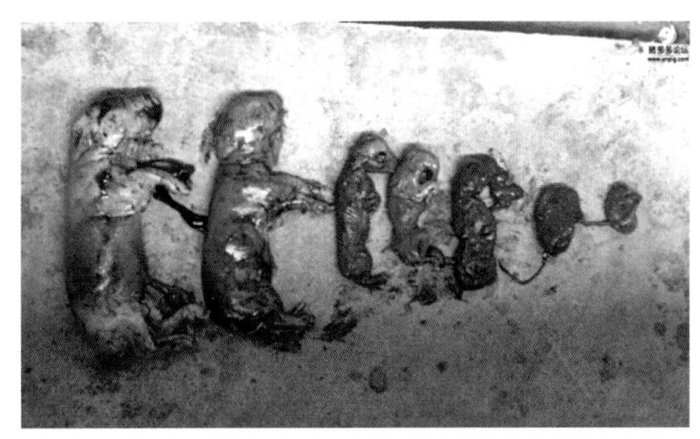

图 5.2.2　猪细小病毒感染导致孕猪产木乃伊胎（2）

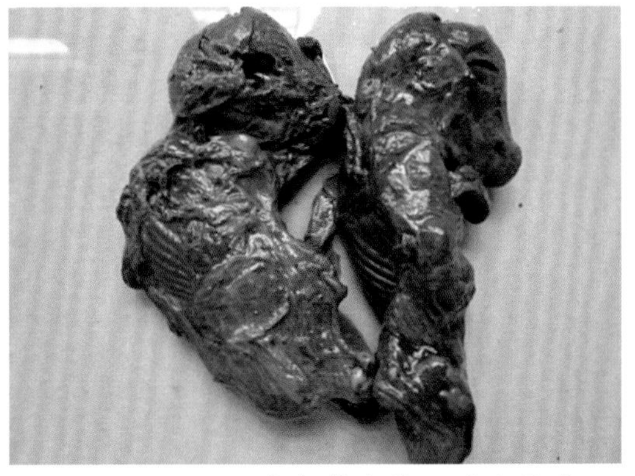

图 5.2.3　猪细小病毒感染导致孕猪所产死胎和木乃伊胎（1）

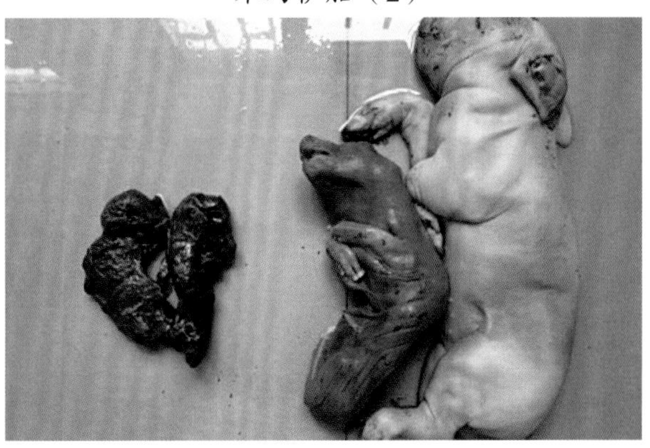

图 5.2.4　猪细小病毒感染导致孕猪产死胎和木乃伊胎（2）

（本组照片由王川庆提供）

在产仔期时产木乃伊胎；怀孕后期感染，引起死胎，出生仔猪死亡或活力低下（图 5.2.1~ 图 5.2.4）。

同一时期有多头后备母猪发生流产、死胎、木乃伊胎、胎儿发育异常，而经产母猪未出现上述症状则可怀疑发生本病。

二、实验室诊断

后备母猪有多头在同一时期发生流产、死胎、木乃伊胎等，除此之外不表现其他任何病症。实验室确诊方法有以下两种。

1. 病毒的分离和鉴定 通常采取疑似本病流产和死产胎儿的肾、肺、肝、脑、睾丸和胎盘等作为分离病毒的病料。从感染仔猪分离病毒时，以肠系膜淋巴结和肝脏的分离率最高，病料经研磨制成 5 ~ 10 倍乳剂，将离心后的上清液接种于尚未形成单层的原代猪肾细胞或 SK 细胞系培养物内，也可与培养细胞同时接种。初次分离病毒时，一般不用 PK-15 细胞系，因其不如前两种细胞敏感。标本中病毒浓度较高时，于接种后 24 ~ 72 h 出现细胞病变，当大部分细胞出现病变和脱落时进行收获（如果细胞病变不明显，可进行盲传）。核内包涵体一般在接种后 16 ~ 36 h 出现。

2. 血清学诊断 本病毒只有一个血清型，且与其他病毒不呈现交叉反应，所以应用已知标准免疫血清进行血清学反应即可达到鉴定目的，其中以血凝抑制试验最为常用，其次为中和试验。应用免疫荧光抗体染色法直接检查单层细胞培养物，也可获得令人满意的结果。

三、防治措施

1. 预防措施 坚持自繁自养，必须引进种猪时，则应从未发生过本病的猪场引进。使用猪细小病毒氢氧化铝灭活疫苗，初产母猪于配种前 6 周及配种前 4 周颈部肌内接种 2 mL，种公猪于 6 月龄时首次免疫注射，以后每年注射 1 次，颈部肌内接种 2 mL。

2. 治疗方法 在饲料中添加抗生素以防止继发感染，用退热消炎药物做辅助治疗。用消毒剂对栏舍加强消毒。

第三节　猪日本乙型脑炎

该病是由日本乙型脑炎病毒引起的一种猪的急性传染病，也是人畜共患疾病。乙型脑炎病毒是一种虫媒病毒，该病通常由吸血昆虫作媒介而传播。

一、现场诊断

1. 流行病学 该病以蚊子为传播媒介，通过蚊子的叮咬进行传播。发病呈明显的季节性，每年 4 月下旬即开始有少数猪只感染乙型脑炎，到 7 月下旬猪只感染达到高峰。由乙型脑炎病毒导致的母猪繁殖功能障碍一般集中发生在每年 8 ～ 10 月。

2. 临床症状　主要侵害夏、秋季分娩的初产母猪，二胎或三胎的母猪只有少数发生。母猪感染乙型脑炎病毒一般无临床症状，主要危害是致使胎儿感染，造成死胎、畸形胎或木乃伊胎，到母猪分娩时才可发现。严重的母猪还会出现整窝死产或部分死产。感染公猪常体温升高，随后发生一侧睾丸或两侧睾丸肿大、热痛，数天后恢复（图 5.3.1~ 图 5.3.4）。

图 5.3.1　乙型脑炎引起孕猪产死胎

图 5.3.2　乙型脑炎感染猪表现神经症状（1）

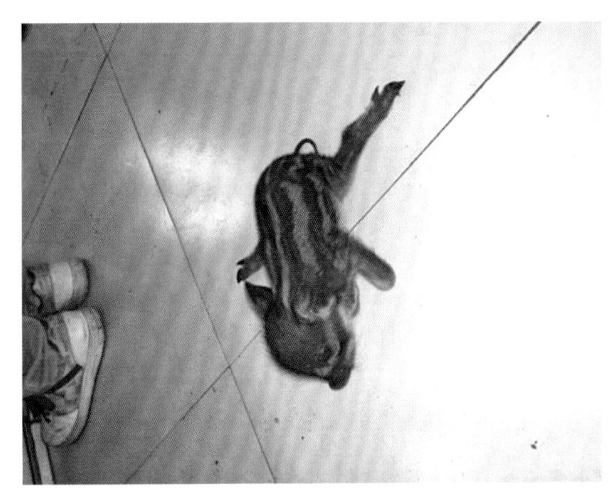

图 5.3.3　乙型脑炎仔猪表现神经症状（2）

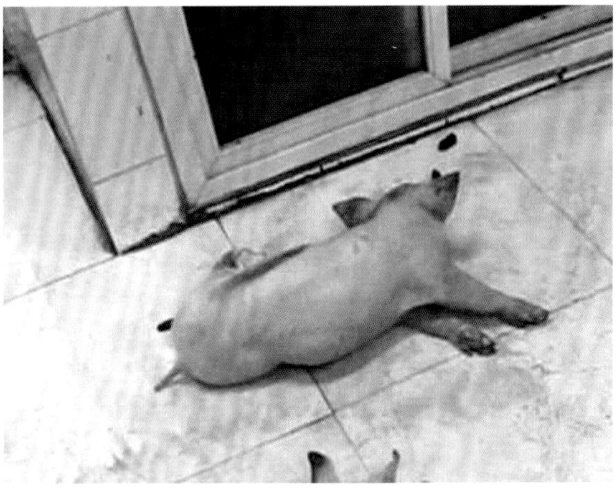

图 5.3.4　乙型脑炎仔猪表现神经症状（3）

（本组照片由王川庆提供）

3. 病理变化　死产的仔猪颅顶松软，剖检可见脑组织液化，又称“水脑症”。患病公猪的睾丸有实质性出血和坏死。

4. 诊断要点　夏、秋季发病，公猪睾丸肿大，母猪产死胎和死胎有“水脑症”，可做出初步诊断。

二、实验室诊断

血清学检查是采集流产时母猪的血清，用鹅红细胞进行血细胞凝集抑制试验，以检查血清中免疫球蛋白 M（IgM）的含量。具体操作是将所采血清分两部分：一部分用二巯基乙醇处理，而另一部分则不做处理，然后同时进行血细胞凝集抑制试验，若两者的血凝抑制效价相差 4 倍以上，即可确诊。

病毒分离是对疑似本病流产或早产的胎儿，采集死产仔猪的脑组织，并将其制成悬液接种于鸡胚卵黄囊内或 1 ～ 5 日龄乳鼠脑内进行病毒分离。

三、防治措施

1. 做好猪场的灭蚊工作 可用 20% 氰戊菊酯加水按 1∶250 倍稀释，直接对猪和栏舍喷雾。

2. 免疫预防 在每年春季蚊子繁殖期前（3 ～ 4 月），对生产种猪接种乙型脑炎弱毒疫苗；后备种猪在使用前 1 个月接种疫苗。

第六章　猪多系统感染类症鉴别与防治

猪多系统感染传染病一般由泛嗜性病原体引起，是猪病中危害最为严重的一类疾病，其特点是传播迅速，流行广泛，发病率和死亡率均高，某些还可以引起严重的免疫抑制和繁殖障碍。其中大多数病毒性疾病可用疫苗预防，但往往存在免疫失败现象，且多无特效治疗方法；而细菌性疾病尽管有药物用于防治，但多数存在严重的耐药性。本章对生产中常见的八种可造成多系统感染的重要猪病的鉴别和防治作一介绍。

第一节　非洲猪瘟

非洲猪瘟（African swine fever, ASF）是由非洲猪瘟病毒（African swine fever virus, ASFV）引起的一种广泛出血性、接触传染性猪病，各年龄段猪只均易感，最急性和急性感染死亡率高达100%。自1921年肯尼亚首次报道ASF后，该病主要在撒哈拉以南非洲地区流行；2007年格鲁吉亚暴发ASF后，疫情迅速蔓延至整个高加索地区和俄罗斯；2014年ASF传入东欧大部分国家并呈现出扩大流行趋势；2018年8月传入我国。世界动物卫生组织（World Organization for Animal Health, OIE）将其列为法定上报动物疫病，我国将其列为重点防范的一类动物传染病。目前无商业化疫苗可用。

一、现场诊断

1. 流行病学　猪是本病的自然宿主，不同品种、年龄和性别的猪和野猪均可感染。ASFV是唯一的虫媒DNA病毒，软蜱是主要的传播媒介和贮存宿主。发病猪和带毒猪是非洲猪瘟主要的传染源，该病可通过直接接触感染猪传播，被污染的猪产品、饲料、泔水、粪便、垫料以及软蜱等均可传播。

2. 临床症状与病理变化　ASFV自然感染的潜伏期一般为3 ~ 19 d。非洲野猪对该病有很强的抵抗力，一般不表现出临床症状；但家猪和欧洲野猪一旦感染，则表现出明显的临床症状。根据病毒的毒力、感染剂量和感染途径的不同，临床症状存在差异，可将ASF分为最急性型（强毒株）、急性型（强毒株）、亚急性型（中等毒力毒株）和慢性型（弱毒株）。

（1）最急性型。病猪发热，拥挤在一起，除此之外，无其他明显临床症状。最急性型往往无明显症状就突然倒地死亡。

（2）急性型。表现典型的ASF症状。首先出现高烧（> 40 ℃），伴随沉郁和食欲下降，随后耳部、腹部和腿部皮肤发红，四肢末端、腹部、口鼻部、耳朵等处出现红疹（图 6.1.1、图 6.1.2），呕吐，鼻腔或直肠出血，出血性休克，死前表现呼吸困难。剖检后的典型病理变化包括全身脏器出血（图 6.1.3），特别是淋巴结、肠系膜、肾脏、膀胱等部位。脾脏明显肿大、质地脆弱，呈黑褐色（图 6.1.4），感染后 7 ~ 10 d内发生死亡，死亡率可高达100%。

（3）亚急性型和慢性型。亚急性型或慢性型非洲猪瘟临床症状不明显，表现为妊娠母猪流产（图 6.1.5）、关节肿大、跛行、皮肤溃疡、消瘦等，病死率低。发病猪的淋巴结出血明显，肺脏、肾脏、心脏及胃部也有病变和出血症状（图 6.1.6 ~ 图 6.1.10）。

图 6.1.1　全身皮肤发红、耳朵发绀

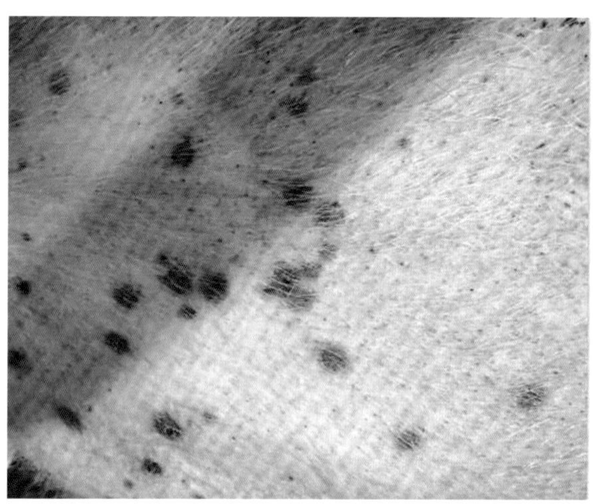

图 6.1.2　全身出现红疹

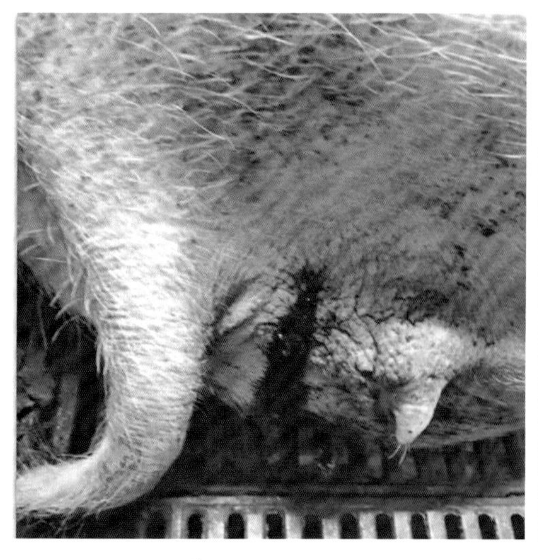

图 6.1.3　血便

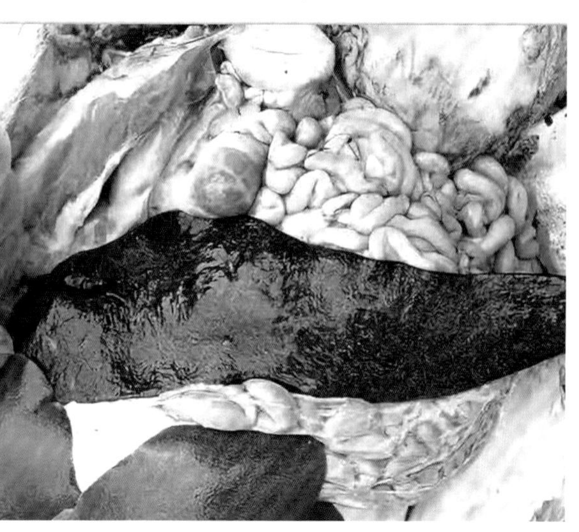

图 6.1.4　脾脏肿大，呈黑褐色

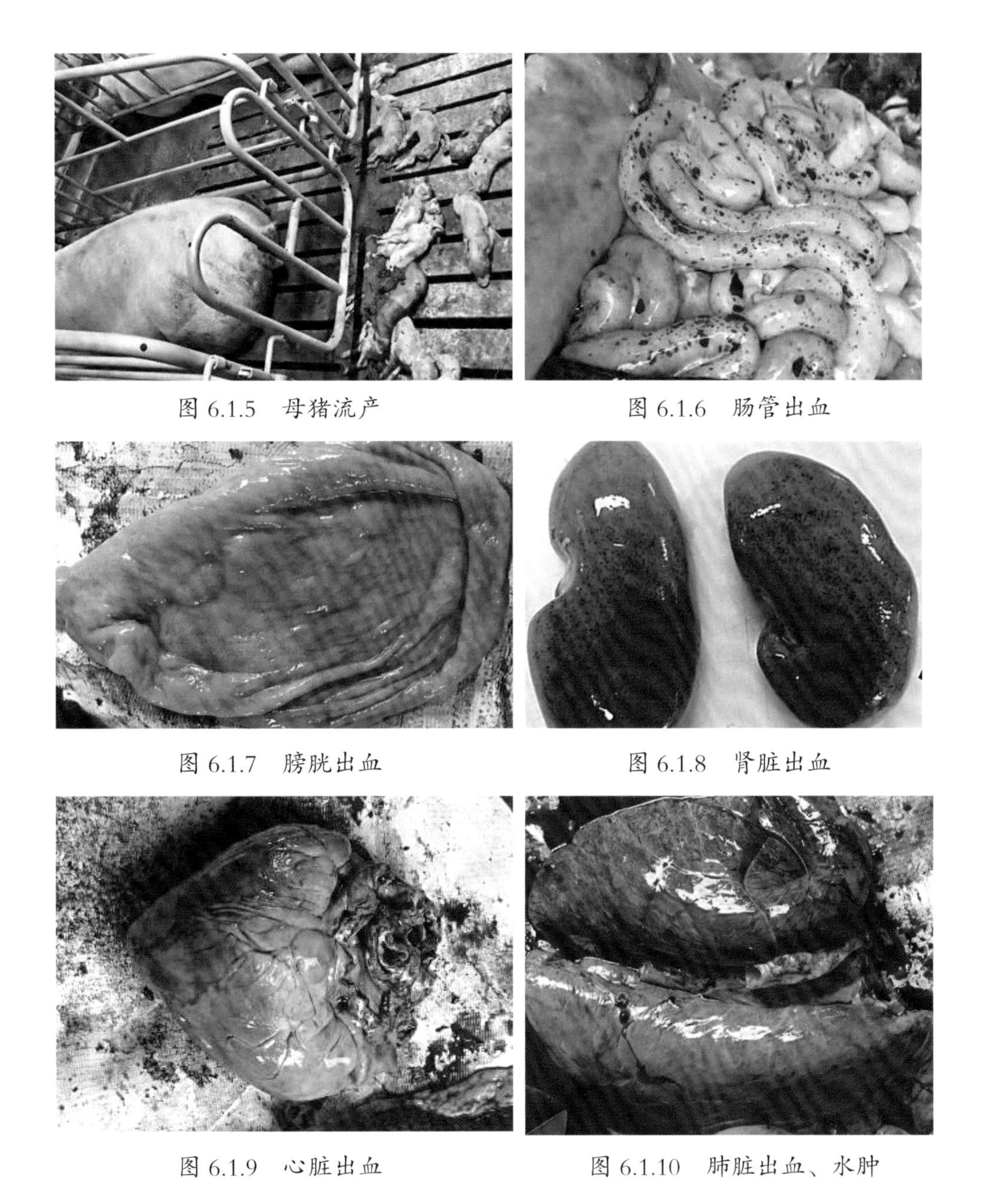

图 6.1.5　母猪流产

图 6.1.6　肠管出血

图 6.1.7　膀胱出血

图 6.1.8　肾脏出血

图 6.1.9　心脏出血

图 6.1.10　肺脏出血、水肿

二、实验室诊断

1. 病原学诊断　ASFV 为有囊膜的 DNA 病毒，至少含有 150 个基因。ASFV 结构复杂，在感染细胞内可检测到 100 多种病毒诱导蛋白，其中具有免疫原性、对诊断有意义的主要有 p72、p54、p32 等蛋白。ASF 病原学检测可应用红细胞吸附试验、荧光抗体试验、PCR 技术、荧光定量 PCR 技术、等温扩增技术、夹心 ELISA 等对该病进行确诊。

（1）PCR：该方法是国际贸易中 OIE 推荐的非洲猪瘟病毒抗原检测的指定方法。PCR 因其具有很高的灵敏度和特异性，普通 PCR 主要为基于相对保守的 ASFV p72 基因设计引物建立的诊断方法，可用于 ASFV 的病原监测和诊断。荧光定量 PCR 是利用特异性寡核苷酸探针的荧光信号检测目标序列的扩增，其优点是迅速、灵敏、减少交叉污染并且能够定量。

（2）红细胞吸附试验（HAD）：它是利用猪红细胞能够吸附在感染 ASFV 的猪单核细胞或巨噬细胞的表面，形成特征性花环的特性。大多数 ASFV 毒株均可以产生这种吸附现象，但也有一些低毒力和急性 ASFV 不能产生红细胞吸附现象。该方法的缺点是耗时长、操作烦琐，不能用于非血细胞吸附毒株的诊断，所以只能作为 ELISA、PCR 等阳性结果确认的一个参考试验。

（3）荧光抗体试验（FAT）：该方法是通过使用异硫氰酸荧光素（Fluorescein isothiocyanate，FITC）结合特异性抗体检测细胞内抗原的方法。FAT 可以用来检测疑似猪的组织中的 ASFV 抗原。FAT 可用于检测无 HAD 现象的 ASFV 毒株，从而可以识别病毒的非血细胞吸附株。另外，还可根据观察到的荧光强弱来估算抗原的含量，初步进行病毒定量。该检测方法是对急性 ASFV 高度敏感的一种检测方法，但在亚急性和慢性疾病中，灵敏度较低。

2. 血清学诊断 基于全病毒抗原或表达抗原（如 p72、p54 等）的间接 ELISA 或利用针对某一蛋白（如 p72）的酶标单抗建立的阻断 ELISA 方法，可以检测血清中的 ASFV 抗体，主要适用于亚急型和慢性 ASF 感染的诊断。当 ELISA 检测结果不确定或制备抗原困难或复杂时，可选用间接免疫荧光抗体试验。ELISA 是国际贸易中指定的方法，适于群体监测。

3. 鉴别诊断 该病易与猪瘟、高致病性猪繁殖与呼吸综合征和其他败血症或出血性疾病混淆，应注意鉴别。

三、防控措施

非洲猪瘟最早发现于肯尼亚，根据其全球流行情况，可划分为 3 个阶段：第一阶段是局限于非洲地区流行，持续至今，主要流行于撒哈拉沙漠以南的非洲国家。第二阶段是第一次传出非洲跨洲际流行，发生在 1957 年到 20 世纪 90 年代之间，特点是长距离、跨区域传播，目前除意大利的撒丁岛外都被成功地扑灭和根除。第三阶段是第二次传出非洲跨洲际流行，从 2007 年传入格鲁吉亚、俄罗斯、白俄罗斯开始，2014 年传入立陶宛、波兰、拉脱维亚、爱沙尼亚等；2017 年传入捷克、罗马尼亚等绝大部分东欧国家；2018 年传入中国。目前，主要流行于高加索、东欧地区及中国，至今没有得到有效控制。

ASF 防控的核心在于防止传染源的引入，一旦传入则需立即启动应急预案，采取隔离、扑杀、消毒等严格的处置措施。对受威胁区进行主动监测，发现疫情应立即清除，对受威胁区以外区域采取相应的管控措施以防止疫情进一步扩大，同时采取其他交通管制措施严防疫区污染源流向无疫区。

我国非洲猪瘟防控的难点在于：生物安全性差的散养户广泛分布，疫情的及时发现和早期诊断、疫点（区）的彻底处理及评估不够及时，疫情发生之后的生猪禁运与商品猪和猪肉制品流通之间的矛盾，感染猪和病死猪的非法贩运、泔水和猪源性饲料等高风险饲养的普遍存在等。

核心种猪场、地方猪种保种场、规模化养猪场、生猪主产区将是今后我国非洲猪瘟防控的重点，因为它们关系到我国养猪业今后发展的命脉和猪肉的稳定供应，应采取必要举措防控非洲猪瘟疫情。

1. 提高生物安全水平　生物安全措施是防控非洲猪瘟的第一道防线。主动净化养殖环境，指导养猪者（特别是养猪户）改进和制定生物安全措施，设置门卫，建立淋浴、清洗、消毒等制度，把生物安全落到实处。

2. 提高疫情发现能力　采用敏感特异的方法对高风险猪群开展检测和监测，及时发现和确诊疫情。培训一线人员，增加其对非洲猪瘟的认识。充分发动群众、依靠群众，及时掌握疫情动态。

3. 提高疫点处置能力　一旦发现疫情，立即扑杀疫点内所有猪只。合理布局全国性无害化处理场，提高生猪无害化处理能力，研发和利用符合生物安全、伦理和环保的生猪扑杀、销毁、消毒技术，同时研究疫区受威胁猪的资源化利用。开展疫点处理后评估，同时追查从疫点流出的生猪和猪肉并进行有效处置。

4. 改进生猪调运　制定切合实际的生猪禁运政策，加强产地检疫和运输检疫，对调运前、调运中、调运后的猪只进行及时检疫和快速处置，防止疫情蔓延。研发全封闭、实时定位的、符合生物安全要求的生猪 / 猪肉调运装备，建立可监控、可追溯的生猪调运体系。

第二节　猪瘟

猪瘟是由猪瘟病毒引起的猪的一种急性或慢性、热性和高度接触性传染病，其特征是病猪高稽留热、全身广泛性出血，呈现败血症或母猪发生繁殖障碍。尽管多年来实施以预防为主的防治措施有效地控制了猪瘟在我国的暴发和大流行，但近年来猪瘟流行特点发生了明显变化，出现了非典型猪瘟（温和型猪瘟），主要表现为持续感染、胎盘感染、初生仔猪先天性颤抖和妊娠母猪带毒综合征等。我国将其列入一类动物疫病，它是多年来严重危害我国养猪业发展的主要疫病之一。

一、现场诊断

1. 流行病学　猪是本病唯一的自然宿主，不同品种、年龄和性别的猪均可感染；病猪和带毒猪是最主要的传染源，易感猪与病猪直接接触是传播的主要方式，也可以垂直传播。本病一年四季均可发生，一般以春、秋季较为严重；疫情常发地区猪群发病率和死亡率较低，新疫区则均在 90% 以上。

2. 临床症状　根据临床表现可分为急性型、慢性型和迟发型三种。

（1）急性型：病猪高稽留热，体温升高至 41 ℃左右，畏寒扎堆；结膜炎，两眼有大量脓性分泌物，重者可封闭眼睑；初便秘，后拉稀，便秘时粪球呈算盘珠状，上附黏液或血液，下痢时为灰黄色或黄绿色稀粪；病初皮肤充血，后期出血；公猪包皮积尿，挤出后混浊发臭；多数病猪在感染后 10 ～ 20 d 死亡（图 6.2.1~ 图 6.2.6）。

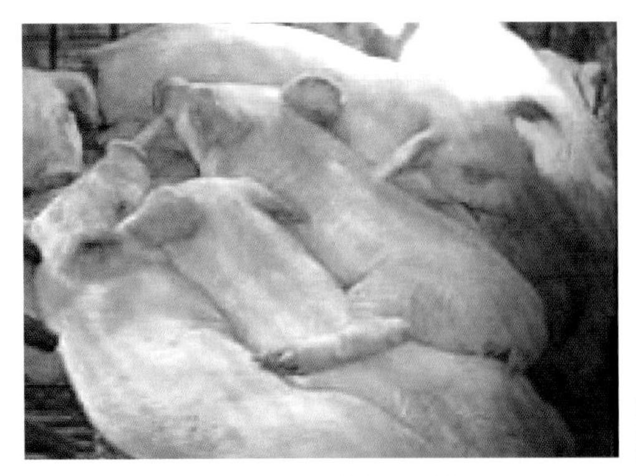

图 6.2.1 畏寒扎堆

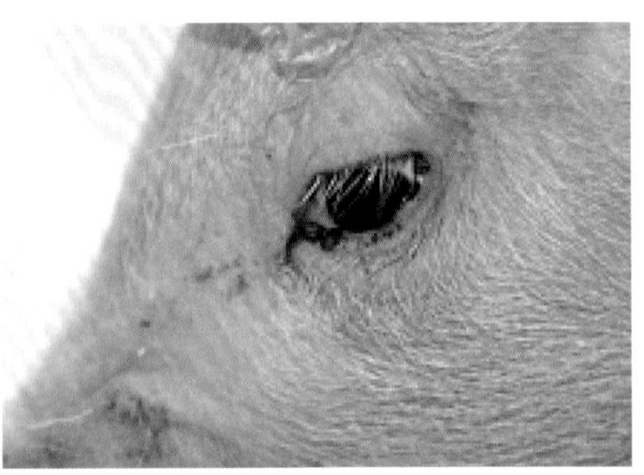

图 6.2.2 眼有大量脓性分泌物

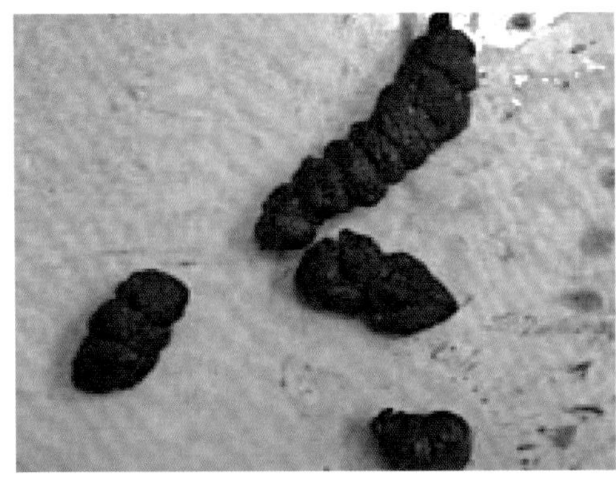

图 6.2.3 粪球呈算盘珠状

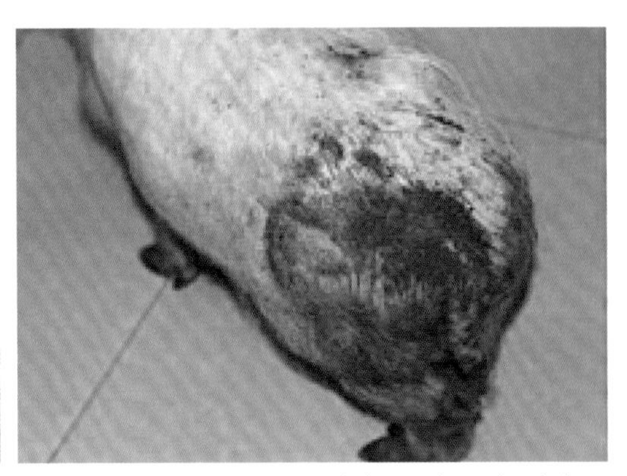

图 6.2.4 下痢为灰黄色或黄绿色稀粪

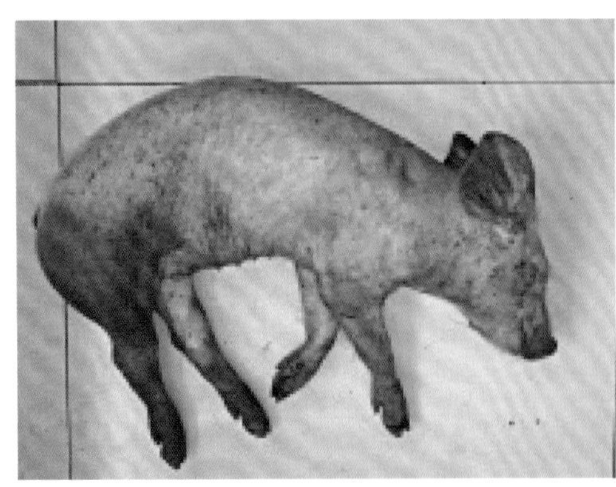

图 6.2.5 皮肤出血

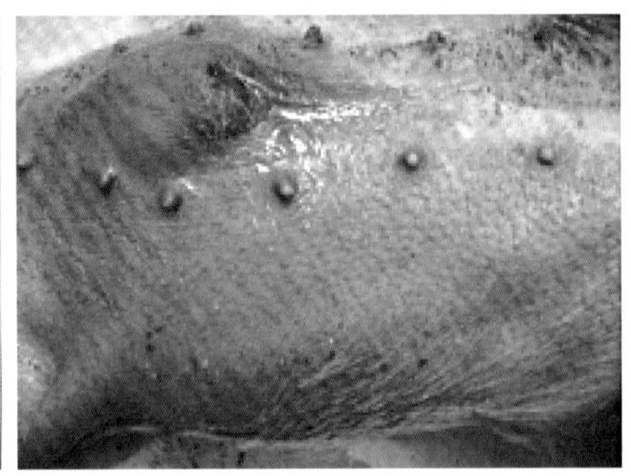

图 6.2.6 公猪包皮积尿

（本组照片由常洪涛提供）

（2）慢性型：病猪的突出表现为病情时轻时重，精神时好时坏，食欲时有时无，体温时高时低，便秘腹泻交替进行，腹泻时间长；贫血，消瘦，发育不良成为僵猪，可存活 100 d 以上，难以完全康复（图 6.2.7、图 6.2.8）。

（3）迟发型：主要是胎盘先天性感染，造成免疫耐受现象。妊娠猪多无明显的临床症状，但可导致流产、产木乃伊胎和死胎，脊背时有出血点；感染仔猪外表健康，但多有先天性震颤症状，腹下有蓝紫色或黄褐色出血点，腹股沟淋巴结及乳头发紫。仔猪在出生后的不同时期均可发病，表现为轻微精神沉郁、食欲减退、结膜炎、皮炎、下痢和运动失调，可存活较长时间，最终以死亡为转归（图 6.2.9~ 图 6.2.12）。

图 6.2.7　病猪腹泻

图 6.2.8　发育不良成为僵猪

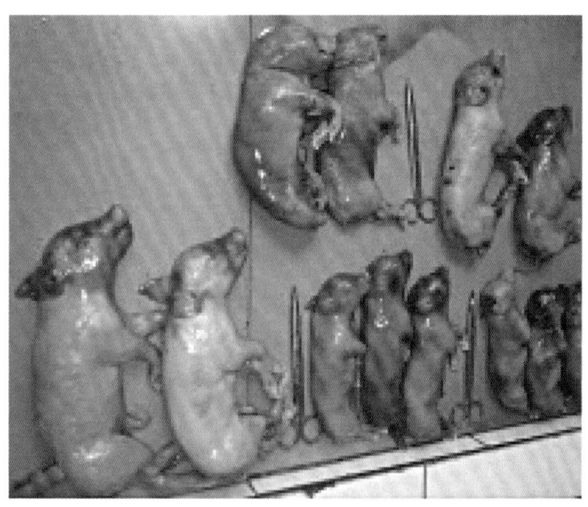

图 6.2.9　母猪流产、产死胎

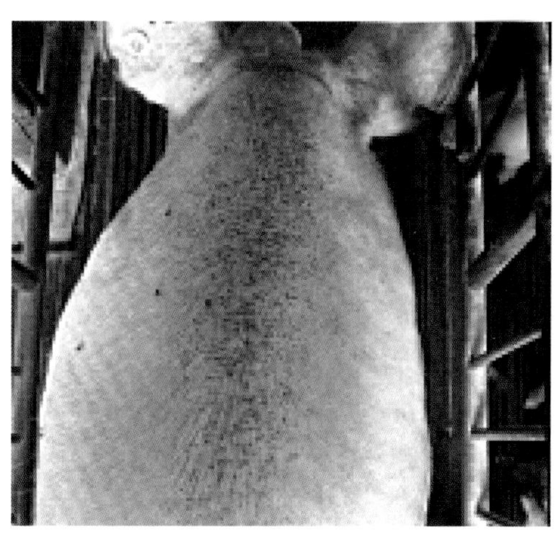

图 6.2.10　母猪脊背有出血点

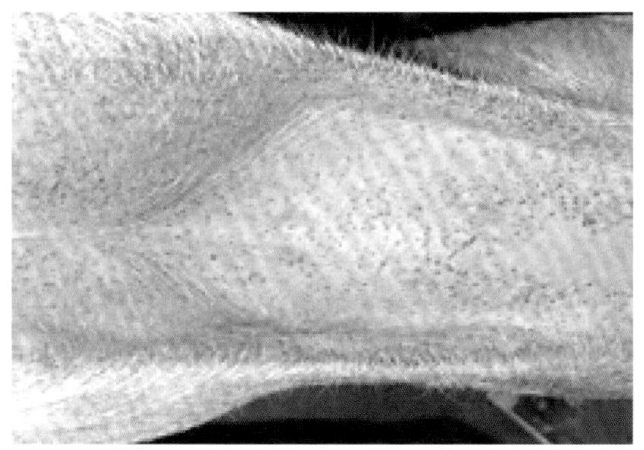

图 6.2.11　仔猪腹下有蓝紫色或黄褐色出血点

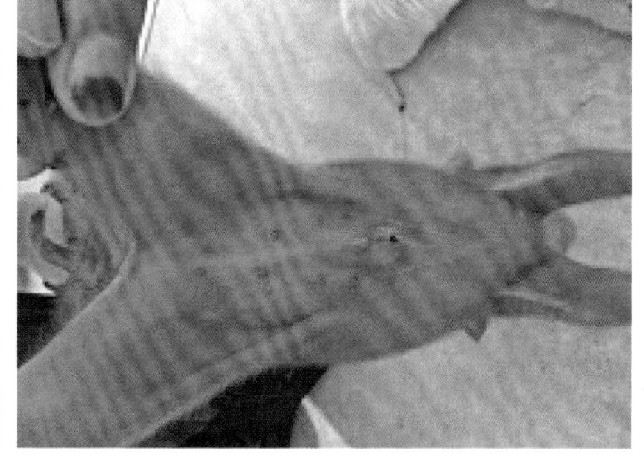

图 6.2.12　腹股沟淋巴结及乳头发紫

（本组照片由常洪涛提供）

3.病理变化 急性型的主要病理变化为全身败血症，但以脾脏边缘梗死最具有诊断意义。淋巴结周边出血、切面大理石状，雀斑肾，喉头、气管、食道、胃、扁桃体、肠道、膀胱黏膜出血，回肠、盲肠出血严重、坏死（图 6.2.13 ~图 6.2.17）。

慢性型病猪的特征病理变化是肠道的出血性坏死，即纽扣状或轮层状溃疡（图 6.2.18），尤其在回盲口附近最突出。

迟发型病猪的主要病理变化为肾脏出血、胸腺萎缩和外周淋巴器官严重缺乏淋巴细胞（图 6.2.19、图 6.2.20）。

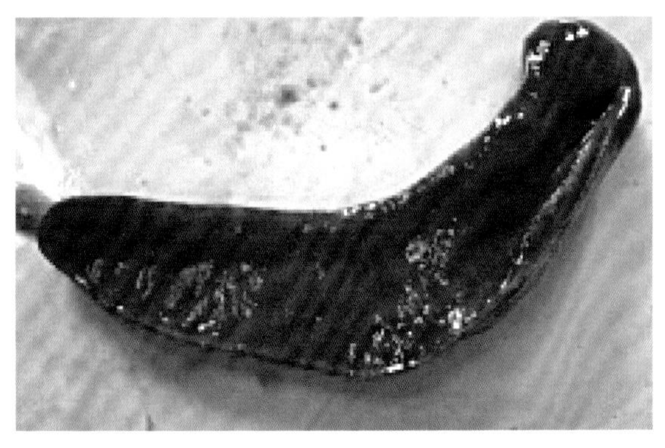

图 6.2.13　脾脏边缘梗死

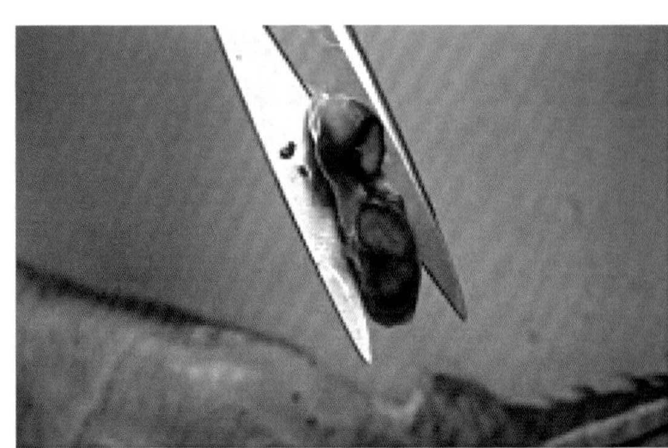

图 6.2.14　淋巴结周边出血，切面大理石状

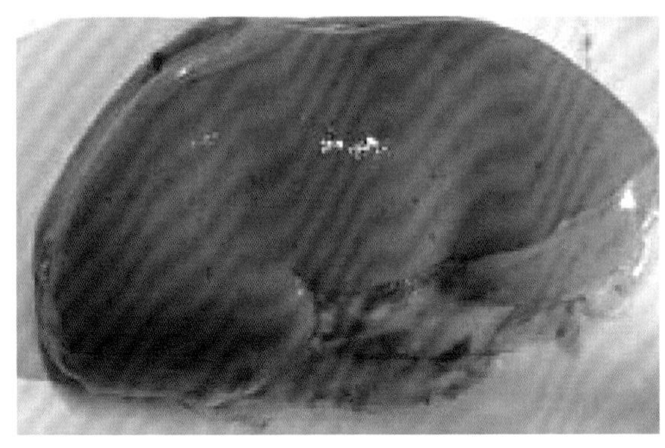

图 6.2.15　雀斑肾

图 6.2.16　喉头出血

图 6.2.17　膀胱出血

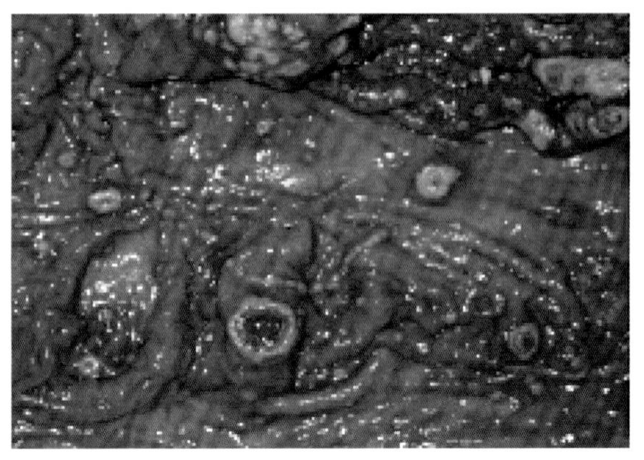

图 6.2.18　慢性型病猪肠道纽扣状或轮层状溃疡

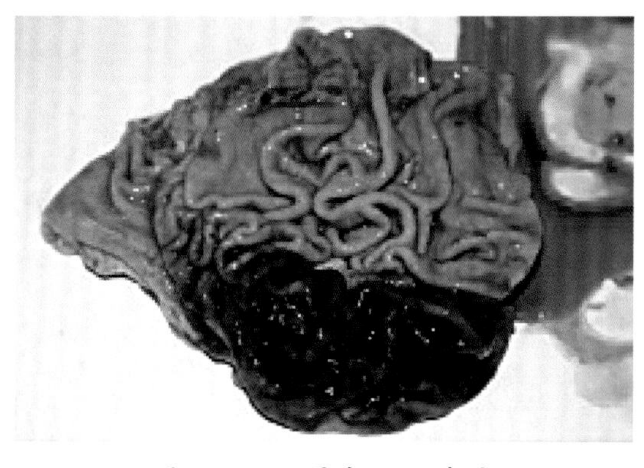

图 6.2.19　胃出血、溃疡

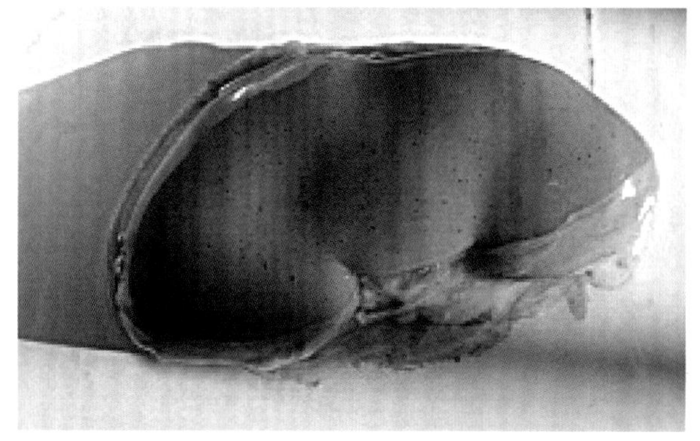

图 6.2.20　迟发型病猪肾脏出血

（本组照片由常洪涛提供）

二、实验室诊断

1. 病原学诊断　病毒分离培养是目前检测猪瘟病毒最确切的方法，扁桃体是分离病毒的首选样品；免疫荧光试验是最常用的检查猪瘟病毒抗原的方法，扁桃体是首选病料；RT-PCR 法快速、敏感，可直接检测各种病料中的病毒 RNA；ELISA 法适用于活猪近期感染的快速检测。

2. 血清学诊断　荧光抗体病毒中和试验是检测猪瘟抗体最敏感和特异性的方法，是国际贸易指定的方法；ELISA法适于群体监测，是国际贸易指定方法；正向间接血凝试验简便、快速、易操作，适于基层使用。

3. 鉴别诊断　本病易与猪繁殖与呼吸综合征、猪圆环病毒病、非洲猪瘟、猪丹毒、猪链球菌病、猪肺疫、猪接触性传染性胸膜肺炎、副猪嗜血杆菌病、仔猪副伤寒和猪弓形体病等混淆，应注意鉴别。

三、防治措施

应采取免疫预防和淘汰感染猪相结合的综合防治措施。

1. 免疫预防　免疫是防治最重要的手段，疫苗类型主要有猪瘟兔化弱毒冻干苗、猪瘟活疫苗（传代细胞）和猪瘟脾淋苗等，种猪每年免疫 2 ～ 3 次，仔猪 20 日龄初免，60 日龄二免。在疫病暴发或受威胁时，可做超前免疫，即仔猪出生后，完成一系列接产工作后，注射猪瘟兔化弱毒疫苗，经 1 ～ 2 h，再让仔猪吸吮初乳。

2. 加强免疫监测　疫苗接种后，应加强对猪群的免疫监测，以掌握群体免疫水平和免疫效果。群体总保护率 90% 以上者为免疫良好，如小于 50% 者为免疫无效，应立即加强免疫。

3. 加强引种检疫　禁止从疫区引入种猪、猪肉及其产品等，从源头上杜绝传染源传入。

4. 消毒及无害化处理　发现病猪或可疑病猪时，应立即严格隔离或扑杀，污染区应及时彻底消毒，同时加强集市管理和运输检疫。

第三节　猪伪狂犬病

猪伪狂犬病是由伪狂犬病病毒引起的猪的一种急性传染病，临床上以母猪繁殖障碍和仔猪脑脊髓炎为特征，是最重要的猪传染病之一。多年来，国内坚持应用 Bartha-K61 株为代表的基因缺失活疫苗配合野毒感染监测技术来防治该病，取得了卓越成效。2011 年年初至今，猪伪狂犬病病毒又在国内猪场中大面积感染，一些常年监测为阴性的猪场，短短数月内猪群突然间转为阳性，疫情有日趋扩大和加重之势。由于伪狂犬病病毒为疱疹病毒，一旦感染或发病，则很难根除，加之发病率和死亡率均很高，给养猪业造成了巨大的经济损失。

一、现场诊断

1. 流行病学　各种年龄的猪均可感染，但以妊娠母猪和哺乳仔猪发病最为严重；病猪、带毒猪以及带毒鼠类为传染源，主要经直接接触、消化道和呼吸道传播，并可垂直传播；饲养管理不善、其他疫病控制不力和各种应激因素都易诱发本病。

2. 临床症状　妊娠母猪感染后主要发生繁殖障碍，流产，产木乃伊胎、死胎和弱仔，其中以死胎为主，弱仔猪具有神经症状，并可引起种猪不育。主要表现为母猪屡配不孕，返情率高达 90%；公猪表现为睾丸肿胀、萎缩，丧失种用能力；仔猪出现神经临床症状，并伴有呕吐和腹泻；2 月龄以上猪多为隐性感染。（图 6.3.1~ 图 6.3.4）

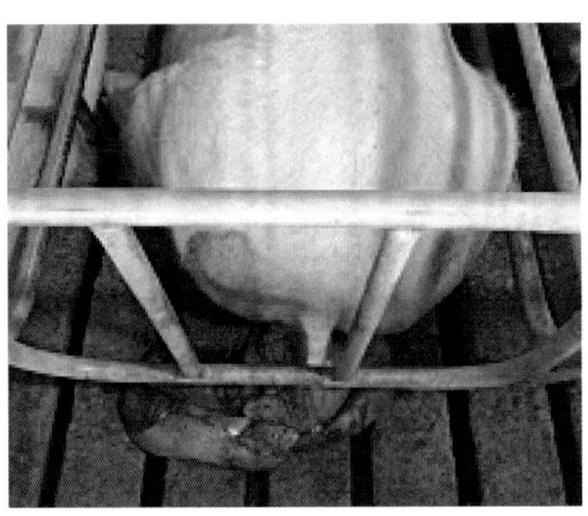
图 6.3.1　妊娠母猪流产、产死胎

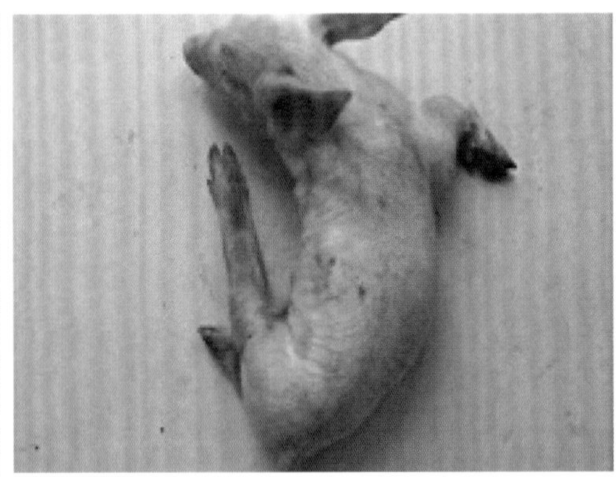
图 6.3.2　弱仔猪具有神经症状

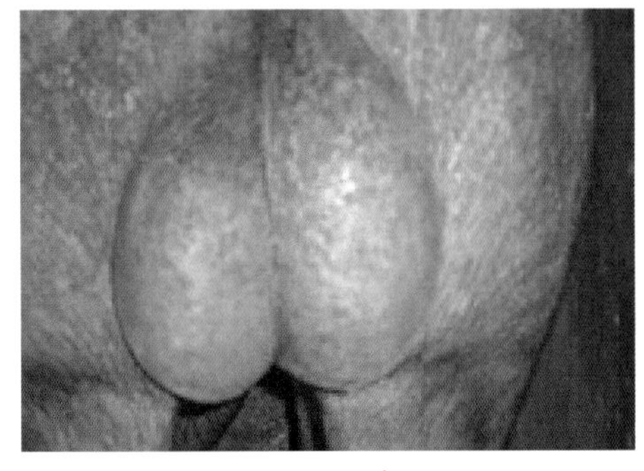
图 6.3.3　公猪睾丸肿胀

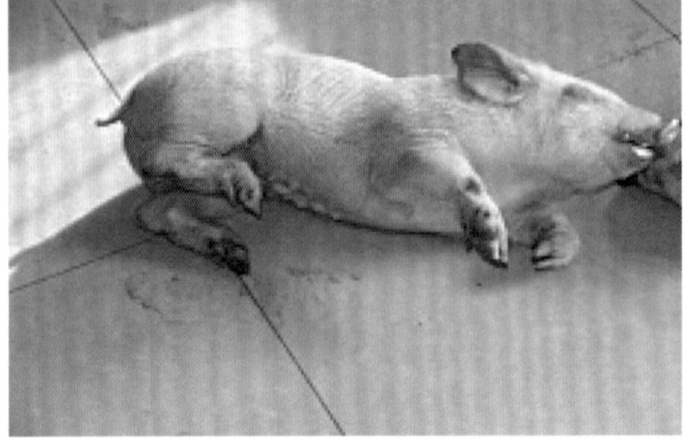
图 6.3.4　仔猪神经临床症状

（本组照片由常洪涛提供）

3. 病理变化　剖检一般无特征性病理变化，眼观主要见肾脏有针尖状出血点；脑膜明显充血、出血和水肿，脑脊髓液增多；肝、脾和扁桃体均有散在白色坏死点；肺水肿、有小叶性间质性肺炎或出血点；胃黏膜有卡他性炎症、胃底黏膜出血；组织学变化主要见中枢神经系统呈弥漫性、非化脓性脑膜炎。（图 6.3.5 ~ 图 6.3.10）

图 6.3.5　肾脏有针尖状出血点

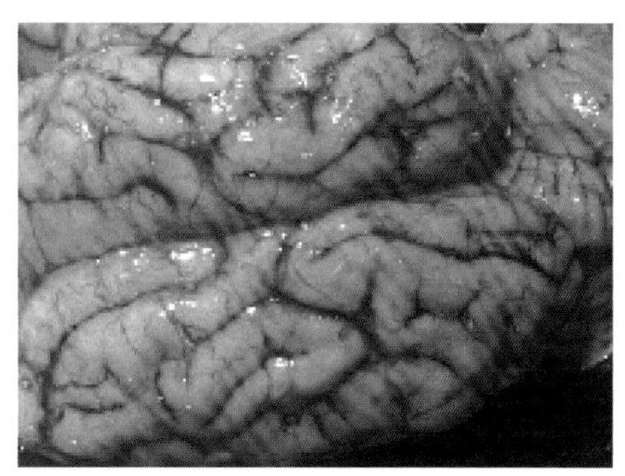

图 6.3.6　脑膜明显充血、水肿

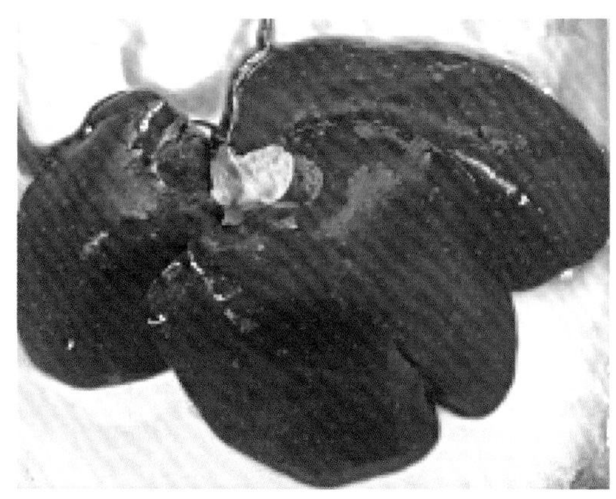

图 6.3.7　肝有散在白色坏死点

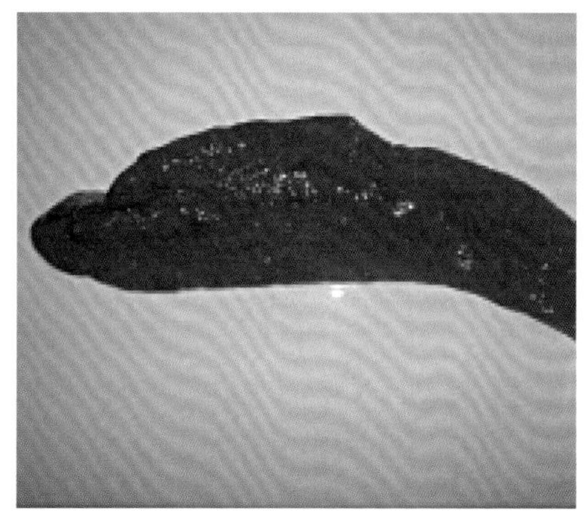

图 6.3.8　脾有散在白色坏死点

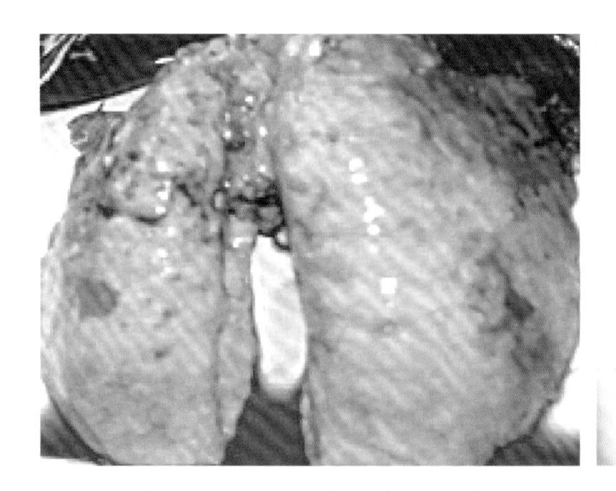

图 6.3.9　肺水肿、有出血点

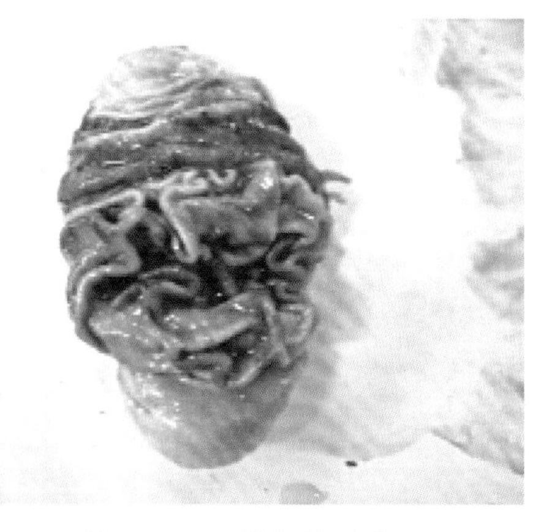

图 6.3.10　胃底黏膜出血

（本组照片由常洪涛提供）

二、实验室诊断

1. 动物试验 采取脑组织、扁桃体以及内脏组织等接种家兔体内，多出现奇痒症状后死亡。

2. 病毒的分离与鉴定 接种猪肾传代细胞（PK-15）和仓鼠肾传代细胞（BHK-21），可出现典型的细胞病理变化。分离出的病毒再做中和试验可以确诊。

3. 直接免疫荧光抗体检查 采取脑或扁桃体做压片，用直接免疫荧光抗体检查，常可于神经节细胞的胞浆及核内检测到病毒抗原。

4. PCR 检测 快速、敏感、特异性强，并可进行活体检测，适合于临床快速诊断。

5. ELISA 检测 目前，针对缺失的糖蛋白建立的鉴别诊断方法有 gE-ELISA、gG-ELISA、gC-ELISA 等。

6. 鉴别诊断 本病易与猪瘟、猪繁殖与呼吸综合征、猪圆环病毒病、猪细小病毒病、猪乙型脑炎、猪布鲁氏菌病、猪衣原体病、猪链球菌病、猪李氏杆菌病和仔猪副伤寒等疾病混淆，应注意鉴别。

三、防治措施

1. 免疫接种 免疫接种是预防和控制本病的主要措施，目前应用最为广泛的疫苗是猪伪狂犬基因缺失苗。后备母猪于配种前免疫 2 次，产前 4 周免疫 1 次，2 头份 / 头；种猪群于产前 4 ～ 6 周免疫 1 次，或普防 3 次 / 年，2 头份 / 头；仔猪于 6 ～ 8 周龄注射免疫 1 次，或 3 ～ 7 日龄滴鼻免疫 1 次，断奶时再注射免疫 1 次，1 头份 / 头。

2. 猪群净化 应用猪伪狂犬基因缺失苗，结合与之相配套的鉴别诊断方法，检疫、隔离和淘汰病猪，可使该病得到根除。

3. 加强生物安全管理 对猪舍及周围环境严格消毒，严格执行“全进全出”制度以及消灭鼠类对预防本病有重要意义。

4. 治疗 尚无有效治疗药物，发病时仔猪紧急接种猪伪狂犬基因缺失苗，或使用高免血清治疗，同时辅以注射黄芪多糖注射液，可降低死亡率。

第四节　猪繁殖与呼吸综合征

猪繁殖与呼吸综合征又称“猪蓝耳病”，是由猪繁殖与呼吸综合征病毒引起的猪的一种高度接触性传染病，目前在世界主要养猪国家广泛存在。该病毒是变异频率较高的RNA病毒之一，在国内已变异为高致病性毒株，并呈现出明显的高发趋势，对养猪业造成了重大经济损失，已成为严重威胁我国养猪业发展的主要传染病之一。

一、现场诊断

1. 流行病学　只感染猪，主要侵害繁殖母猪和仔猪，病猪和带毒猪是主要传染源；主要经呼吸道和精液水平传播以及生殖道垂直传播。该病的一个重要特征是病毒的持续性感染，猪场卫生条件恶劣、饲养密度过大和天气突变均可促进本病流行。

2. 临床症状　临床症状在不同的感染猪群中有很大差异。母猪多在妊娠后期发生早产，流产，产死胎、木乃伊胎及弱仔，返情率高，少数猪耳部发紫，皮下出现一过性血斑，肢体出现麻痹性神经临床症状；仔猪以2～28日龄感染后临床症状明显，表现为呼吸困难、后肢麻痹、共济失调、打喷嚏、嗜睡，有的仔猪耳紫和躯体末端皮肤发绀；育成猪表现为双眼肿胀、结膜炎和腹泻，并出现肺炎；公猪表现为咳嗽、喷嚏，呼吸急促和运动障碍，性欲减弱，精液质量下降，射精量少（图 6.4.1~图 6.4.6）。

3. 病理变化　主要病理变化为弥漫性间质性肺炎，并伴有细胞浸润和卡他性肺炎，皮下脂肪、肌肉、肺、肠系膜淋巴结及肾周围脂肪水肿（图 6.4.7、图 6.4.8）。

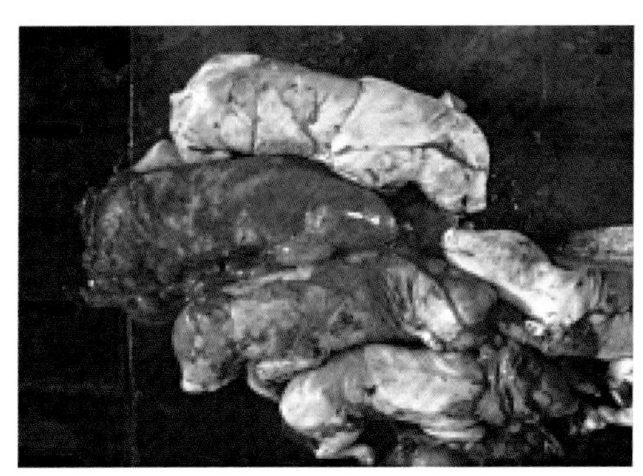

图 6.4.1　母猪妊娠后期发生早产、流产

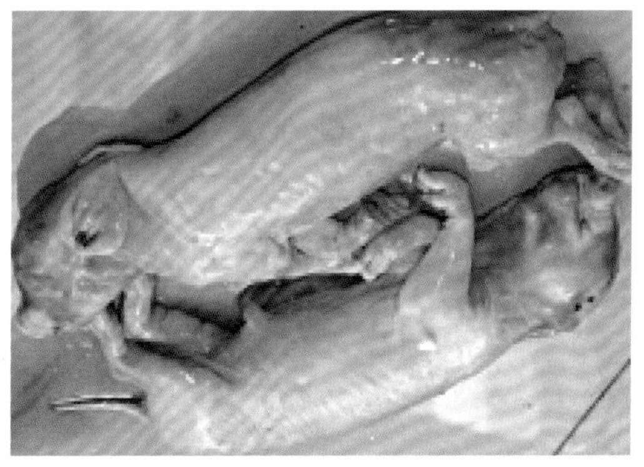

图 6.4.2　母猪妊娠后期流产、产死胎

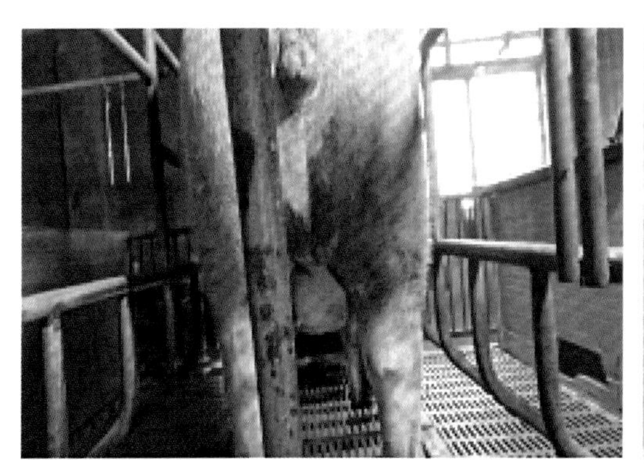

图 6.4.3　母猪皮下出现一过性血斑

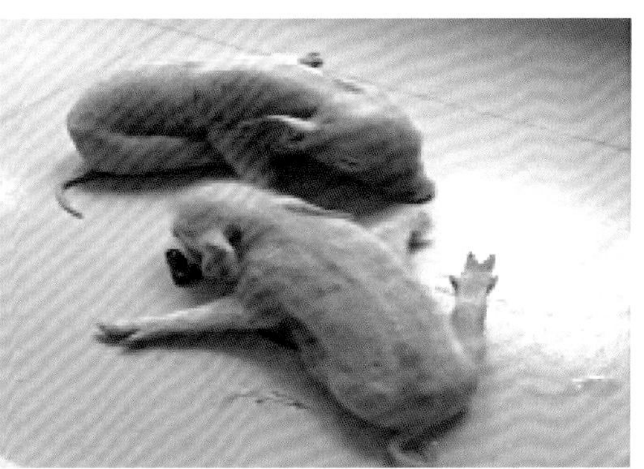

图 6.4.4　仔猪呼吸困难、共济失调

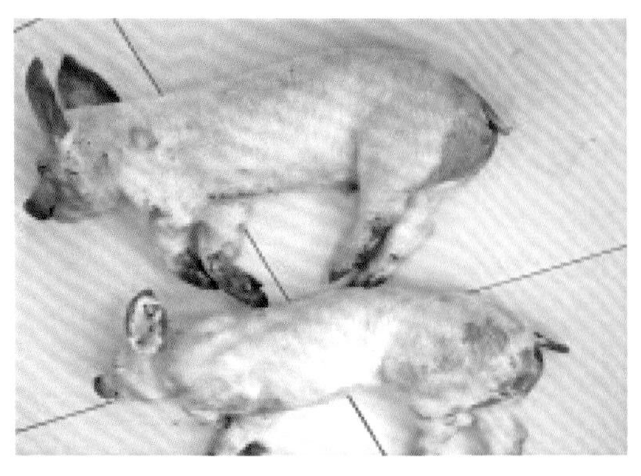

图 6.4.5　仔猪耳紫和躯体末端皮肤发绀

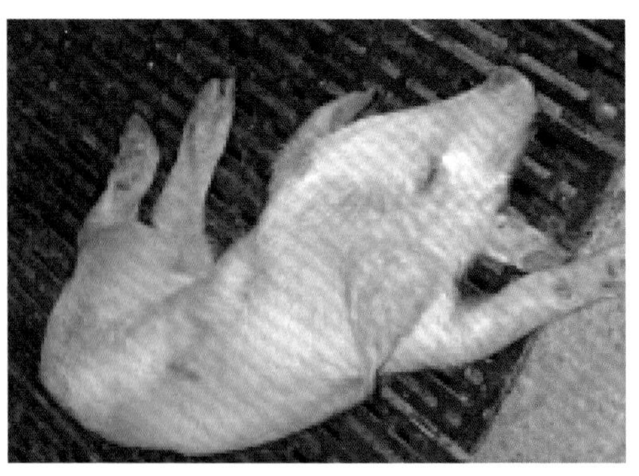

图 6.4.6　育成猪双眼肿胀、结膜炎

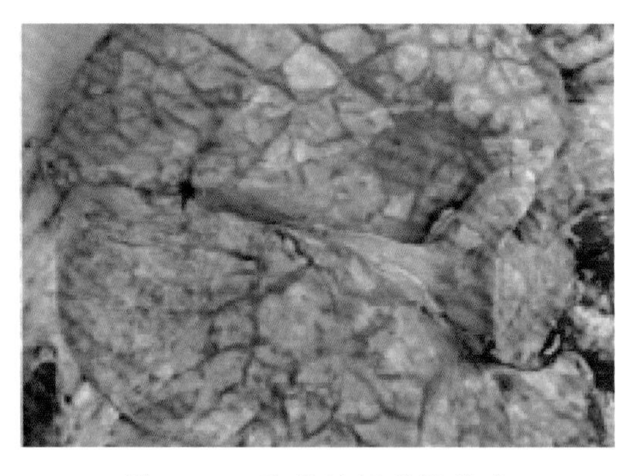

图 6.4.7　弥漫性间质性肺炎

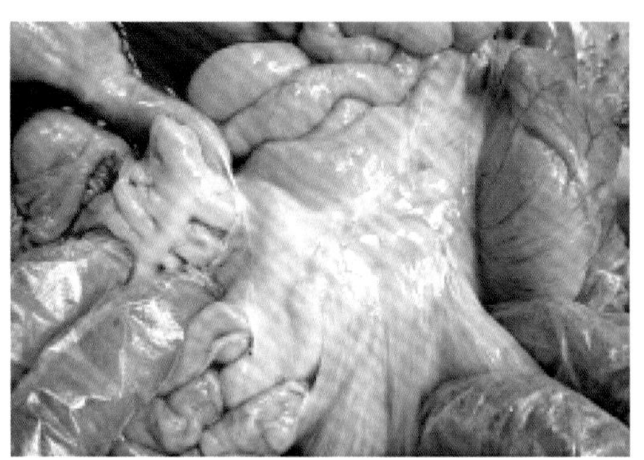

图 6.4.8　肠系膜淋巴结肿大

（本组照片由常洪涛提供）

二、实验室诊断

1. 病毒的分离与鉴定　一般采集病猪的肺和淋巴结、鼻黏液和血液、流产胎儿的肠道和腹水，处理后接种猪肺泡巨噬细胞或 Mark-145 细胞培养，用中和试验或间接荧光抗体试验鉴定。

2. ELISA 检测　用于检测抗体，已成为监测和诊断本病的常规方法。

3. RT-PCR 检测　目前已建立多种扩增猪繁殖与呼吸综合征病毒多个基因的 RT-PCR 方法，并已广泛应用于临床检测。

4. 鉴别诊断　本病易与猪瘟、猪伪狂犬病、猪圆环病毒病、猪细小病毒病、猪乙型脑炎、猪布鲁氏菌病、猪衣原体病、猪链球菌病、仔猪副伤寒、猪肺疫、猪接触性传染性胸膜肺炎和副猪嗜血杆菌病等疾病混淆，应注意鉴别。

三、防治措施

1. 免疫接种　目前弱毒苗和灭活苗均已研制成功。弱毒苗能保护猪不出现临床症状，但不能阻止强毒感染，而且存在散毒、返强、持续性感染（数周至数月）和导致先天感染等问题。母猪普防 3 ~ 4 次 / 年，2 头份 / 头；仔猪 7 ~ 15 日龄免疫 1 次，1 头份 / 头。另外，猪场暴发疫情时，应根据实验室监测结果使用弱毒苗紧急接种。灭活苗安全，但免疫效果较差，种猪普防 3 ~ 4 次 / 年或产前免疫 2 次，仔猪 10 ~ 12 日龄免疫，断奶后加强 1 次。

2. 防止继发感染　受疫情威胁的猪场，应做好猪瘟、猪伪狂犬病等疾病的基础免疫，并在饲料和饮水中添加替米考星、支原净和金霉素等广谱抗生素，防止继发感染。

3. 加强生物安全体系建设　最根本的办法是长期坚持淘汰病猪和带毒猪，对死胎、胎衣等做无害化处理；对猪场彻底消毒，切断传播途径；坚持自繁自养，加强监测和引种检疫。

第五节　猪圆环病毒病

猪圆环病毒病是由猪圆环病毒 2 型引起的猪的一种传染病，可引起猪断奶后多系统衰竭综合征（PMWS）、猪皮炎与肾病综合征（PDNS）、先天性震颤（CT）、增生性坏死性间质性肺炎和繁殖障碍等多种病症，其中以 PMWS 危害最为严重和普遍。自 1991 年加拿大首次报道该病的发生以来，包括我国在内的许多国家和地区都有该病的发生和流行。近年来随着商品化疫苗的大面积推广应用，危害明显有所降低。该病毒主要侵害机体的免疫系统，其靶细胞是单核细胞和巨噬细胞，可造成机体严重的免疫抑制，干扰和破坏免疫抗体的产生和维持，致使机体抵抗力下降，易继发或与其他病并发，使病情进一步加剧和复杂化。

一、现场诊断

1. 流行病学　各种年龄的猪均可感染，但主要发生于保育阶段和生长期的猪；病猪、带毒猪、公猪精液以及流产胎儿等均为传染源；感染猪可自鼻液、粪便中排出病毒，经消化道、呼吸道传播，怀孕母猪感染后可经胎盘垂直传染给仔猪并导致繁殖障碍；无明显的季节性。

2. 临床症状　猪断奶后多系统衰竭综合征表现为渐进性消瘦，贫血、黄疸，腹股沟淋巴结肿胀，呼吸困难，腹泻；猪皮炎与肾病综合征常发生于12 ~ 14周龄的猪，以会阴部和四肢皮肤出现红紫色隆起的不规则斑块为主要临床特征；繁殖障碍性疾病多见于妊娠后期，表现为流产，产死胎和木乃伊胎；增生性坏死性间质性肺炎主要危害6 ~ 14周龄的猪，发病率为2% ~ 30%，死亡率为4% ~ 10%；新生仔猪先天性震颤主要表现为全身震颤，无法站立，经数天可自愈（图 6.5.1~图 6.5.6）。

3. 病理变化　猪断奶后多系统衰竭综合征剖检可见全身淋巴结肿大；间质性肺炎，外观灰色至褐色，呈斑驳状且质地似橡皮；肝变性；脾变形，有丘疹样出血点或坏死；肾苍白，肿大，有坏死灶；心脏变形，质地柔软，心包积液，心冠脂肪萎缩或有胶冻样渗出；胸腔积水并有纤维素性渗出；胃、肠、回盲瓣黏膜有出血、坏死。皮炎和肾病综合征剖检可见肾肿大、苍白、有出血点或坏死点。繁殖障碍性疾病的死亡胎儿表现出明显的心肌肥大和损伤。增生性坏死性间质性肺炎的眼观病理变化为弥漫性间质性肺炎，颜色灰红色（图 6.5.7~ 图 6.5.14）。

图 6.5.1　渐进性消瘦

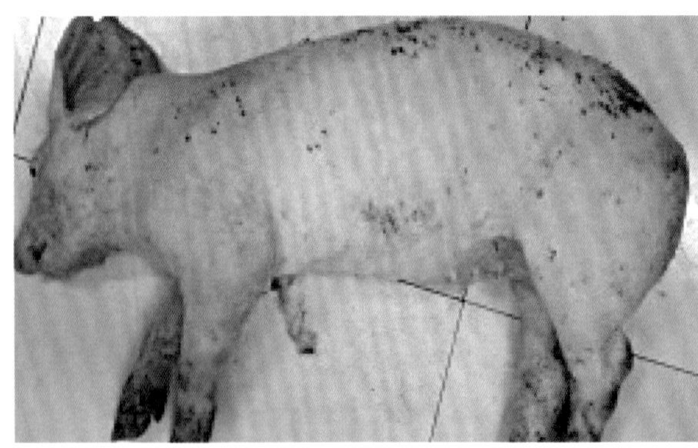

图 6.5.2　贫血

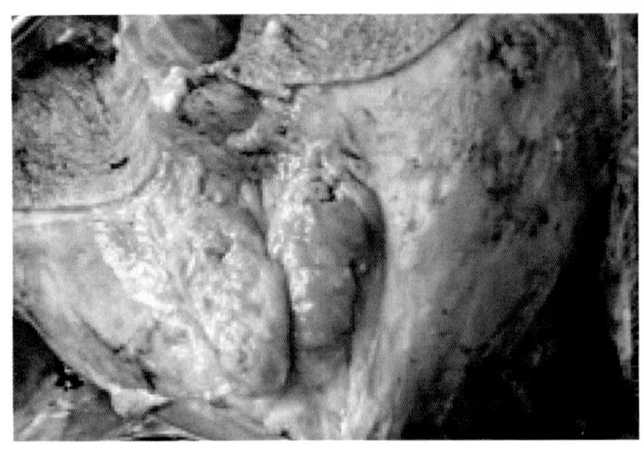

图 6.5.3　腹股沟淋巴结肿胀

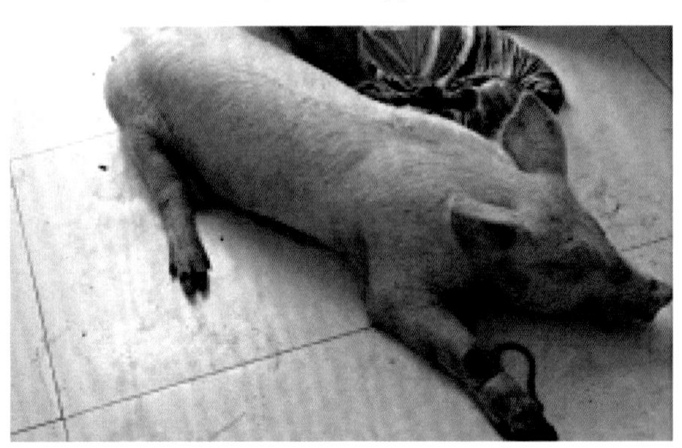

图 6.5.4　呼吸困难

图 6.5.5　皮肤出现红紫色隆起的不规则斑块

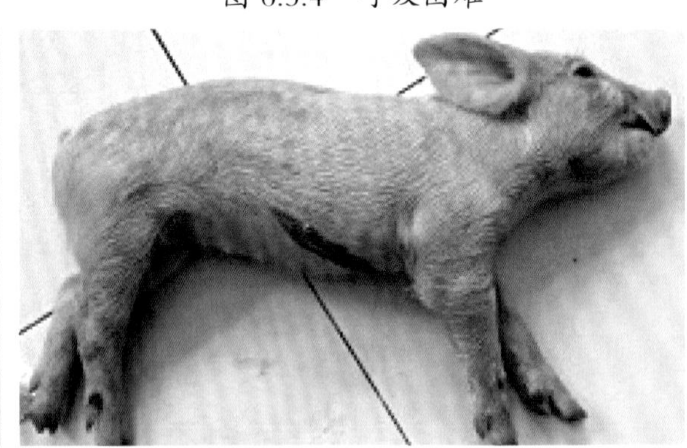

图 6.5.6　新生仔猪全身震颤

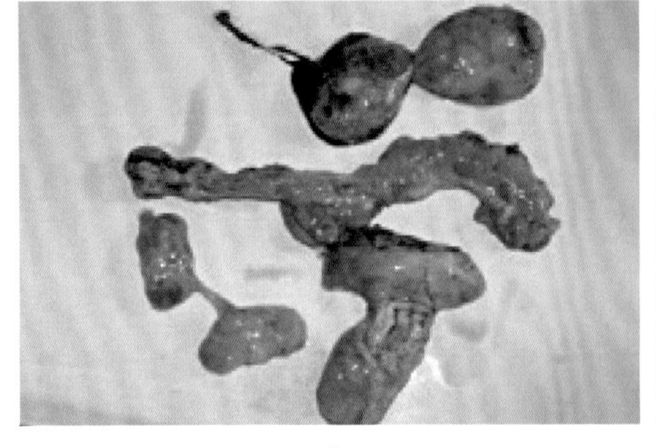

图 6.5.7　全身淋巴结肿大

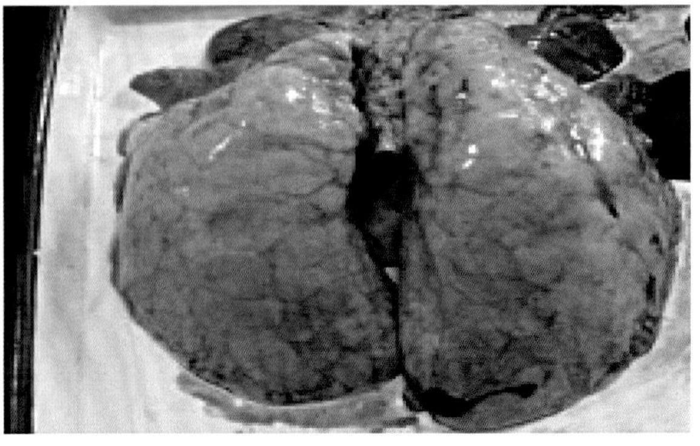

图 6.5.8　间质性肺炎，质地似橡皮

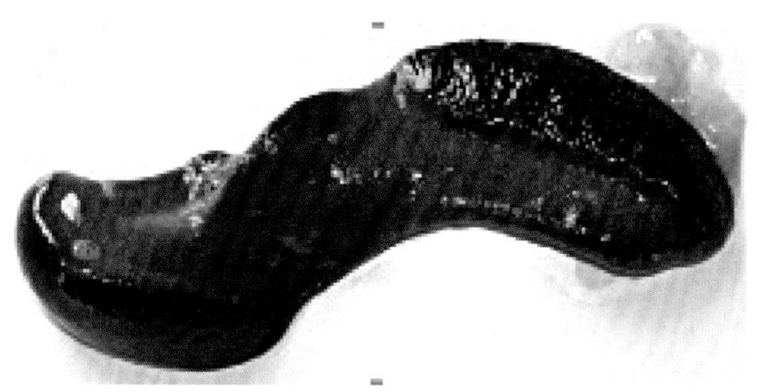

图 6.5.9　脾变形，有坏死

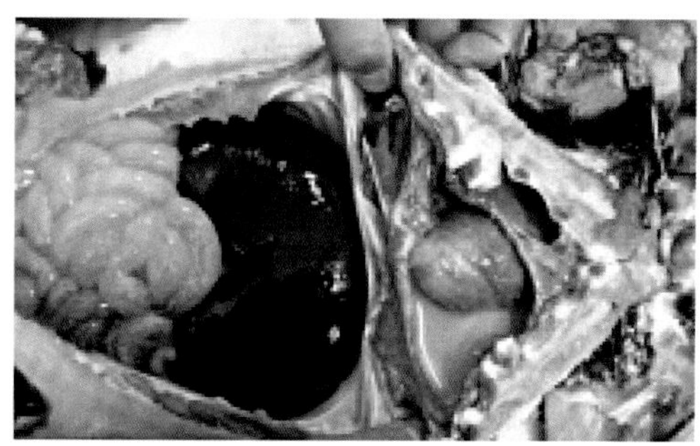

图 6.5.10　心包积液

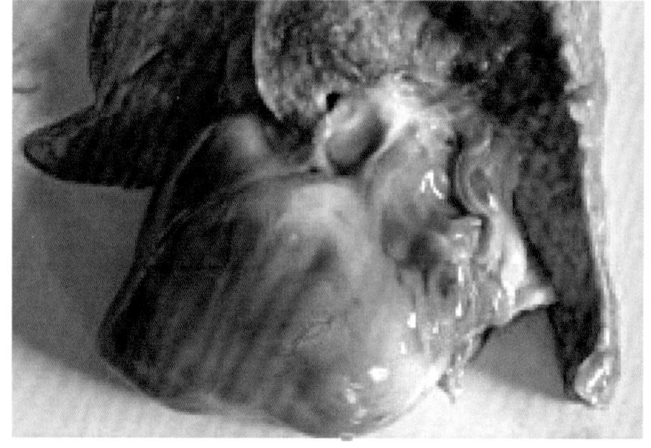

图 6.5.11　心冠脂肪有胶冻样渗出

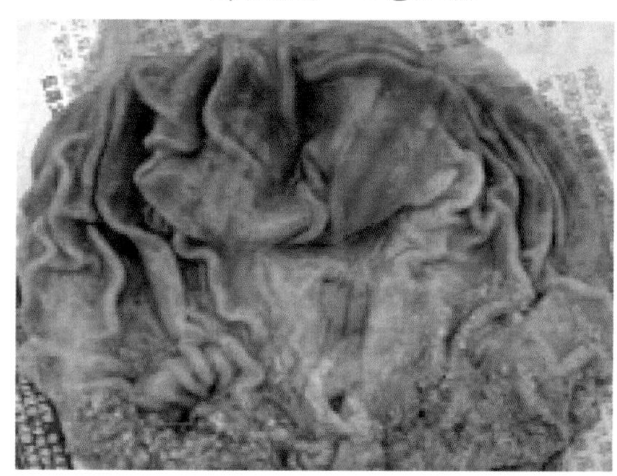

图 6.5.12　胃有出血、坏死

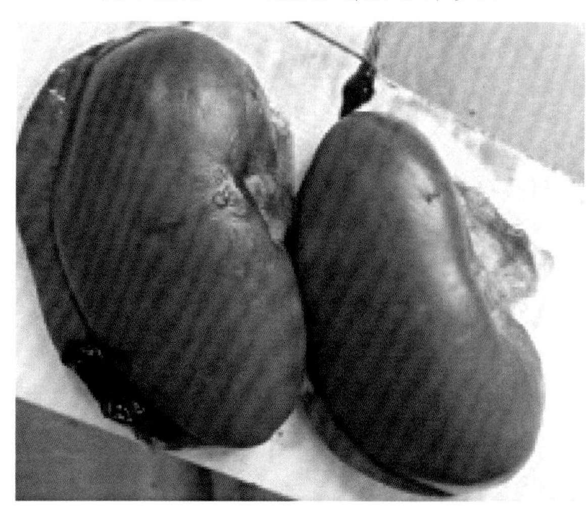

图 6.5.13　肾肿大、有坏死点

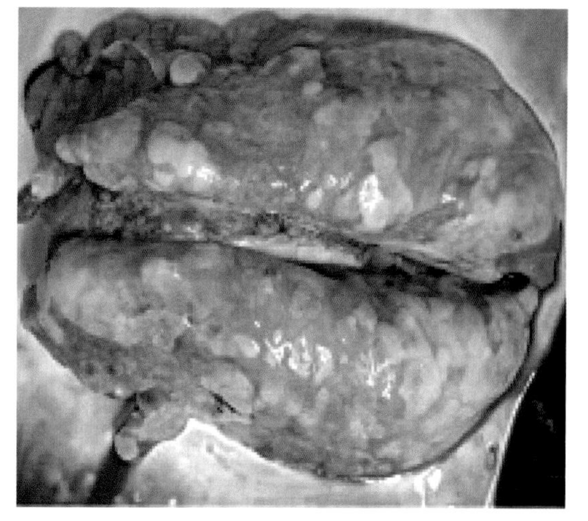

图 6.5.14　弥漫性间质性肺炎，颜色灰红色

（本组照片由常洪涛提供）

二、实验室诊断

1. 病毒的分离与鉴定　多采集淋巴结、肺和脾脏作为样本，接种 PK-15 细胞培养，随后用免疫荧光试验或 PCR 技术鉴定。

2. 免疫学方法　ELISA 法可用于检测血清中的抗体，适于大规模监测；间接免疫荧光试验不仅可以用于检测抗体，而且可以检测抗原，多用于病毒的分离鉴定及筛查细胞中圆环病毒的污染情况；免疫组织化学技术多用于检测病毒在猪体内的分布；胶体金快速诊断技术具有操作简便、快速、成本低廉和灵敏度高等优点，而且对血清具有高度特异性。

3. 分子生物学检测技术　常规 PCR、荧光定量 PCR 和 PCR 限制性片段长度多态性分析法等已广泛用于猪圆环病毒的分子流行病学调查；原位杂交技术可精确定位病毒在组织中的分布，可诊断猪群是否感染。

4. 鉴别诊断　本病易与猪瘟、猪伪狂犬病、猪繁殖与呼吸综合征、猪痘、猪传染性胃肠炎、猪流行性腹泻、猪衣原体病、猪丹毒、仔猪副伤寒、猪葡萄球菌渗出性皮炎和副猪嗜血杆菌病等疾病混淆，应注意鉴别。

三、防治措施

1. 免疫接种　使用安全、高效的疫苗免疫是防控本病的最有效途径，近年来国内外已有多家商品化疫苗注册上市，疫苗类型主要为全病毒灭活苗和亚单位苗，临床大面积应用证实均具有良好的免疫保护效果。母猪于产前 6 ~ 7 周和产前 3 ~ 4 周各免疫 1 次，或 3 ~ 4 次 / 年，2 头份 / 头，仔猪于 15 日龄、35 日龄各免疫 1 次，1 头份 / 头。

2. 加强饲养管理　改变和完善传统的饲养方式，坚持“全进全出”制度，避免不同日龄猪混养；提供营养全价、无霉变的饲料，确保猪只体质健壮；降低猪群密度，控制猪舍的温度和湿度；建立完善的生物安全体系，将消毒和卫生工作贯穿养猪生产的各环节。

3. 控制继发感染　采用完善的基础免疫及药物预防方案，控制继发感染。

第六节　猪链球菌病

猪链球菌病是由多种不同群的链球菌引起的不同临床类型传染病的总称，是我国当前一种主要的人畜共患病。

一、现场诊断

1. 流行病学　无严格年龄区别，但以母猪、架子猪和仔猪发病率和死亡率较高；病猪和带菌猪是主要传染源；主要经伤口直接接触、呼吸道和消化道传播；无明显的季节性，但以夏、秋季发病率最高。

2. 临床症状　因感染猪日龄和链球菌血清型不同，所呈现的临床症状也不同。最急性病猪不表现任何症状即突然死亡。急性病可分为败血型和脑膜炎型。败血型表现为高稽留热，眼结膜潮红，有出血斑，流泪，颈部、耳郭、腹下及四肢下端皮肤呈紫红色，并有出血点、便秘或腹泻，时有血尿；脑膜炎型表现为神经症状，如共济失调、口吐白沫、四肢泳动、尖叫，最后衰竭或麻痹死亡。慢性病可分为关节炎型和脓肿型。关节炎型主要表现为多发性关节炎，高度跛行或卧地不起；脓肿型多咽部、颌下、颈部淋巴结肿大、化脓和破溃（图 6.6.1 ~ 图 6.6.4）。

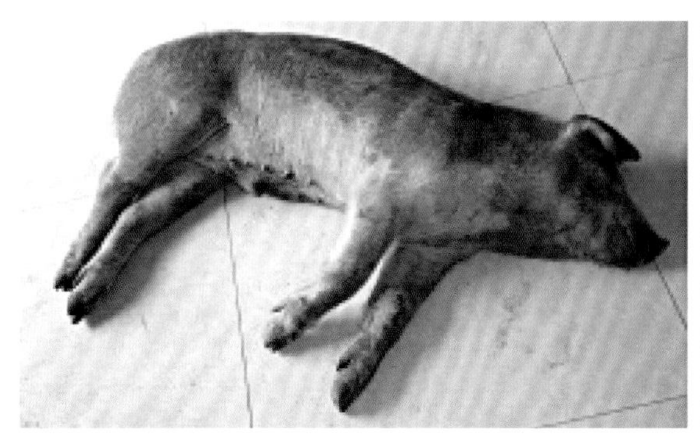

图 6.6.1　颈部、腹下皮肤紫红色

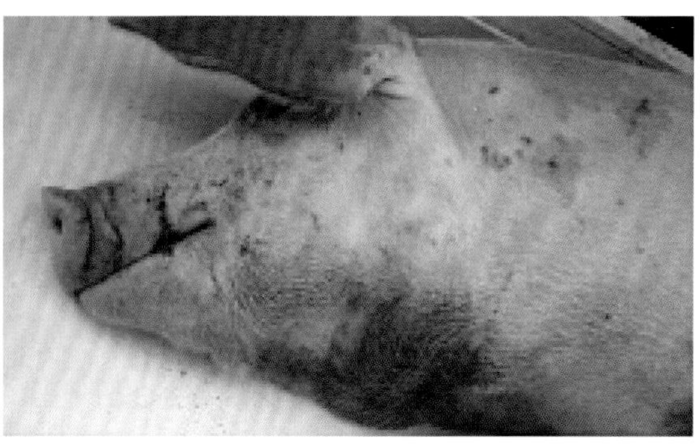

图 6.6.2　颈部、耳郭皮肤呈紫红色

图 6.6.3　神经症状

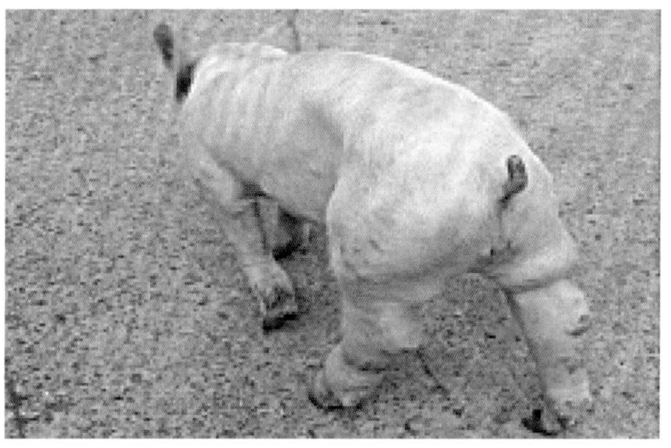

图 6.6.4　多发性关节炎

（本组照片由常洪涛提供）

3. 病理变化　最急性病猪主要表现为口、鼻流出泡沫性液体，血液凝固不良；急性病猪剖检可见肺脏弥漫点状出血，胸腔内有大量黄色混浊液体，心内膜有出血斑点，心肌外膜与心包膜常粘连，脾脏明显肿大，呈暗红色或紫黑色，肾脏稍肿大，有出血斑点，全身淋巴结水肿、出血，脑膜炎病猪可见脑脊膜充血；慢性病猪可见体表淋巴结化脓，关节有浆液纤维素性炎症，严重者化脓、干酪化（图 6.6.5 ~ 图 6.6.8）。

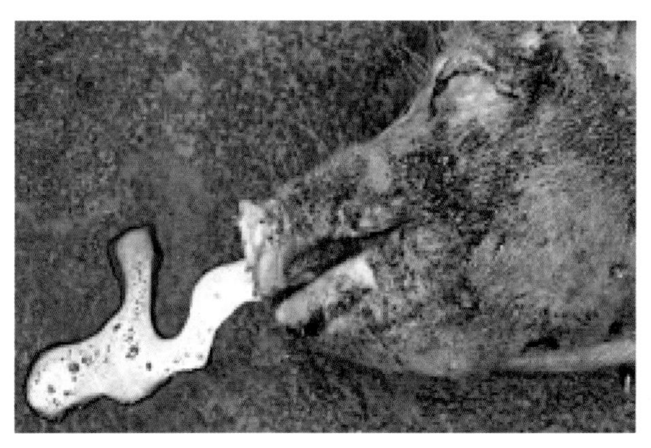

图 6.6.5　口、鼻流出泡沫性液体

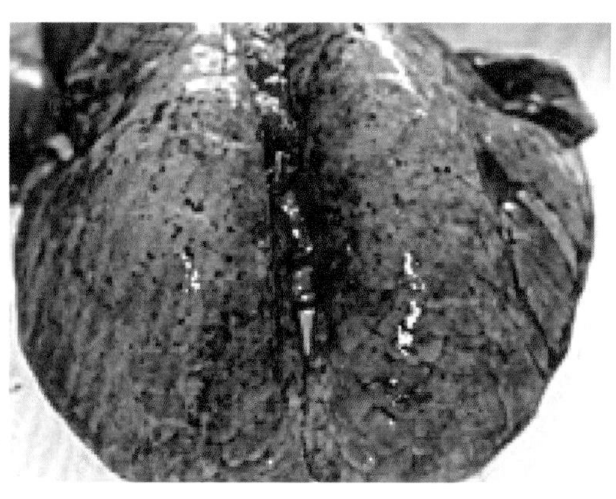

图 6.6.6　肺脏弥漫点状出血

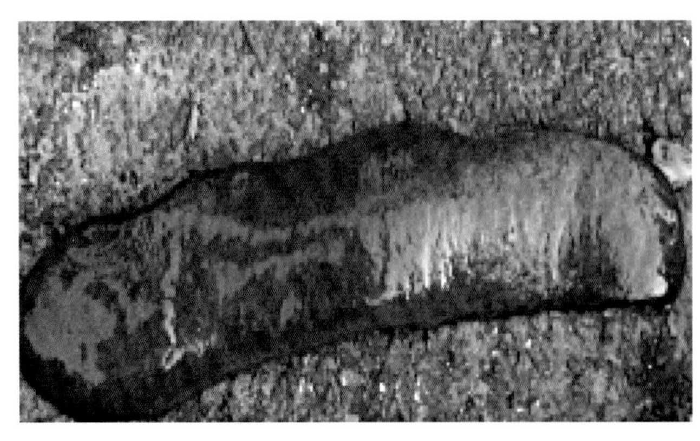

图 6.6.7 脾脏肿大，呈暗红色

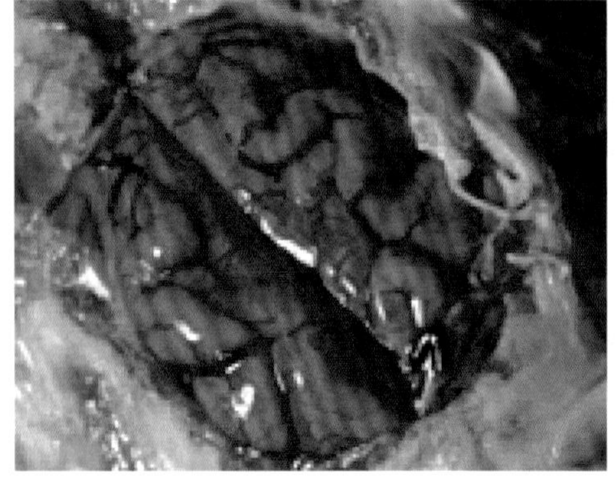

图 6.6.8 脑脊膜充血

（本组照片由常洪涛提供）

二、实验室诊断

1. 细菌分离培养 取病猪的脓汁、关节液、鼻咽内容物，肝、脾、肾组织或心血等，触片、染色、镜检，可见革兰氏染色阳性、球形或椭圆形并呈短链状排列的链球菌；或选取上述病料，接种于含血液琼脂培养基，置于 37 ℃培养 24 h，长出灰白色、透明、湿润黏稠、露珠状菌落，且菌落周围出现 β 型溶血环。

2. 动物接种 将上述病料磨碎，以 1 ∶ 10 生理盐水稀释后取上清液或接种于马丁肉汤培养基后取培养物，分别给小鼠皮下注射 0.5 mL 或 0.1 ~ 0.2 mL，应于 12 ~ 48 h 内死亡，并可从实质脏器中分离出链球菌。

3. 分型试验 猪链球菌病血清型分型诊断较为困难，一般可用分型诊断血清进行乳胶或玻片凝集试验。

4. PCR 检测 采集猪肺脏、淋巴结、血液和关节液等组织进行 PCR 扩增，适用于链球菌的诊断、鉴定和分子流行病学调查。

5. 鉴别诊断 本病易与猪瘟、猪伪狂犬病、猪圆环病毒病、猪乙型脑炎、仔猪副伤寒、猪肺疫、猪接触性传染性胸膜肺炎和副猪嗜血杆菌病等疾病混淆，应注意鉴别。

三、防治措施

1. 免疫接种 我国已研制出用于预防猪链球菌病的活疫苗和灭活疫苗，但效果并不确切，因不同地区分离株的血清型存在差异，不同的血清型缺乏交叉保护，自家苗则对本病具有针对性。

2. 药物防控 青霉素类药物为首选药物，对大环内酯类抗生素（红霉素等）、氨基糖苷类抗生素（如卡那霉素）、四环素类抗生素（金霉素、土霉素等）和磺胺类药物敏感，但应以药敏试验结果为准。

3. 饲养管理 健全生物安全制度，1% ~ 2% 氢氧化钠溶液、5% ~ 10% 石灰乳和 2% 石苯酚等均有良好的消毒效果；应保持圈舍清洁、干燥及通风，经常清除粪便；对病死猪应按有关规定处理。

4. 对症治疗　对败血型及关节型病猪，肌内注射氨苄西林、安乃近注射液或复方氨基比林注射液；对脑膜炎型病猪，肌内注射磺胺类药物；对淋巴结脓肿型病猪，局部化脓灶应切开、排脓，用 0.1% 新洁尔灭或 3% 过氧化氢消毒，将敏感抗生素置入患处。

第七节　猪副伤寒

猪副伤寒是由沙门氏菌引起的仔猪的一种传染病。本病遍发于世界各地，并可使人感染，可发生食物中毒和败血症等，是一种极为重要的人畜共患病。随着其耐药性日趋严重，本病发病率日益上升，倍受人们关注。

一、现场诊断

1. 流行病学　不同年龄的猪和人均可感染本病，1 ~ 4 月龄仔猪最为易感；传染源为病猪和带菌猪；有多种传播途径，主要经消化道感染，也可经交配感染，健康带菌猪在遇到外界环境条件变化时可引起内源性感染。

2. 临床症状　根据病程可分为急性型和慢性型。急性型主要见于断奶前后，常突然死亡，病程稍长者体温升高达 41 ~ 42 ℃，耳根、胸前和腹下皮肤有紫红色斑点，呼吸困难，后期间有下痢，病程为 2 ~ 4 d，病死率很高。慢性型在临床上最为多见，以下痢为主要特征，粪便淡黄色或灰绿色，混有血液或组织碎片；眼有黏性或脓性分泌物；贫血，后期皮肤出现弥漫性湿疹或溃疡，极度消瘦，衰竭而死（图 6.7.1 ~ 图 6.7.4）。

3. 病理变化　急性型表现为弥漫性、纤维素性、坏死性肠炎，肠系膜淋巴结索状肿大；脾肿大，色暗带蓝，坚实似橡皮；肝、肾肿大，充血和出血；全身各黏膜、浆膜均有不同程度的出血斑点。慢性型的特征性病理变化为盲肠、结肠和回肠的坏死性肠炎，黏膜覆盖灰黄色、糠麸状假膜，剥开时底部呈红色，为边缘不规则的溃疡面；肠系膜淋巴结肿胀，部分呈干酪样；脾稍肿大；肝有时可见黄灰色坏死点（图 6.7.5 ~ 图 6.7.8）。

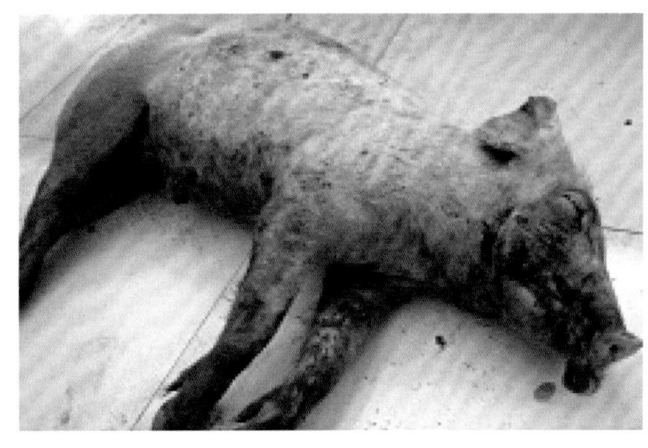

图 6.7.1　急性型病猪耳根、胸前和腹下皮肤有紫红色斑点

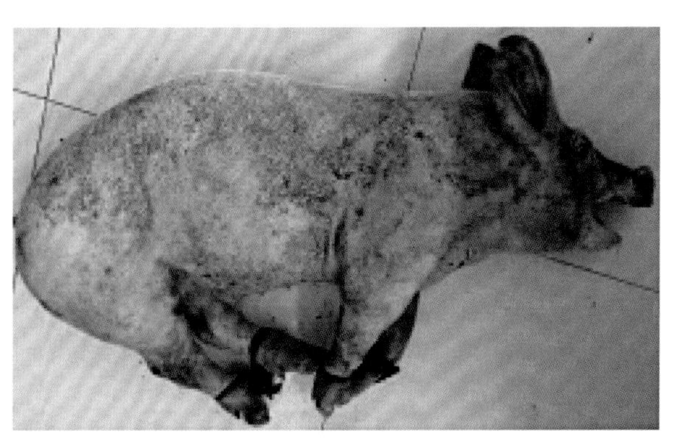

图 6.7.2　急性型病猪呼吸困难

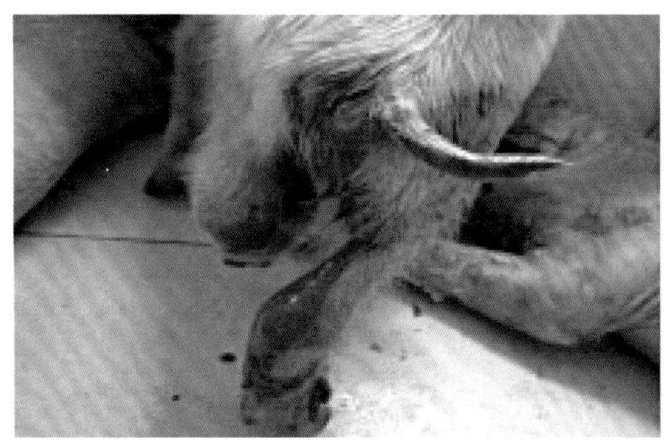

图 6.7.3　慢性型病猪消瘦、粪便呈淡黄色

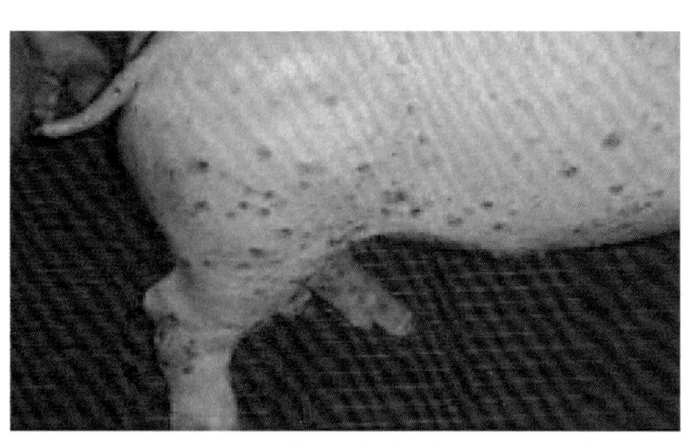

图 6.7.4　慢性病猪型弥漫性湿疹

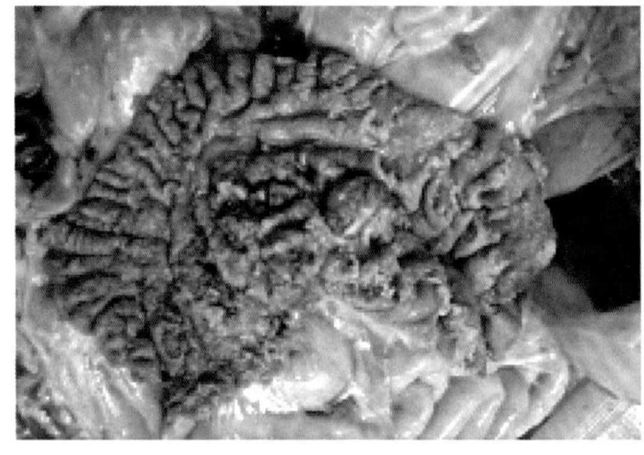

图 6.7.5　弥漫性、纤维素性、坏死性肠炎

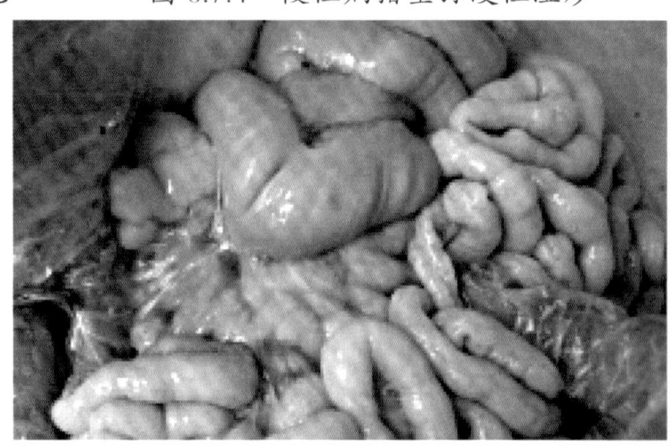

图 6.7.6　肠系膜淋巴结索状肿大

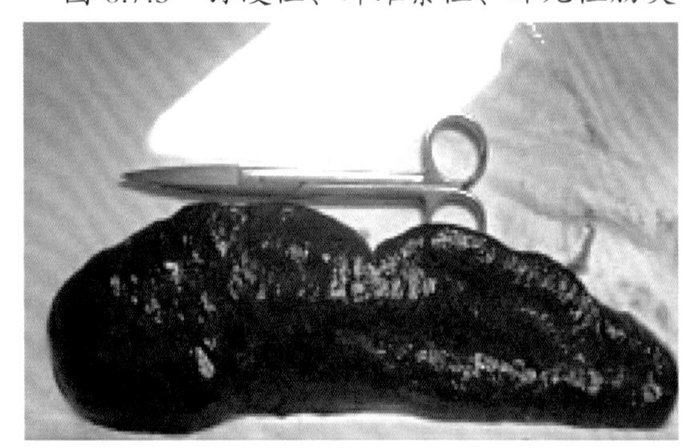

图 6.7.7　脾肿大，色暗带蓝，坚实似橡皮

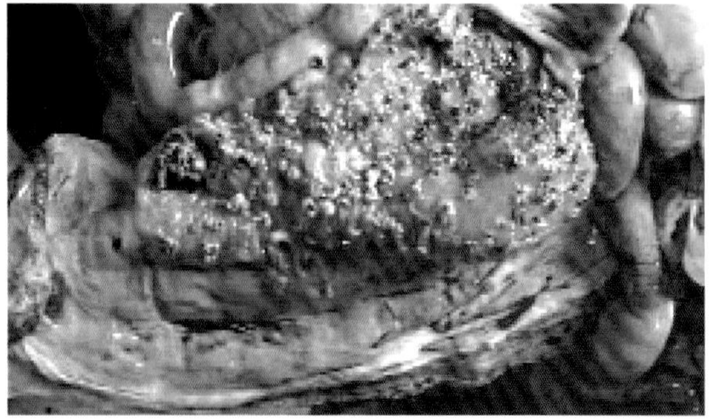

图 6.7.8　坏死性肠炎，黏膜覆盖灰黄色、糠麸状假膜，剥开时底部呈红色

（本组照片由常洪涛提供）

二、实验室诊断

1. 细菌分离培养　于病猪肛门处采集粪便，或取肝、脾和肠系膜淋巴结等触片、染色、镜检，可见革兰氏染色为阴性的杆菌；将上述病料接种选择培养基（如 SS 琼脂），置于 37 ℃培养，形成无色、半透明、边缘整齐、中等大小的菌落。

2. 鉴别方法　可用因子血清试验、ELISA 法和荧光抗体试验等鉴别。

3. 鉴别诊断　本病易与猪瘟、猪圆环病毒病、猪痢疾和猪接触性传染性胸膜肺炎等疾病混淆，应注意鉴别。

三、防治措施

1. 免疫接种 仔猪口服或肌内注射副伤寒弱毒冻干菌苗，适用于1月龄以上仔猪，3～4周后第二次免疫，免疫前1周和免疫后10 d禁止使用抗生素。

2. 药物防治 选择敏感药物如恩诺沙星、环丙沙星、氟苯尼考、复方新诺明和土霉素等用于防治，但应以药敏试验结果为准。

3. 常规措施 必须严格执行生物安全制度，加强饲养管理，进行严格消毒和隔离等。

第八节 猪弓形体病

猪弓形体病是由龚地弓形虫寄生于多种动物体内引起发病的一种重要的人兽共患原虫病。该病传染性强，发病率和死亡率高，对人畜危害严重。

一、现场诊断

1. 流行病学 弓形虫在其生活史中有速殖子、包囊、裂殖体、配子体和卵囊等5种主要形态，各阶段均有感染性，猪仅存在速殖子和包囊。猫为唯一终末宿主，猪、猫和人等200多种动物均可作为中间宿主；患病动物和带虫动物的肉、血液、分泌物、排泄物和流产内容物以及随猫粪排出的卵囊，都可污染人畜的食物、饲料和饮水，主要经口感染，亦可经呼吸道、损伤的皮肤黏膜感染，可机械性传播，还可经胎盘感染胎儿。本病多在5～10月多发，以3～5月龄猪发病最为严重（图6.8.1、图6.8.2）。

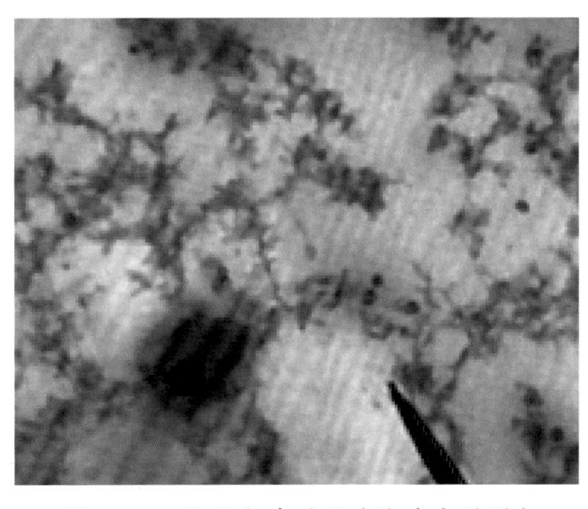

图6.8.1 弓形虫速殖子（林瑞庆供图）

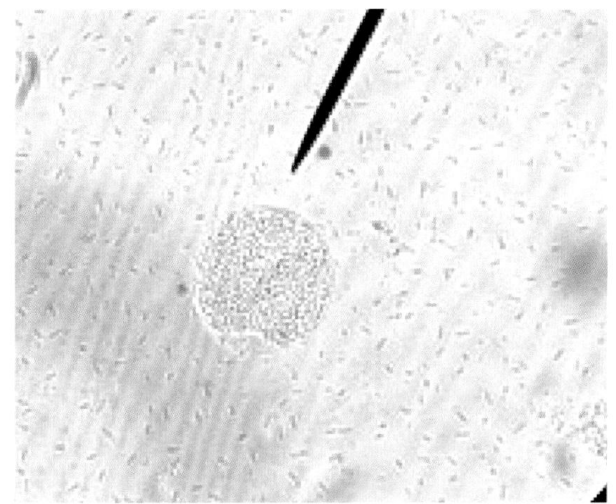

图6.8.2 弓形虫包囊（林瑞庆供图）

2. 临床症状 病猪突然高热（40.5～42 ℃），眼结膜发绀，流浆液性或脓性分泌物；呼吸困难，咳嗽或喘气；耳部、腹下皮肤发绀，呈紫红色；便秘或腹泻；孕猪发生流产或产死胎（图6.8.3～图6.8.6）。

图 6.8.3　眼流浆液性分泌物

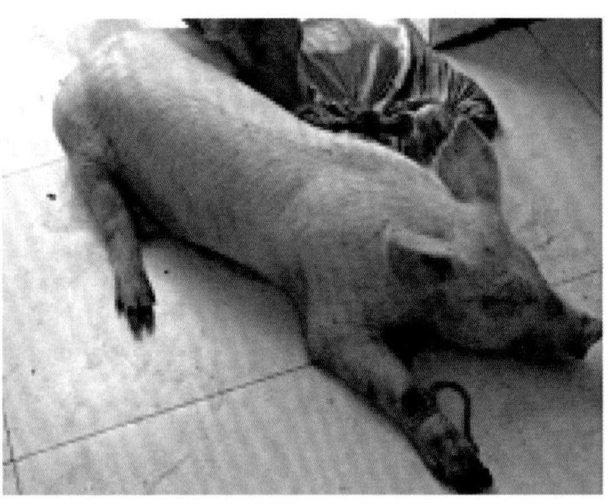

图 6.8.4　呼吸困难

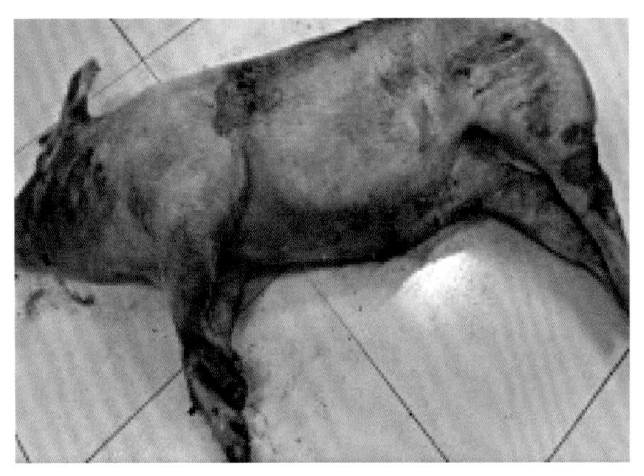

图 6.8.5　耳部、腹下皮肤发绀，呈紫红色

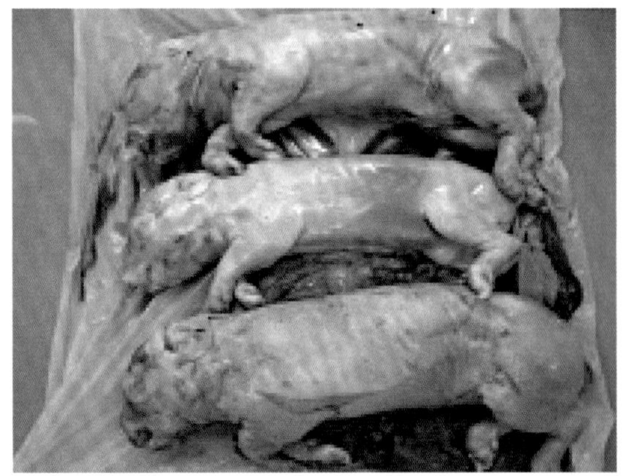

图 6.8.6　孕猪所产死胎

（本组图片由常洪涛提供）

3. 病理变化　剖检可见心包积液或胸腔有浅红色积水；肺水肿，间质和肺叶间有透明胶冻样浸润；脾明显肿大，呈棕红色；肝肿大，呈灰红色，常见散在针尖至米粒大小的坏死灶；肾脏呈土黄色，有散在小点状出血或坏死灶；全身淋巴结肿大，有小点坏死灶（图 6.8.7~ 图 6.8.13）。

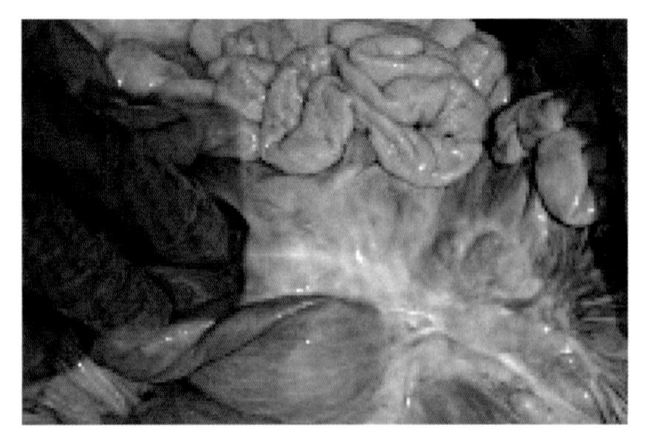

图 6.8.7　肠系膜淋巴结肿大（林瑞庆供图）

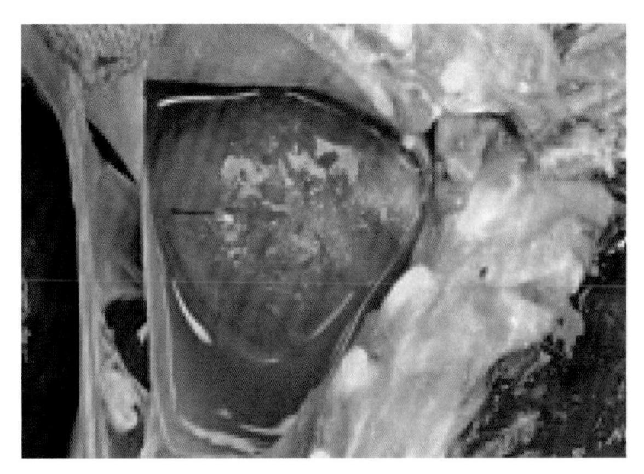

图 6.8.8　心包积液（常洪涛供图）

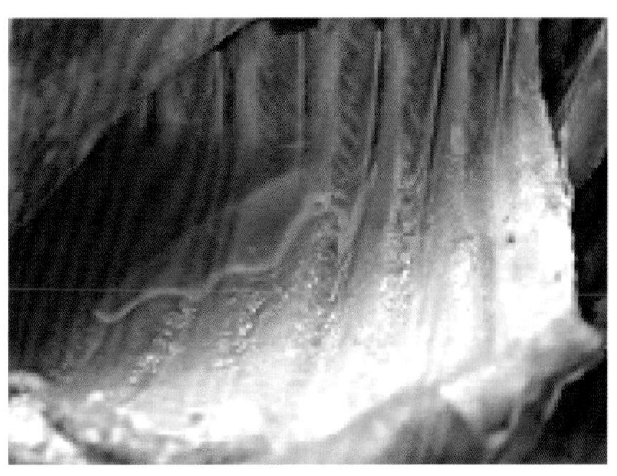

图 6.8.9　胸腔有浅红色积水（常洪涛供图）

图 6.8.10　肺水肿，间质和肺叶间有透明胶冻样浸润（常洪涛供图）

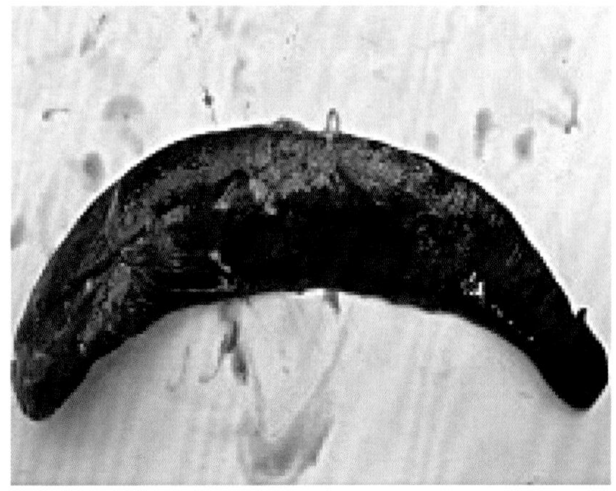

图 6.8.11　脾肿大，呈红棕色（常洪涛供图）

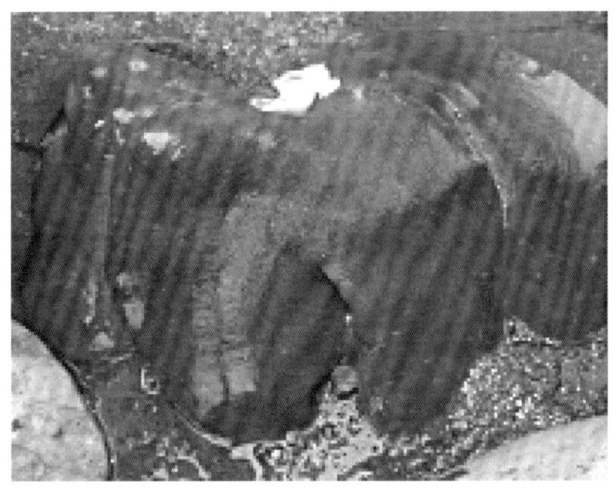

图 6.8.12　肝灰红色，常见坏死灶（林瑞庆供图）

图 6.8.13　肾土黄色，有散在坏死灶（林瑞庆供图）

二、实验室诊断

1. 病原学检查　脏器涂片或动物接种等。

2. 血清学检查　由于本病的病原学检查较为困难，因此目前血清学试验应用最为广泛。可用间接血凝试验、ELISA 法等检测血清或脑脊液中的特异性抗体，尤其是 IgM 抗体阳性表示为早期感染。

3. 分子诊断　主要通过 PCR 方法检测病料中弓形体的特异性 DNA 来确诊。

4. 鉴别诊断　本病易与猪瘟、猪繁殖与呼吸综合征、猪肺疫、猪附红细胞体病和焦虫病等疾病混淆，应注意鉴别。

三、防治措施

磺胺类药物为首选药物，首次剂量要加倍，保证 7 d 的疗程，不能过早停药；猪场禁止养猫，无害化处理猫粪和病畜尸体；加强弓形体检疫，隔离和淘汰弓形体阳性猪只。

第七章　神经系统疾病类症鉴别与防治

涉及猪的神经系统疾病有多种，多为全身性疾病，少有单纯神经系统的感染。临床上以猪伪狂犬病、猪乙型脑炎、猪水肿病等较为多见，而猪李氏杆菌病、猪狂犬病、猪传染性脑脊髓炎较少见，我国尚未报道的是猪血凝性脑脊髓炎。

第一节　猪水肿病

仔猪水肿病以全身或局部麻痹、共济失调和眼睑部水肿为主要特征，发病率不高，但致死率很高。

一、诊断要点

1. 流行病学　本病多在断奶前后半个月发生，多为膘肥体壮的猪，与饲料单一或浓厚蛋白质饲料或饲养方法突然改变有关；有一定季节性（4 ~ 5 月，9 ~ 10 月），散发，很少传染同栏猪。

2. 临床症状　导致猪水肿病的大肠杆菌能够产生水肿因子，它是一种神经毒素，存在于病猪小肠，可致血管损伤，引起面部、眼睑、眼结膜、齿龈水肿，有时可波及颈部和腹部皮下，时有叫声嘶哑。本病的特征性神经症状是共济失调。该病有如下特点：①发病突然，体温无明显变化。②神经和运动系统异常：病初步态不稳，起立困难。随着病情发展，出现有明显的神经临床症状，盲目行走，乱冲或转圈，继而瘫痪。有的侧身着地，四肢呈游泳状，全身肌肉震颤。部分仔猪出现空嚼，最后昏迷死亡（图 7.1.1~ 图 7.1.2）。③病程短，短至几小时，通常为 1 ~ 2 d。发病率不是很高，但病死率很高，急性死亡率几乎为 100%，亚急性死亡率为 60% ~ 80%。

3. 病理变化　全身各组织水肿，主要为面部、眼睑、胃（大弯部）水肿（图7.1.3），尤以胃壁、肠系膜和体表某些部位的皮下水肿（图7.1.4）最为突出。胃壁切面可见黏膜与肌肉间有一层胶样无色或淡红色水肿渗出物。小肠充血、出血（图7.1.5），心包、胸腔、腹腔积液，积液暴露于空气后，凝结成胶冻样。

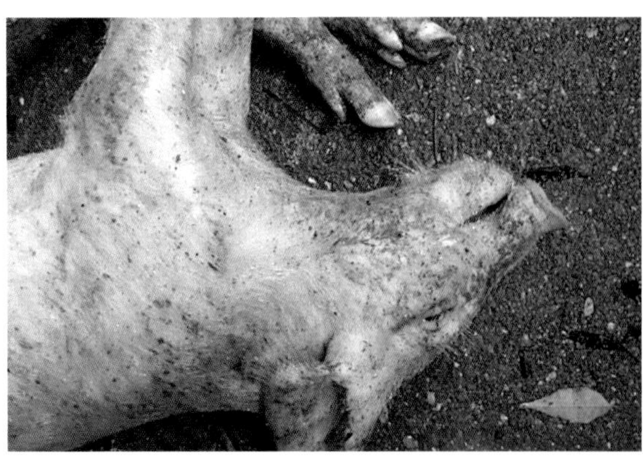

图 7.1.1　急性腹泻脱水死亡，死后眼眶下陷明显

图 7.1.2　眼睑水肿

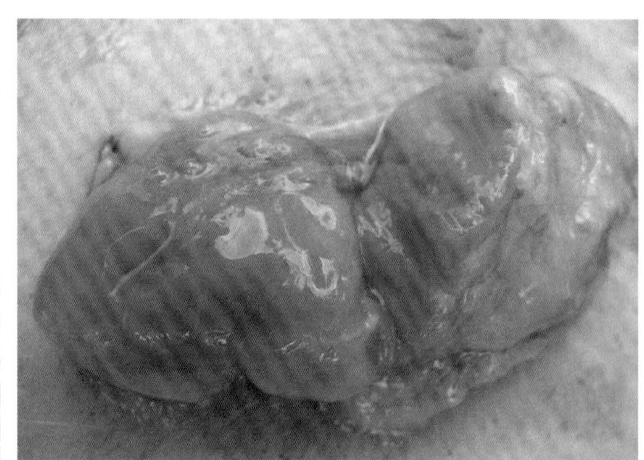

图 7.1.3　胃水肿

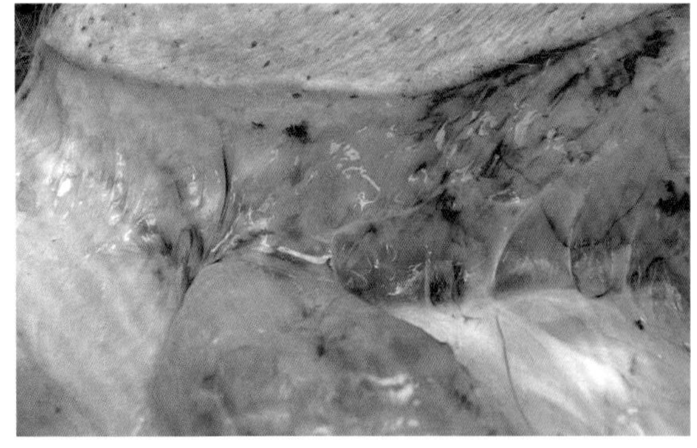

图 7.1.4　皮下黏膜水肿

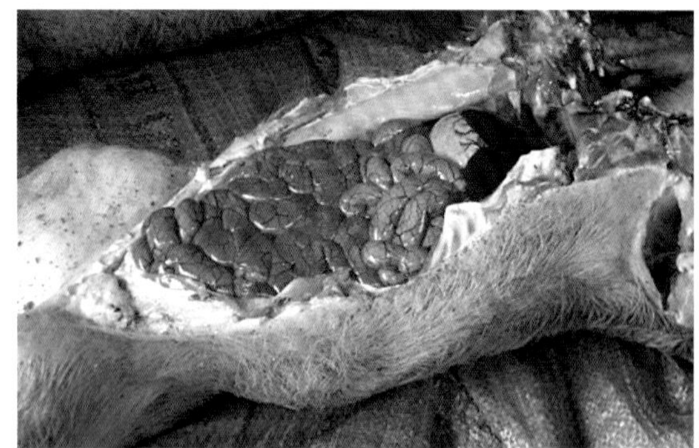

图 7.1.5　小肠充血出血，整个肠道为红色

（本组照片由谭实勇提供）

二、实验室诊断

取肠系膜淋巴结，接种于麦康凯平板培养基，挑取红色菌落做生化、溶血等试验，并用大肠杆菌因子血清来鉴定血清型。如出现过敏反应，可见水肿部嗜酸性细胞浸润。在有条件时进行水肿因子的测定。

三、防治措施

发生猪水肿病时，紧急免疫接种（自家）水肿菌苗（3 mL/头），宜采取抗菌消肿、解毒镇静、强心利尿等综合治疗方法。强心利尿法具有良好的治疗效果，一旦发现临床症状时肌内注射20%安钠咖1 mL、呋塞米注射液0.25 mL，同时腹腔注射50%葡萄糖溶液5～10 mL，次日腹腔注射50%葡萄糖液10 mL。对发病仔猪可在饲料中加投肠溶吸收类抗生素，如头孢菌素类、阿莫西林、恩诺沙星等，然后肌内注射卡那霉素、硫酸新霉素。关注配方及猪群饮水情况，用维生素E-硒饮水、木炭吸附毒素、粥水料等护理，同时控制环境湿度。

第二节　猪李氏杆菌病

猪李氏杆菌病是由产单核细胞李氏杆菌引起的人畜共患病，发病率低，但致死率较高。

一、现场诊断

1. 流行病学　各种年龄的猪均可发病，以断奶仔猪多发，哺乳仔猪、成年猪也有发病，常呈散发。

2. 临床症状

（1）败血型：可能不显临床症状而突然死亡，病程 1～3 d，死亡率高。脑膜脑炎型则症状与混合型相似，但要稍缓和。

（2）混合型：初期体温升高达 41～42 ℃，中后期体温降至常温或以下。粪便干燥，尿量减少。病猪特征性表现为脑膜炎症状，初期兴奋，共济失调，做圆圈运动，无目的地行走，不自主地后退；或头触地不动，头颈后仰，四肢张开，呈观星状；四肢麻痹，不能站立，肌肉震颤，抽搐，口吐白沫，四肢呈游泳状划动。病程1～3 d 或更长。多见于仔猪，病死率高；成年猪多耐过。

3. 病理变化　有神经临床症状的猪，可见脑膜和脑充血、炎症或水肿的变化，脑脊液增加，稍混浊，含很多细胞，脑干变软，有小脓灶，血管周围有以单核细胞为主的细胞浸润。小肠出现出血和充血，流产的母猪可见子宫内膜充血以致广泛坏死，胎盘子叶常见有出血和坏死（图 7.2.1、图 7.2.2）。

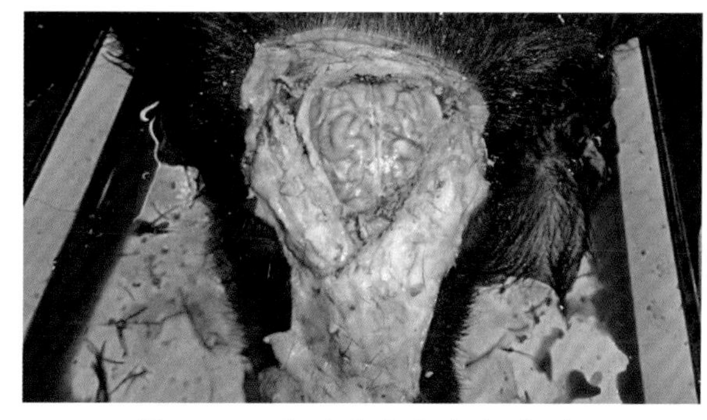

图 7.2.1　小肠出血和充血（1）

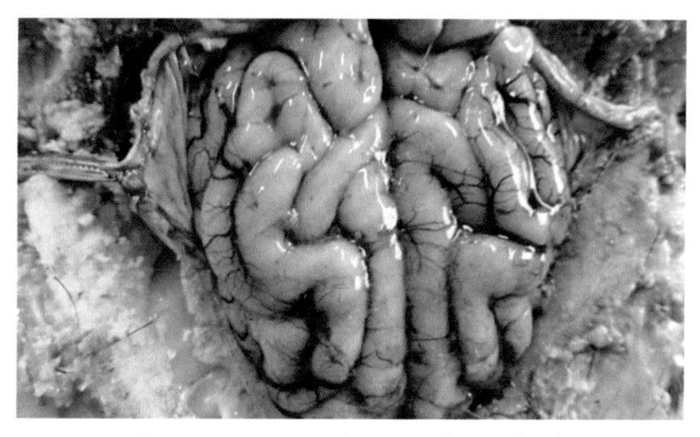

图 7.2.2　小肠出血和充血（2）

（本组照片由韩健强提供）

二、实验室诊断

1. 细菌分离培养 将病料接种到普通培养基或肝浸液琼脂培养基上 37 ℃培养。肝汤琼脂上形成圆滑透明露滴状菌落，菌落呈乳黄色 β 溶血。

2. 血液与血清学检查 血液白细胞总数升高，单核细胞达 8% ~ 12%。血清学诊断用 ELISA 方法。

3. PCR 检测 针对溶血素基因设计引物序列，通过 PCR 特异性扩增，可快速诊断此病。

4. 鉴别诊断 与猪传染性脑脊髓炎症状无差异，除非猪发病。

三、防治措施

氨苄西林和阿莫西林为首选药物。有脑炎症状时抗生素治疗效果较差。

第三节 猪传染性脑脊髓炎

猪传染性脑脊髓炎，又称为捷申病，是由猪肠道病毒（PEV）感染引起的多系统感染中最严重的一种疾病，感染率和死亡率都很高，严重时出现肌肉麻痹或后肢瘫痪。

一、现场诊断

1. 流行病学 仅猪感染，不分年龄段均易感，其中仔猪最容易感染。母猪感染后，带毒期可达 2 ~ 3 个月。感染猪通过口、鼻、粪便等排毒，经消化道、呼吸道、眼结膜和生殖道黏膜等途径传播。怀孕母猪可经胎盘感染胎儿。一般呈散发，少呈流行性。

2. 临床症状 猪传染性脑脊髓炎体温达40 ~ 41 ℃，厌食，精神沉郁，后肢麻痹，很快转为共济失调。严重病猪出现四肢强直，不能站立；眼球震颤，抽搐，角弓反张，接着发生瘫痪、犬坐、昏迷。声音刺激或接触可引起肢体不协调运动。病程经过迅速，发病后 3 ~ 4 d 死亡。耐过猪可出现肌肉萎缩和麻痹或瘫痪等后遗症。

3. 病理变化 剖检因本病死亡的猪，可见肺的心叶、尖叶及中间叶有灰色实变区，肺泡及支气管内有渗出液。严重时出现心肌坏死和浆液性纤维素性心包炎病变，肌肉萎缩，死亡胎儿可见皮下和大肠等肠系膜水肿（图 7.3.1），胸腔和心包积液。

图 7.3.1 肠系膜水肿（韩健强供图）

二、实验室诊断

病毒分布于脊髓、脑、肺、扁桃体、淋巴结、肠道和血液中。

1. 病毒抗原检测　采集猪的脊髓、脑干或小脑，流产或死亡胎儿的肺脏、扁桃体等组织，制备冰冻切片，进行免疫荧光染色或免疫过氧化物酶染色来检测病毒抗原。

2. 病毒核酸检测　采集病料样品后，提取总 RNA，用 RT-PCR 技术来检测病毒 RNA。

3. 病毒分离与鉴定　可以采集病猪的脊髓与脑组织、胎儿肺脏，制备组织混悬液，经处理后接种细胞，观察细胞病变。可用 RT-PCR 方法及下述血清学方法对分离物做进一步鉴定。

4. 血清学诊断　诊断方法有免疫荧光试验、酶联免疫吸附试验及病毒中和试验等。需要有双份血清和已知血清型抗原。

5. 组织学检查　可见脑、脊髓血管周围水肿、出血和淋巴细胞浸润，延脑髓质中枢神经胶质细胞增生。

三、防控措施

应禁止从有猪传染性脑脊髓炎的国家和地区引入生猪和猪肉产品，以防止引入 PEV-1 型强毒株。对猪传染性脑脊髓炎的预防，曾使用疫苗进行免疫接种。最早的疫苗包括猪组织源灭活疫苗，现使用弱毒疫苗或灭活的细胞疫苗，但这些疫苗仅对预防 PEV-1 型强毒株的传播流行有效，患轻度脑脊髓灰质炎的小猪如果在短暂性麻痹期间得到良好的护理，则有可能会康复。对于温和性脑脊髓灰质炎或其他有临床表现的肠病毒感染，还没有疫苗预防。

第八章　运动和被皮系统疾病类症鉴别与防治

多种因素均可导致猪运动和被皮系统的功能障碍与肉眼可见的病理变化，它包括传染性致病因素与非传染性致病因素。虽然每一种疾病都有其特征性病变，但是在许多情况下一些疾病的体表病变具有很多相似性，特别是有多种疾病混合感染的情况，给兽医人员的正确诊断带来了麻烦。因此，鉴别猪的运动和被皮系统疾病，除肉眼的观察外，还应结合流行病学特点、实验室诊断等结果进行综合认定。本章介绍几种常见的皮肤病变明显、易于混淆的传染病。

第一节　口蹄疫与猪水疱病

口蹄疫是由口蹄疫病毒引起的主要感染猪、牛、羊等偶蹄动物的一种急性、热性、高度接触性传染病。该病病原可经空气传播，传播速度快，流行范围广，在不同地区间，甚至相邻国家间都可呈跨越式传播。本病临床特征主要为成年动物的口腔黏膜、舌面、鼻盘部、蹄部和乳房等处皮肤发生水疱和溃烂，蹄部病变严重者可造成患猪跛行、蹄壳脱落等；发病率高，猪群在 2 ~ 5 d 内发病率可达 90% ~ 100%；在没有其他并发或继发感染疾病时，病死率不高，但幼龄动物可出现急性胃肠炎、心肌炎从而导致病死率升高。

猪水疱病病毒属于是肠道病毒属，只有一个血清型。口蹄疫病毒共有 7 个主型，即 O 型、A 型、C 型、亚洲 1 型、南非 1 型、南非 2 型、南非 3 型，80 多个亚型，各型病毒之间交叉免疫较弱。我国目前主要流行的有 O 型、A 型和亚洲 1 型，其中以 O 型多见。根据病毒基因与不同地理区域的遗传进化关系，以衣壳蛋白为基础可将 O 型口蹄疫病毒（FMDV）分为不同的拓扑型（topotype），拓扑型再进一步可分为若干谱系（lineage）。近年来在东南亚和我国流行的拓扑型有东南亚型（SEA）、中东南亚型（ME–SA）和古典中国型（Cathay）。与猪口蹄疫有关的谱系有 ME–SA 型的泛亚系（Pan Asia）及 SEA 型缅甸 98 系（Mya98）和 Cathay 型的台湾 97 系（TW97）。

一、现场诊断

1. 流行病学　本病一年四季均可发生，但以秋末与冬、春寒冷季节多发，春天多为流行高峰，炎热的夏天发病率相对较低。本病传播快、流行范围广，常呈流行性或大流行性，并有一定的周期性，具有快速传播和远距离传播的特点。在同一地区，同一时间可有许多猪场发病；同一时间内牛、羊、猪常常一起发病，但也常有同一地区内牛、羊发病，猪少发或不发病，或只有猪发病，牛、羊少发或不发病的情况。

2. 临床症状　潜伏期 1 ~ 2 d，患猪病初发热，体温升高至 40 ~ 41 ℃，精神不振，病猪少食或拒食，常卧地不起。潜伏期过后，患猪口鼻、舌面、蹄冠、蹄叉出现局部发红、微热、敏感等症状，不久形成小水疱，小水疱融合形成大水疱。患猪口腔中牙龈、黏膜、腭上、哺乳母猪的乳房也可出现水疱。水疱破裂后，常有出血性溃疡或痂皮，撕去水疱皮，露出出血的皮下组织。严重者蹄壳脱落，此时患肢不能着地或常卧地不起或跪行，如有细菌感染则发炎肿大。蹄部病变严重者可使患猪跛行。病猪乳房也常出现水疱烂斑，特别是哺乳母猪尤为常见（图 8.1.1~ 图 8.1.9）。新生仔猪呈急性胃肠炎而突然死亡，断奶仔猪感染时常引起心肌炎而导致死亡。

3. 病理变化　咽喉、气管、支气管和胃黏膜有时可见烂斑或溃疡；幼龄患猪小肠、大肠黏膜可见出血性炎症，由于心肌变性或坏死而出现灰白色或淡黄色的斑点或条纹，俗称“虎斑心”。

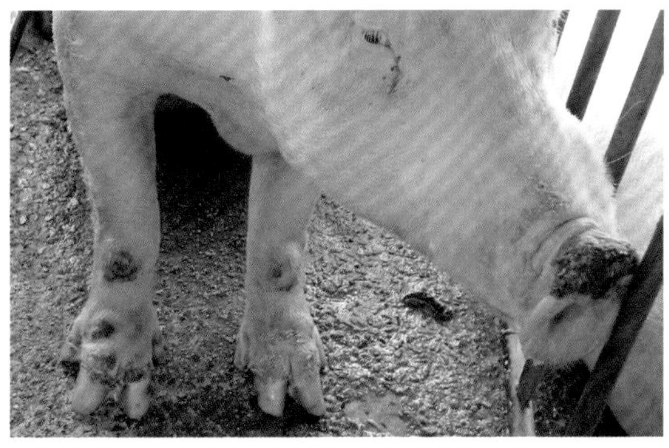
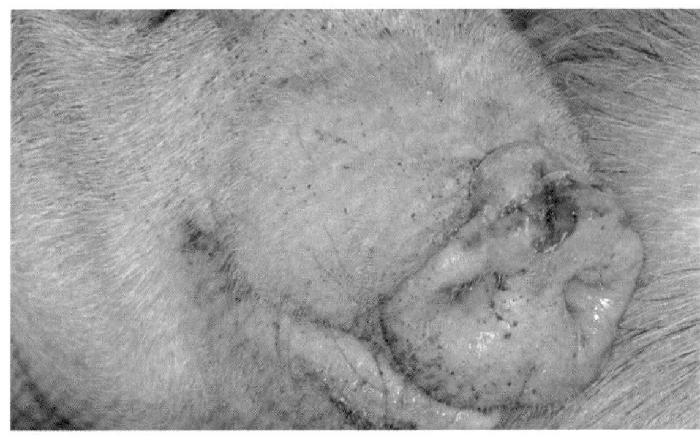

图 8.1.1　鼻盘部形成的水疱与溃疡斑（1）

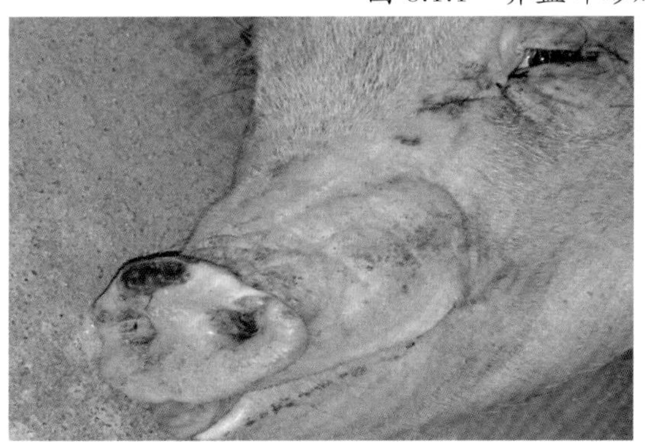

图 8.1.2　鼻盘部形成的水疱与溃疡斑（2）

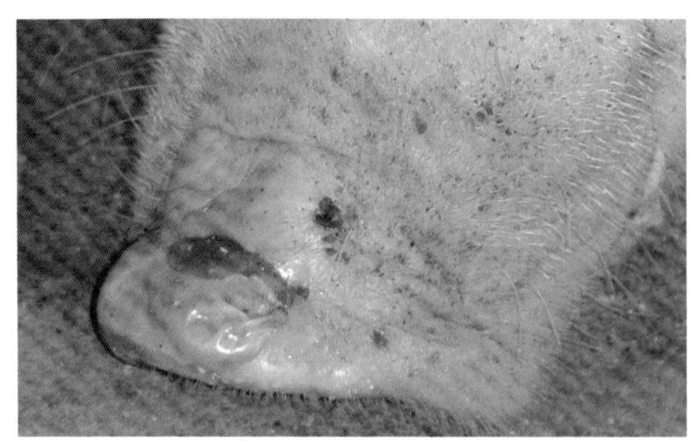

图 8.1.3　鼻盘部形成的水疱与溃疡面

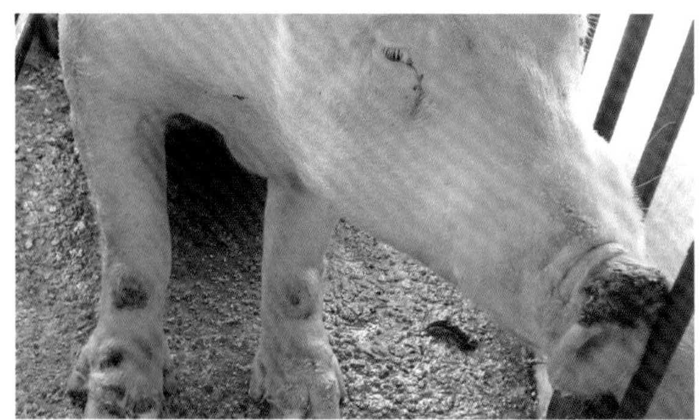

图 8.1.4　鼻盘溃疡斑

图 8.1.5　蹄部形成的水疱与溃疡斑

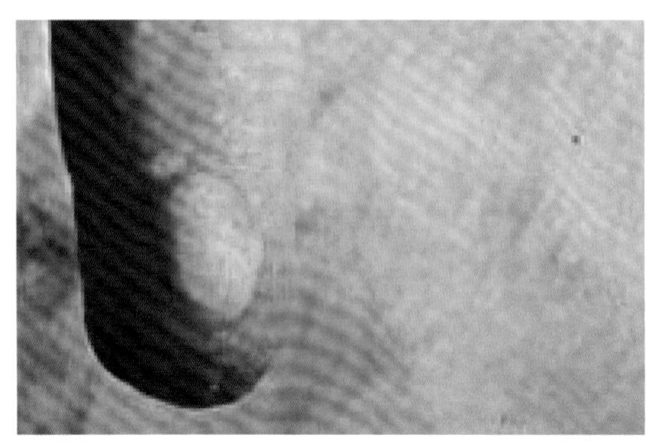

图 8.1.6　乳头部形成的水疱

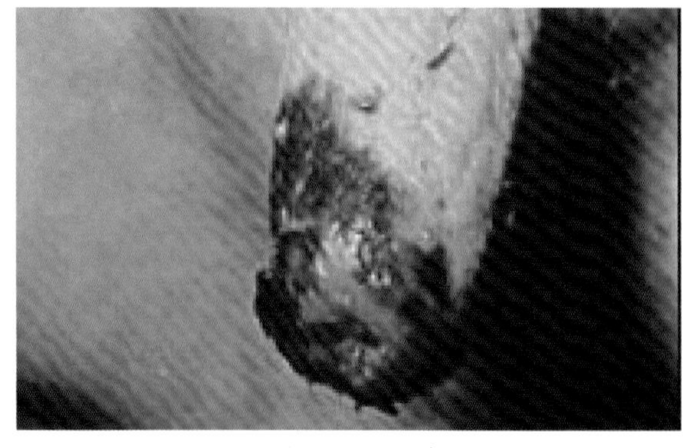

图 8.1.7　乳头部水疱破裂后形成的溃疡斑

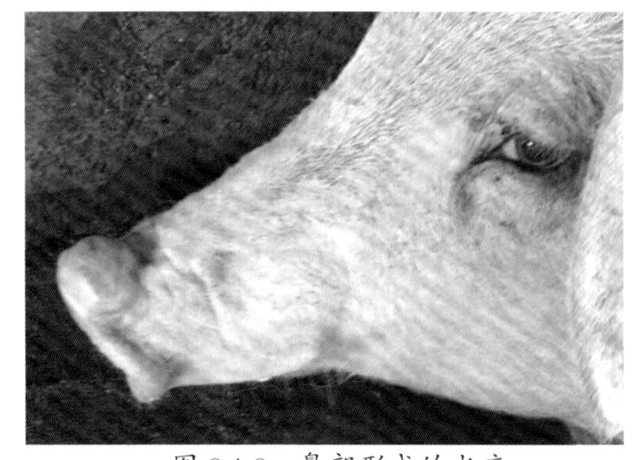

图 8.1.8　鼻部形成的水疱

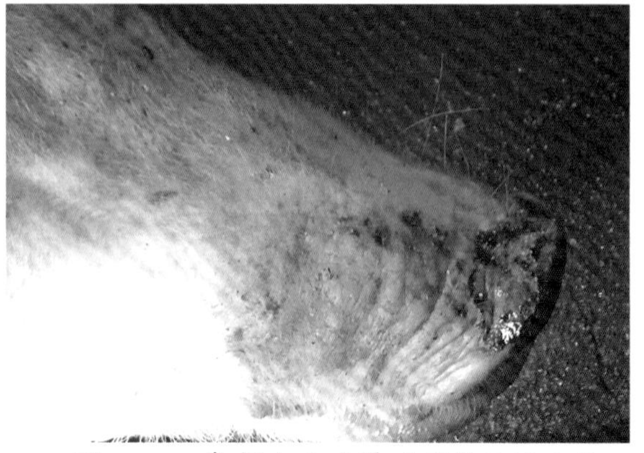

图 8.1.9　鼻部水疱破裂后形成的溃疡面

（本组照片由吕宗吉提供）

二、实验室诊断

一般采集患猪的水疱液、水疱皮、肺门淋巴结等病毒含量较高的组织或康复猪血清，送往国家指定的实验室进行病原学检查以及病毒的血清型鉴定。

1. 病毒分离鉴定　可将病料制成 20% 的组织混悬液，接种于仓鼠肾细胞、猪肾、BHK-21 等细胞上，FMDV 可产生细胞病变。也可通过接种 2 ~ 7 日龄的乳鼠，乳鼠死亡后取其骨骼肌制成混悬液用于传代和病毒鉴定。可用反转录－聚合酶链式反应（RT-PCR）、实时荧光定量 PCR 或血清学试验对分离的毒株进行血清型鉴定。

2. 实验动物接种　2 ~ 7 日龄纯系乳小鼠，经皮下或腹腔接种后出现呼吸急促，四肢与全身麻痹，10 ~ 14 h 可死亡。豚鼠也常用来做人工感染实验，在后肢跖皮内接种后，24 ~ 48 h 在接种部位形成原发性水疱，2 ~ 5 d 在口腔部位形成继发性水疱。

3. 分子生物学诊断　生物技术的发展也带来了诊断方法的不断进步，早期报道有应用生物素标记的核酸探针进行检测。近年来多采用 RT-PCR 进行病毒的检测和血清型鉴定，具有简便、快捷、特异和敏感的特点。

4. 血清学诊断　血清学试验可以用于分离毒株的血清型并进行鉴定，以便于选择合适的血清型疫苗进行紧急免疫接种，同时也可以检测野毒的感染或进行疫苗免疫效果的评价。其方法有（乳鼠病毒）中和试验（VN）、液相阻断–酶联免疫吸附试验（LpB-ELISA）、免疫扩散沉淀试验（IDPT）及补体结合试验（CFT）等。ELISA方法具有快速、敏感、准确的特点，既可以检测病料又可以检测血清，可以用于直接鉴定病毒的亚型，并且能够同时进行水疱性口炎病毒（VSV）和水疱病病毒（SVDV）的鉴别检测。目前国际贸易中广泛采用OIE推荐的间接夹心ELISA方法，在数小时内可获得试验结果。该方法基于检测非结构蛋白3ABC抗体，因疫苗中无非结构蛋白，免疫动物为3ABC抗体阴性，而感染动物为阳性，因此该方法可以区分自然感染动物和疫苗免疫动物。

5. 鉴别诊断　猪口蹄疫在临床症状与病理变化上与猪水疱病十分相似，临床上常不易区分。但猪水疱病流行时，牛、羊等其他家畜不发病，在传播速度与发病率上也没有口蹄疫高。通过实验室诊断可将本病与水疱性口炎、猪水疱病区别开来。

三、防治措施

口蹄疫被世界动物卫生组织列为应上报的法定动物疫病，也是我国农业部重点监控的一类动物传染病。目前，我国对该病的防治措施如下。

1. 预防措施　根据本地区该病的流行时间规律以及往年流行的病毒类型，在高发季节前选用优质高效、与本地区流行病毒株（型）相符的疫苗，按疫苗使用说明书给猪群进行预防免疫接种，一般连续注射 2 ~ 3 次，每次间隔 3 ~ 4 周。基础免疫良好的母猪可实行每季度免疫一次，同时每年进行 1 ~ 2 次免疫抗体检测，适时调整免疫程序。

2. 对发病猪群的处理措施 根据国家法律规定应及时向动物卫生监督部门报告疫情，由相关部门依法采用封锁、扑杀等严厉措施，对发病猪群进行疫情处理，一般不予治疗。对于名贵动物，在确保动物安全情况下对发病初期动物进行适当治疗。

（1）特异性治疗：按使用说明注射高免血清或免疫球蛋白。

（2）预防并发或继发感染：患猪在没有其他并发或继发感染性疾病时，病死率不高。但发病猪由于机体免疫力降低，往往会继发一些急性败血性细菌病，临床上较常见的有链球菌病、猪丹毒、猪肺疫、副猪嗜血杆菌病等，造成患猪病死率升高。因此，对发病猪群全群投喂或注射敏感抗菌药物，能大大降低患猪的病死率。

（3）对症治疗：使用安乃近、氟尼辛葡甲胺、卡巴匹林钙等解热消炎镇痛药进行解热消炎，用碘甘油等涂抹溃疡患处。

（4）猪场每天用过氧乙酸等消毒剂进行带猪喷雾消毒。

第二节　猪丹毒

猪丹毒是由猪丹毒杆菌引起的猪的一种急性、败血性、热性传染病，其临床主要特征为高热（41 ~ 43 ℃）、急性败血症、皮肤疹块（亚急性）、皮肤坏死、慢性疣状心内膜炎及多发性非化脓性关节炎（慢性）。本病在集约化规模化猪场较少见或消失多年，但近几年又活跃起来，呈地方性流行。在某些猪场，发病率可达 20% ~ 30%，造成较大经济损失。临床上以急性型与亚急性（疹块）型患猪多见。人也可感染，称为类丹毒。

一、现场诊断

1. 流行病学 本病主要感染猪，一年四季均可发生，但在高温、潮湿、多雨的春夏季节多发。常为散发性或地方性流行，局部地区或个别猪场有时暴发流行。以 3 ~ 6 月龄架子猪发病最多；在发病流行初期，猪群中往往先有 1 ~ 2 头健壮大猪突然死亡，以后逐渐出现较多的发病或死亡病猪。在卫生不良、高温潮湿、猪只运输或转栏、混群、霉菌毒素中毒、气候突变、突然更换饲料等应激因素作用下较易发生。

2. 临床症状

（1）急性型：也称败血型，多见于流行初期，个别健壮猪未表现任何症状突然死亡。多数病猪则表现减食或不食，结膜充血，但两眼清亮，无过多分泌物；寒战，体温升高至 41 ~ 43 ℃，常卧地不愿走动，大便干硬，有些附有黏液。耳、颈、背等部位皮肤潮红、发紫。临死前腋下、股内、腹内等处体表有不规则的鲜红色斑块，指压褪色后可融合在一起。常于 2 ~ 4 d 死亡。小猪发病，常有抽搐等神经症状。该型病死率较高。

（2）亚急性型：又称疹块型，皮肤表面出现疹块是其特征性症状。患猪发病 1 ~ 2 d 后在身体一些部位，尤其胸侧、背部、颈部至全身出现界限明显，圆形、四边形，有热感的疹块，俗称“打火印”，指压褪色。疹块突出于皮肤 2 ~ 3 mm，大小为 1 至数厘米，从几个到几十个不等，干枯后形成棕色痂皮（图 8.2.1 ~ 图 8.2.4）。病猪口渴、便秘、呕吐、体温高，也有病猪因症状恶化而转变为败血型而死亡，病程 1 ~ 2 周。

（3）慢性型：由急性型或亚急性型转变而来，也有原发性，常见关节炎，关节肿大、变形、疼痛、跛行、僵直。发生溃疡性或椰菜样疣状赘生性心内膜炎时，病猪心律不齐、呼吸困难、贫血。病程数周至数月。

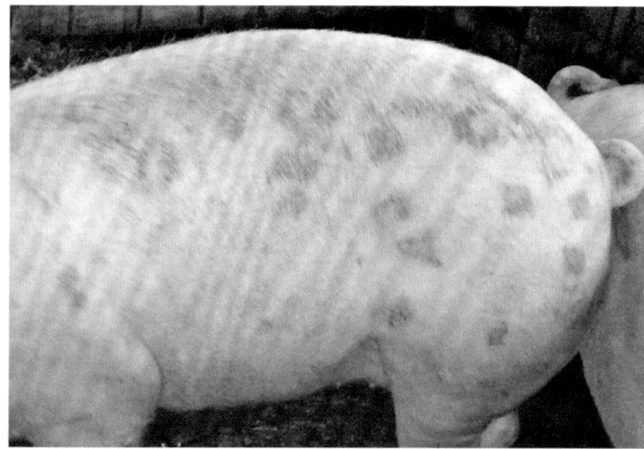

图 8.2.1　患猪全身充血发红，皮肤同时出现疹块

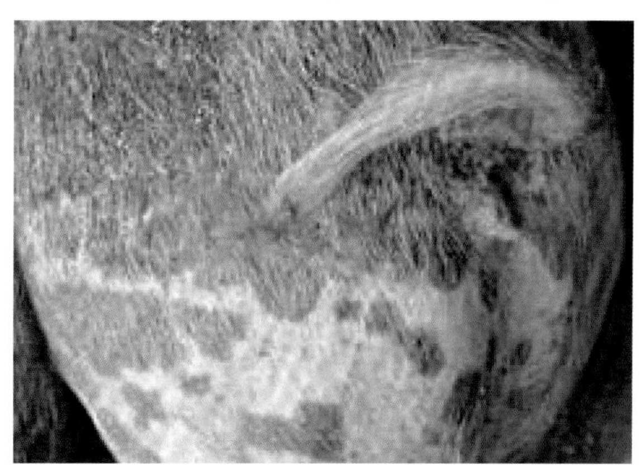

图 8.2.2　臀部皮肤疹块

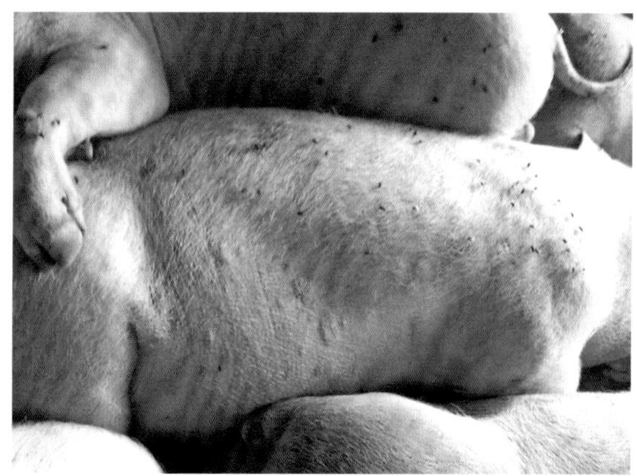

图 8.2.3　疹块形成之初

图 8.2.4　全身皮肤出现疹块

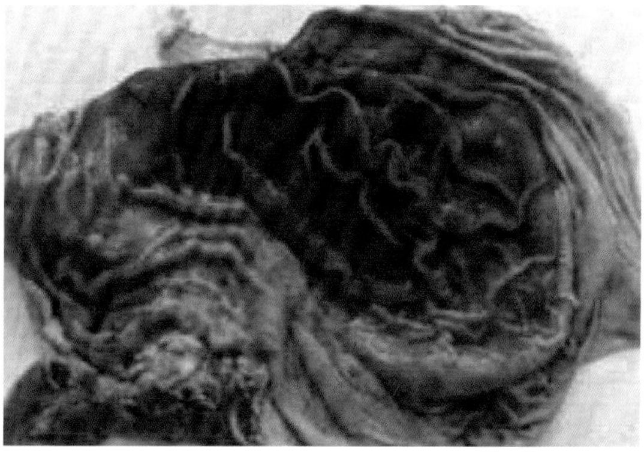

图 8.2.5　胃底及幽门部黏膜弥漫性出血严重

（本组照片由吕宗吉提供）

3. 病理变化 急性型病死猪以败血症的全身变化和肾、脾肿大为特征；全身淋巴结肿大，切面多汁，或有出血。肾充血肿大，似大紫肾，包膜散在弥漫暗灰色不规则斑纹，被膜易剥离，呈花斑肾。脾充血肿大，呈紫红色；切面外翻隆起，脆软的髓质易于刮下。胃底及幽门部黏膜弥漫性出血和小点出血尤其严重（图 8.2.5）。疹块型患猪以皮肤疹块为特殊变化。慢性型表现为溃疡性增生性心内膜炎，二尖瓣上有灰白色菜花状赘生物，瓣膜变厚，肺充血，肾梗死，关节肿大，变形。

二、实验室诊断

1. 病原学诊断

（1）染色镜检：在耳静脉采血直接涂片，或采取疹块与正常皮肤交界处组织涂片，或病死猪肝、脾等组织涂片，做革兰氏染色后直接镜检，发现有猪丹毒杆菌即可初步确诊。

（2）细菌分离培养：取肝、脾、肾、末梢血等病料接种于鲜血琼脂平板，观察到丹毒样菌落后对细菌进行鉴定。

（3）动物试验：将分离到的疑似猪丹毒杆菌接种到鸽子或小鼠体内，观察其致病性。

2. 鉴别诊断 猪丹毒临床上应注意与其他疾病，特别是与猪瘟、猪肺疫、猪急性败血型链球菌病、猪弓形虫病、李氏杆菌病等做鉴别诊断，同时还要与药物等致敏原引起的过敏性风疹疹块进行区别。

三、防治措施

1. 预防措施 猪舍应注意通风降温、保持干燥清洁、降低养殖密度等。在本病高发季节及高发地区，对受威胁猪群注射猪丹毒疫苗。药物预防：对受威胁猪群及发病猪群，在饲料或饮水中添加猪丹毒杆菌敏感药物，全群喂服 3 ~ 5 d。首选青霉素类（阿莫西林等）、氟苯尼考、多西环素等，辅以解热消炎类药物，如卡巴匹林钙、氟尼辛葡甲胺、柴胡末等，效果更好。

2. 治疗 患猪丹毒病猪只要早发现、早确诊、早治疗，治愈率就较高。对发病猪群，应及时隔离，区别处理。对饮食、体温均正常，无症状表现的未发病猪，按上述方法在饲料、饮水中投以敏感药物进行药物预防。

对被隔离的发病猪，除饲料、饮水投药治疗外，全部注射给药。首选药物为青霉素类（阿莫西林、氨苄西林等）、头孢类（头孢噻呋、头孢喹肟、头孢曲松等）等敏感抗菌药物。对患猪应一次性给予足够药量，以迅速达到有效血药浓度。可按 20 mg/kg 体重注射阿莫西林、氨苄西林或头孢类药物，同时混合使用氟尼辛葡甲胺 3 ~ 4 mg/kg 体重疗效更好。另外，再单独注射清开灵注射液 0.3 mL/kg 体重，每天一次，直至体温和食欲恢复正常后 48 h，注射给药药量和疗程一定要足够，不宜停药过早，以防复发或转为慢性感染。同群猪用清开灵颗粒 1 kg/t 饲料、70% 水溶性阿莫西林 800 g/t 饲料，拌料治疗，连用 3 ~ 5 d。头孢类药物口服效果不理想，应尽量通过注射给药。

第三节　猪皮炎肾病综合征

猪皮炎肾病综合征主要由圆环病毒 2 型（PCV-2）侵害生长肥育猪，造成猪只生长速度缓慢、饲料报酬降低，仔猪成活率下降。同时患猪免疫功能受到严重抑制，猪只对疫苗的免疫反应性降低，常导致疫苗免疫效果不理想；另外，由于免疫反应能力降低，猪只容易并发或继发其他细菌、病毒等，造成临床上患猪群普遍存在复杂的多种疫病混合感染的现象，使猪群的病死率进一步升高。PCV-2 侵害断奶仔猪，可导致猪断奶多系统衰竭综合征（PMWS），严重影响仔猪的成活率。

本病在高温、高湿季节较多见，发病率高，病程长，病死率低；在我国各省市普遍存在。

一、现场诊断

1. 流行病学　哺乳仔猪、断奶仔猪、保育猪、生长猪、育肥猪均可发病，其中断奶后 2 周龄内的仔猪表现临床症状的更为多见。PCV-2 在猪群中的感染率可达 95% ~ 100%，在无诱因、无并发或继发感染时常无临床症状，呈隐性感染状态。但在某些诱因的刺激下，PCV-2 进入到淋巴组织和免疫系统，并引发疾病。本病发病率高，病程长，一般病死率较低，但易与猪蓝耳病、副猪嗜血杆菌、猪肺炎支原体、猪链球菌等混合感染，会大幅提高发病率，可达 90% 以上，病死率与淘汰率也可达 70% 以上。在高温、高湿季节较多见，在通风不良、密度过大、长途运输、转栏转料、霉菌毒素、气候突变等应激因素作用下，易于发病。

2. 临床症状　病猪背部、腹部、后躯等部位皮肤出现红色斑点状丘疹，突起于皮肤表面；丘疹开始呈红色，后发展为圆形或不规则的隆起，呈现红色、紫红色、黑色或深褐色的病灶，继而中心部位变黑并逐渐扩展到整个丘疹，有些皮肤溃烂形成类圆形或不规则的坏死灶。部分病猪有不同程度的弓腰弯背现象，按压之后更加明显，有怕痛、躲闪反应。体表淋巴结肿大，患猪食欲减退、营养不良、身体发白或轻度发黄，渐进性消瘦，生长缓慢，部分猪出现发热（40 ~ 41℃）、喘气、呼吸困难，最终衰竭死亡。症状轻微者可于一周后逐渐康复，症状严重者或有并发感染者通常在 3 ~ 5 d 内死去，也有一些病猪在出现临床症状后 2 ~ 3 周才死亡（图8.3.1 ~ 图8.3.5）。

3. 剖检病变　皮肤出现广泛性、突起于皮肤表面的红色丘疹，类圆形出血性坏死性皮炎，呈褐色或黑色。肾脏苍白、肿大，外观呈土黄色贫血状态，早期肿胀，肾皮质变薄、易碎，中晚期质地较硬，肾包膜较难剥离，透过肾包膜可见到表面有大小不一、灰白色的坏死灶，形成“白斑肾”，部分萎缩变形；全身淋巴结肿大、轻度出血，尤其是腹股沟淋巴结；肺可见间质性肺炎、大叶性肺炎等病变，病程较长者形成固化、致密病灶，质地较硬；肝、脾组织也较硬实，脾脏出现白色、部分有出血的坏死灶，严重者脾脏形态异常变化；心冠脂肪、肠系膜等出现水肿，胸腔、心包积液较多、心肌柔软（图 8.3.6 ~ 图 8.3.8）。

图 8.3.1　发病猪群

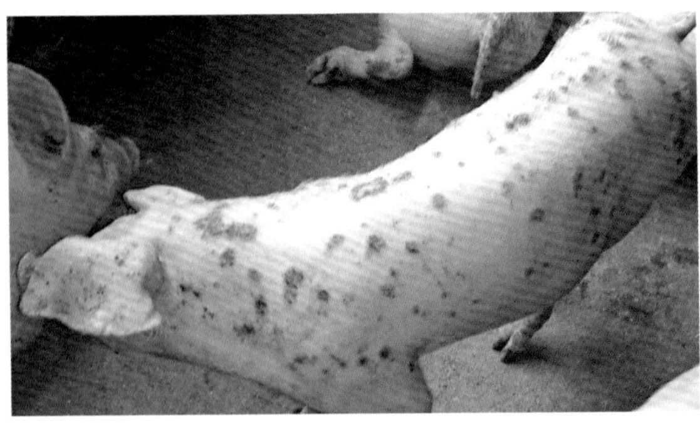

图 8.3.2　发病猪体侧的红色丘疹（1）

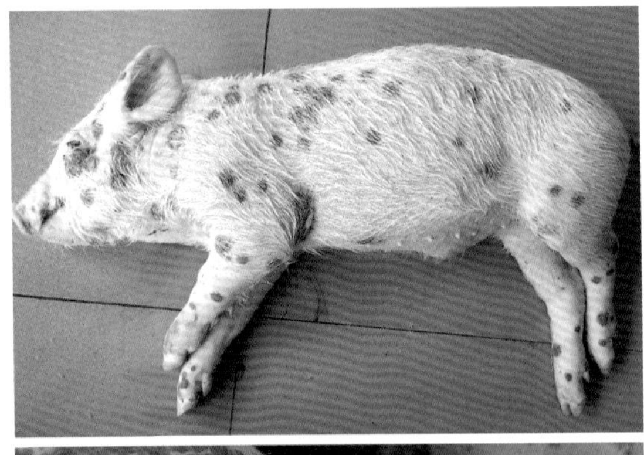

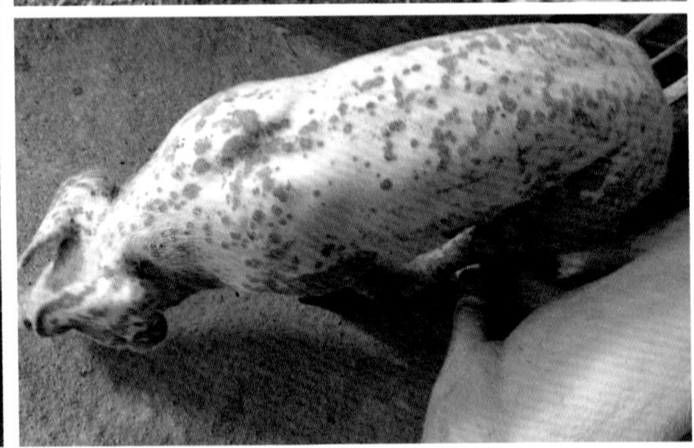

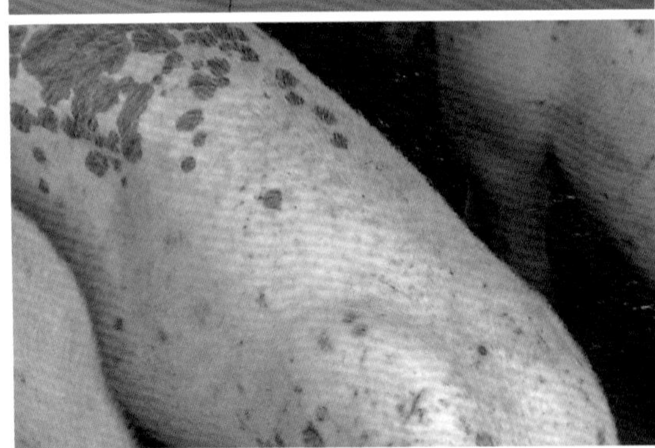

图 8.3.3　发病猪体侧的红色丘疹（2）

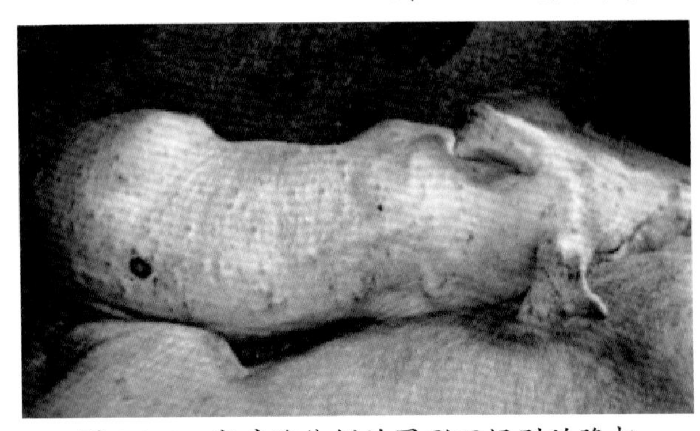

图 8.3.4　发病猪体侧的圆形不规则的隆起

图 8.3.5　发病猪群消瘦、皮毛松乱

（本组照片由吕宗吉提供）

图 8.3.6　肾脏出现白色、部分有出血的坏死灶，严重者肾脏较坚实，形态异常变化

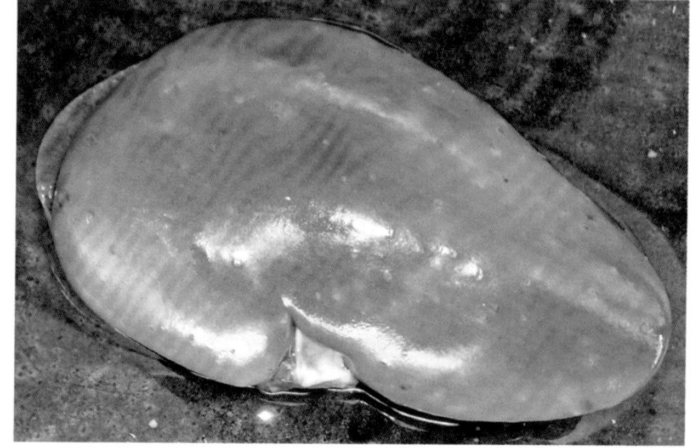

图 8.3.7　肾脏肿胀，皮质变薄、易碎（左图）；肾脏质地较硬，肾包膜较难剥离，部分萎缩变形（右图）。透过肾包膜可见到表面有大小不一、灰白色的坏死灶，形成“白斑肾”

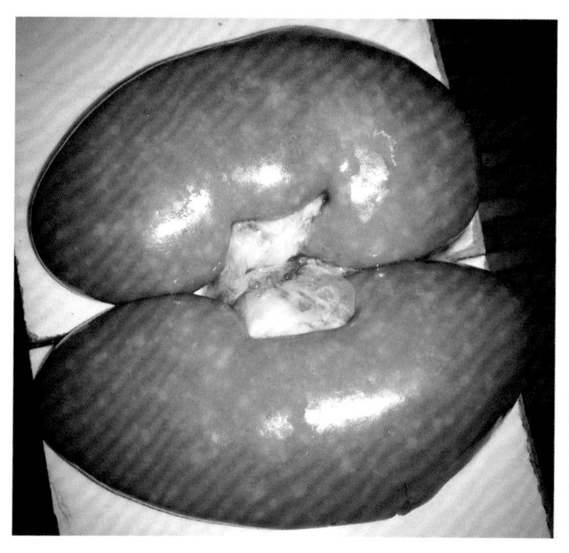

图 8.3.8　肾脏苍白、肿大，外观呈土黄色贫血状态

（本组照片由吕宗吉提供）

二、实验室诊断

1. 病毒的快速检测　实时免疫荧光定量PCR技术，是一类快速、简便、高特异性、高灵敏度的诊断方法。它利用特异性引物既能对PCV快速定性、定型，也能对病毒进行定量测定，检出率高、特异性强。病料可采集患猪的肺、淋巴、脾脏、肾脏等组织，呼吸道分泌物和粪便等含毒量较高的材料进行基因检测。

2. 病毒分离、鉴定与电镜观察　采集含病毒病料接种于 PK-15 细胞，通过对细胞病变的观察与间接免疫荧光技术检测 PCV-2。

3. PCV-2 抗体检测　应用猪圆环病毒 2 型抗体 ELISA 诊断试剂盒，检查血清中抗 PCV-2 的抗体水平。

4. 鉴别诊断　本病应与下列疾病区分开来，如过敏性皮炎、蚊蝇叮咬、猪痘、猪瘟、猪丹毒、渗出性皮炎、湿疹、霉菌毒素中毒、皮肤真菌病、猪疥癣、锌缺乏症等。

三、防治措施

1. 预防　建立生物安全体系，加强检疫、保温和定期消毒，防止引入病种猪。加强饲养管理、消除应激因素等。母猪产前 40 d、20 d 分别接种圆环病毒灭活苗，每次 3 头份；哺乳仔猪于断奶前 1 周与断奶后 2 周分别接种圆环病毒灭活苗，每次 1 ~ 2 份 / 头。做好相关疫病的免疫接种，如猪瘟、猪蓝耳病、猪伪狂犬病、猪细小病毒病等。定期投入一些中西药物，控制继发或并发感染。

2. 治疗　本病主要呈隐性感染与慢性经过，目前尚无特效治疗方法。临床上应早预防、早发现、早确诊、早治疗。对本病的治疗可参考以下措施。

（1）应用一些清热解毒、提高机体免疫能力、抗病毒的中药拌料或饮水，如黄芪或黄芪多糖、柴胡、大青叶、板蓝根、青蒿、金银花、甘草等对PCV-2均有较好的抑制作用，能较好地缓解临床症状。用量按猪的大小以每头3 ~ 10 g/天为宜；根据病情，以5 ~ 15 d为一个疗程。

（2）根据临床症状选用敏感抗菌药物拌料、饮水、注射给药，以控制继发或并发感染，减少死亡，多西环素、阿莫西林、阿莫西林克拉维酸钾、替米考星、氟苯尼考、头孢噻呋、头孢喹肟、头孢曲松、阿米卡星等均可使用；用氟尼辛葡甲胺、卡巴匹林钙、氨基比林等退热消炎。

（3）对皮肤症状较严重或有炎症者，可同时用对皮肤黏膜损伤较小的消毒剂稀释后喷洒全身，也可用一些消毒防腐药涂擦患处。

第四节　猪痘

猪痘是由猪痘病毒和痘苗病毒引起的猪的一种急性、热性、直接接触感染的疾病。临床主要特征为皮肤和黏膜上发生痘疹，发病率高，病死率低。

一、现场诊断

1. 流行病学　各年龄的猪均可发病，其中以4～6周龄仔猪多见，成年猪的抵抗力较强；以夏、秋季多发。本病只感染猪，呈地方性流行。猪痘主要通过损伤皮肤传染，在猪虱和其他吸血昆虫较多、卫生状况不良的猪场和猪舍，较易发生。

2. 临床症状　潜伏期：猪痘感染为 3～6 d，痘苗病毒感染仅 2～3 d。病初体温升高可达 41～41.5 ℃，精神不振，食欲减退，有时眼鼻有分泌物。下腹部、四肢内侧、鼻镜、眼皮、耳部等无毛和少毛部位出现痘疹。痘疹开始为深红色，突出于皮肤表面，略呈半球状，表面平整，见不到水疱期即转为脓疱，并很快结成棕黄色痂块，脱落后变成白色斑块而痊愈，病程 10～15 d。此外，在口、咽、气管、支气管等处若发生痘疹时，常引起败血症而最终死亡（图 8.4.1）。

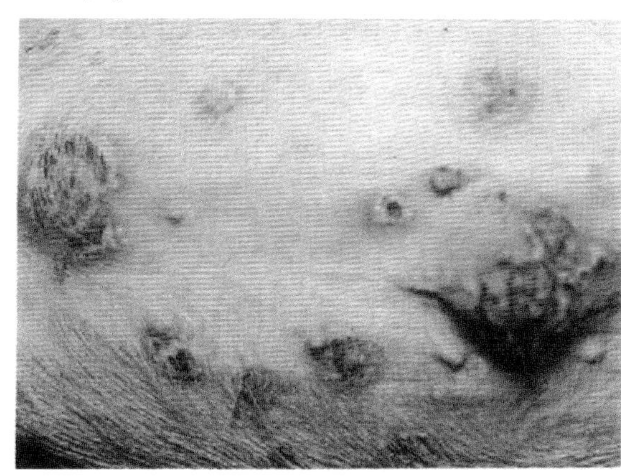
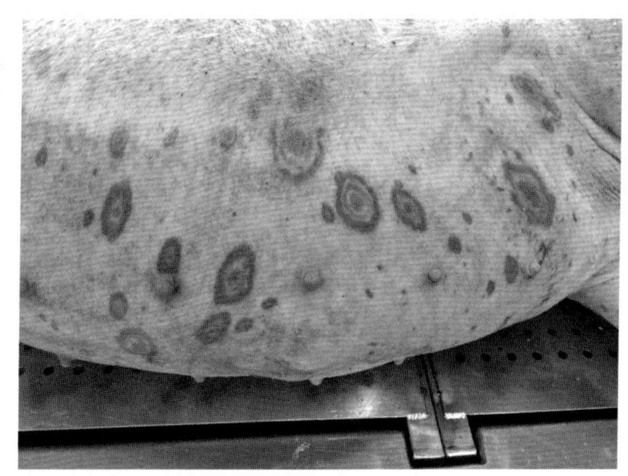

图 8.4.1　患猪腹部皮肤上的猪痘痘疹脓疱（吕宗吉供图）

3. 病理变化　痘疹病变主要发生于鼻镜、鼻孔、唇、齿龈、腹下、腹侧和四肢内侧等处，也可发生在背部皮肤，死亡猪的咽、口腔、胃和气管常发生疱疹。

二、实验室诊断

1. 病毒检测　用 PCR 技术、实时免疫荧光定量 PCR 技术、免疫组织化学技术、免疫荧光技术等检测组织病料或血液中的猪痘病毒抗原，用以确诊。

2. 电镜观察　电镜观察猪痘病毒粒子；病毒分离培养与鉴定。

3. 鉴别诊断　猪痘皮肤病变易与下列猪病相混，应注意鉴别。口蹄疫多发于春、秋、冬季，传播迅速。水疱多发生在口、乳房、蹄部、鼻等处，躯干不发生。猪水疱病水疱主要发生在蹄部、口、鼻等处，躯干不发生。猪水疱疹水疱多发生在鼻盘、舌、蹄部，躯干不出现丘疹和水疱。水疱性口炎水疱多发生在鼻端、口，躯干不发生。猪葡萄球菌病多由创伤感染，病猪表现为呼吸急促、扎堆、呻吟、大量流涎和腹泻，水疱破溃后水疱液呈棕黄色。

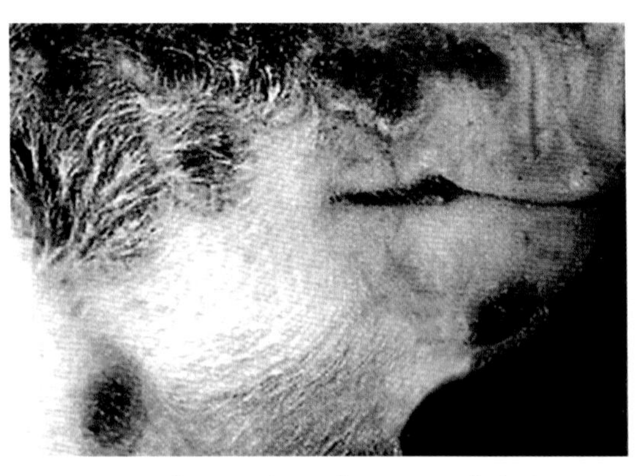

图 8.4.2 患猪头部痘疹继发细菌感染，咬肌下痘疹为出血型（吕宗吉供图）

病猪痘痘疹较易于与猪圆环病毒病混淆，应注意区别。但两者有多方面不同，只要全方位了解，细心观察，诊断失误是可以避免的。猪痘中央凹陷如肚脐，多是孤立的，密度稍小。有时猪痘发展有一个循序渐进的过程：斑点（发红）—丘疹（水肿的红斑）—水疱（从痘病变中流出液体）—脓疱或形成硬皮。而圆环病毒病的皮疹起疹急，有时一夜间突然遍布全身，且密度大。猪痘有明显的季节性，该病多发于每年的 5 ~ 9 月。猪痘痘疹主要发生于躯干的下腹部、四肢内侧、鼻镜、眼皮、耳部等无毛和少毛部位（图 8.4.2）；而圆环病毒病感染可引起多个系统衰竭和进行性消瘦，病猪皮肤苍白、贫血，皮疹远心端或后躯最为严重。猪痘一般病死率极低，除痘疹外，几乎没有其他病变；而圆环病毒病全身淋巴结肿大，肾肿大，呈花斑状。猪痘传染快，同群猪感染率可达 100%。病初皮肤上出现圆形、红色斑点，后逐渐扩大，形成硬固的红色结节样丘疹，突出于皮肤表面，略呈半球形，表面平整，边缘为淡灰色，随后结成暗棕色痂块，最后脱痂留下白色瘢痕而愈合，病程 10 ~ 15 d。

三、防治措施

搞好检疫工作，对新引入猪要做好检疫，隔离饲养 1 周，观察无病后方可合群。防止皮肤损伤，对栏圈的尖锐物要及时清除，避免刺伤和划伤；同时应防止猪只咬斗，育肥猪原窝饲养可减少咬斗。可用黄芪多糖与清热解毒的中药如板蓝根、大青叶、柴胡、黄芩、黄檗等拌料饲喂，溃烂处用紫药水、红霉素软膏、碘甘油等涂布。同时用抗生素如阿米卡星、氟苯尼考、头孢曲松、头孢噻呋等肌内注射以防止继发感染。对病初个别出现体温升高的患猪，可用抗生素加退热消炎药控制细菌性并发症。目前尚无疫苗可用于免疫，在定期预防的基础上，应用百毒杀、菌毒灭、聚维酮碘等消毒药品喷淋。

第五节　猪疥螨病

猪疥螨病是由疥螨科疥螨属的猪疥螨寄生在皮肤内引起的，是最常见的猪体外寄生虫性皮肤病。病猪皮肤发炎发痒，一般不会直接引起猪只死亡。

一、现场诊断

1. 流行病学　各种年龄、品种的猪均可感染该病，对仔猪的危害很大。该病为接触性感染的疾病，通过病猪与健康猪直接接触，或与猪疥螨及其卵污染的圈舍、垫草和饲养管理用具间接接触等而引起感染。仔猪疥螨病常来源于患病母猪。此外，猫、狗、家禽、老鼠等通过接触猪疥螨病原也可以传播该病。猪舍阴暗潮湿，通风不良，卫生条件差，咬架及碰撞摩擦引起的皮肤损伤等，都能诱发和促进该病的传播。秋、冬季，特别是阴雨天气，该病蔓延最快。

2. 临床症状　临床上猪疥螨病的主要症状是瘙痒、皮炎、痂皮、化脓等，因感染猪只和时间的不同，一般表现为过敏和过度角质化两种症状。猪疥螨通常使猪体产生红斑及丘疹，同时伴随剧痒（急性过敏症），多见于仔猪。区别于其他皮肤炎症，疥螨多发于耳窝、颈背部、臀部及大腿内侧等部位（图8.5.1）；而经历急性期后，会转为慢性状态（过度角质化症状）成干厚的过度角质化皮肤。成年猪最常见的症状为外耳内侧表面的中间区域呈现不明显的感染。

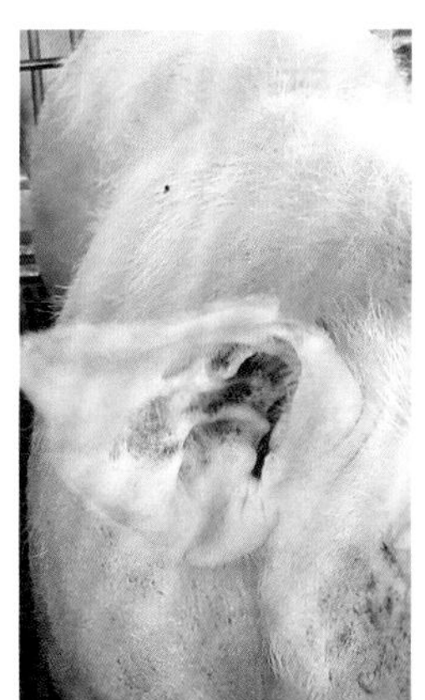
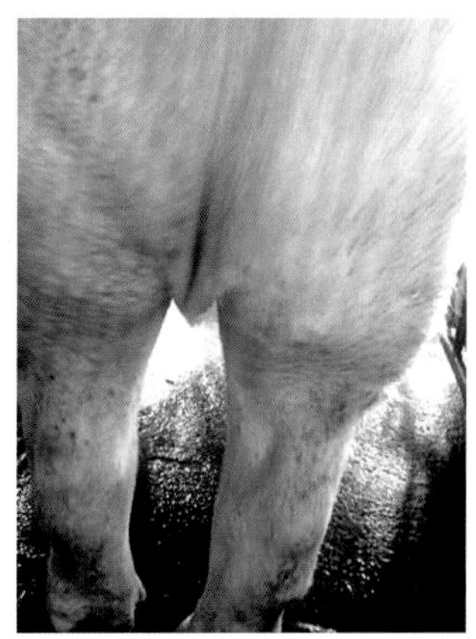
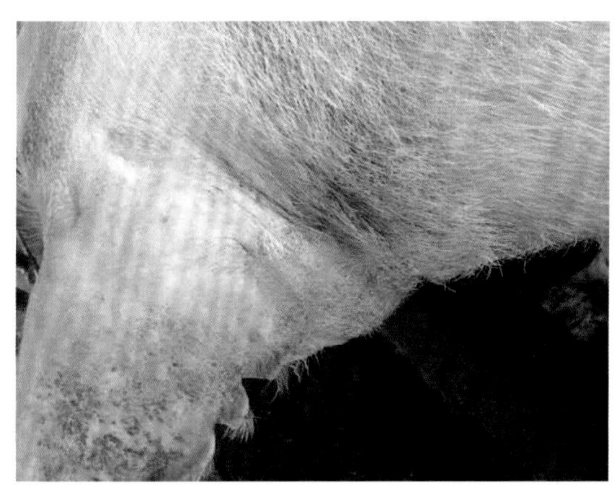

图 8.5.1　猪疥螨耳窝、耳背颈侧、臀部及大腿内侧病变（本组照片由林瑞庆提供）

3. 病理变化　主要表现在患猪的体表皮肤。患猪由于患部瘙痒，不断摩擦而导致脱毛，在体表出现丘疹、水疱。随着病程的发展，在患处形成灰白色的痂皮，患部皮肤变厚，体毛变得稀疏，皮肤失去弹性而形成皱褶。

二、实验室诊断

猪疥螨病的临床症状、皮肤病变有时与其他因素引起的皮炎相似，除从流行病学考虑及检查常发部位外，病原学检查可帮助确诊。

1. 直接检查法　用手术刀轻轻刮取猪体表皮屑，直到轻刮部位稍微出血为止，然后将刮下的皮屑收集在干净的试管内，将上述刮取物置于黑纸上烧烤，在 40 ~ 50 ℃下持续 30 min 左右，然后将皮屑去除，通过普通放大镜进行观察，黑纸上出现白色虫体就可进行初步判断。

2. 显微镜检查法　刮取耳内皮屑样品，或在患部皮肤与健康皮肤交界处滴上数滴 50% 甘油生理盐水，再用圆刃小刀刮取皮屑检查，其深度是刮至将要出血为止。将痂皮置于载玻片上，滴加 50% 甘油生理盐水，涂匀后置于低倍镜下检查。也可取刮下的皮屑置于试管中，加入 10% 氢氧化钠溶液，置于酒精灯上加热 3 ~ 6 min，待痂皮等固形物溶解后，虫体从皮屑中分离出来。置于室温静置 30 min，使虫体沉于管底，然后用吸管吸取底部沉渣，滴于载玻片上，显微镜检查可见疥螨虫体或虫卵（图 8.5.2）。

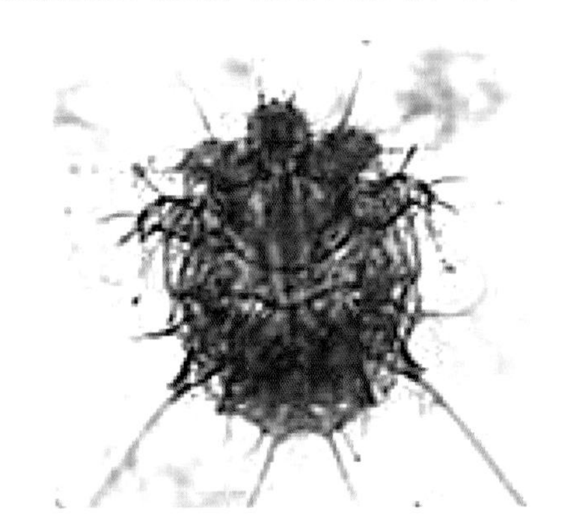
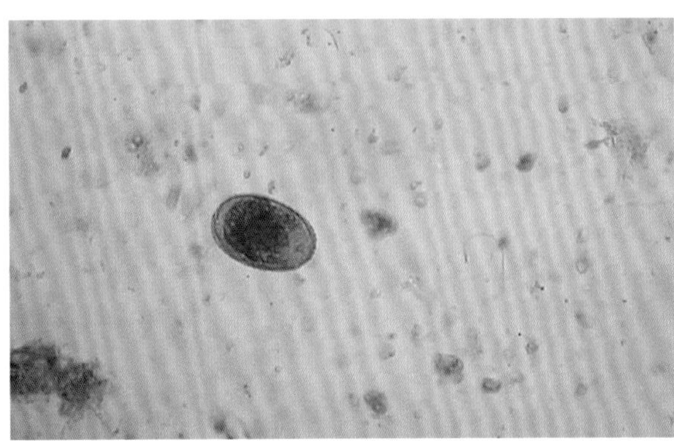

图 8.5.2　螨虫及虫卵（本组照片由林瑞庆供图）

三、防治措施

目前驱除猪疥螨所使用的注射用药物有阿维菌素、伊维菌素、多拉菌素等，它们都是大环内酯类抗寄生虫药。也可用辛硫磷、双甲脒、敌百虫或拟除虫菊酯类药物等喷洒、浇泼全身。为彻底杀灭各生长阶段寄生虫，7 ~ 10 d 后可重复用药。环境的污染可以造成螨虫传播，因此应同时采用环境杀虫措施以净化螨虫。

第九章 多种猪病混合感染的类症鉴别与防治

近年来，我国动物疫病频繁发生，流行情况日趋复杂，单个感染已经少见，混合感染和继发感染已成为当前疫病的一个重要特征。病毒与病毒，病毒与细菌混合或继发感染的病例日趋常见，尤其是猪圆环病、猪瘟、猪繁殖与呼吸综合征等几种常见免疫抑制病的混合感染更是频发，给养猪业带来了巨大损失。本章对生产中常见的四种混合感染的鉴别与防治作一简要介绍。

第一节 猪繁殖与呼吸综合征混合链球菌感染

猪繁殖与呼吸综合征混合链球菌感染是近几年在我国迅速流行扩散的一种混合感染疾病，现已在全国范围内流行。该病以母猪怀孕晚期流产，产死胎和弱胎明显增加，母猪再发情推迟等繁殖障碍，以及仔猪出生率降低、断奶仔猪死亡率高、仔猪局部脓肿、呼吸道症状为特征。

一、现场诊断

1. 流行病学 不分大小、性别的猪均易感，但 1 月龄内的新生仔猪、哺乳仔猪最易感，以 30 ~ 60 kg 的架子猪多发，发病率和病死率较高，偶见怀孕母猪发病，成年猪发病较少。病猪和病原携带猪是主要的传染源。本病可通过直接接触和空气、精液传播，主要经伤口、呼吸道感染，还可经消化道感染，新生仔猪常经脐带感染。本病一年四季均可发生，但以 4 ~ 11 月多发。饲养管理不善，防疫消毒制度不健全，饲养密度过大等是本病的诱因，集约化养猪场易流行，尤其是通风不良、闷热、低矮的猪舍更易发生。本病为地方性流行，在新疫区呈暴发性发生，多数为急性败血型，在短期内波及全群，发病率和病死率甚高。慢性型呈散发性。

2. 临床症状 以怀孕的母猪和仔猪表现的临床症状较为典型。在流行初期常为最急性型，不见明显症状就很快死亡。病程稍长的病猪体温升高至 40 ~ 42 ℃，全身症状明显。食欲废绝，眼结膜潮红，流泪，便秘或腹泻，在耳、腹下及四肢末端出现紫斑。有浆液性或黏液性鼻液或流鼻血，继而出现神经症状，四肢共济失调，部分病猪出现关节炎，一肢或几肢关节肿胀，跛行或不能站立。后期呼吸困难，1 ~ 4 d 内死亡。（图 9.1.1、图 9.1.2）

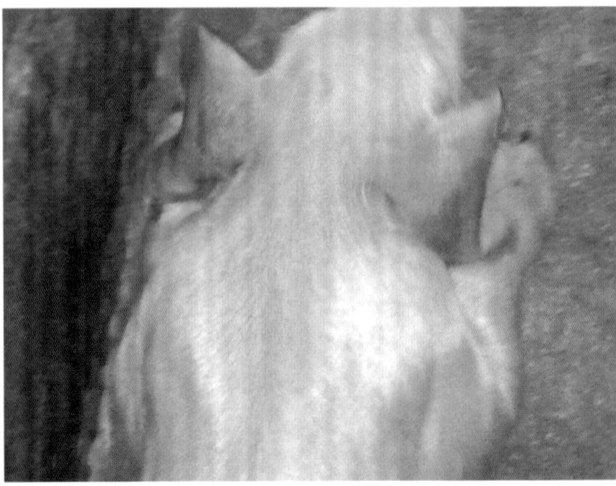

图 9.1.1　耳、四肢末端出现紫斑

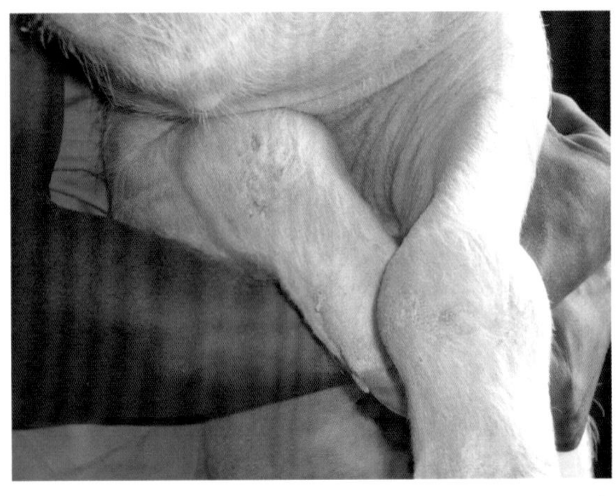
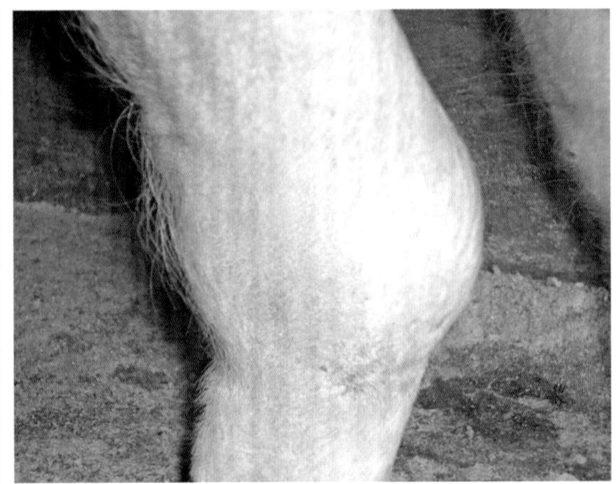

图 9.1.2　多发性关节炎
（本组照片由韩建强提供）

3. 病理变化　以出血性败血症病变和浆膜炎为主，血液凝固不良，耳、腹下及四肢末端皮肤有紫斑，黏膜、浆膜、皮下出血，鼻腔黏膜紫红色，充血及出血，喉头、气管黏膜出血，常见大量泡沫，肺充血肿胀或间质性肺炎，全身淋巴结有不同程度的充血、出血、肿大，有的切面坏死或化脓。黏膜、浆膜及皮下均有出血斑。心包及胸腹腔积液，混浊，含有絮状纤维素性渗出，附着于脏器，与脏器相连，脾肿大。脑膜充血、出血，严重者溢血，部分脑膜下有积液。脑切面有出血点，并伴有败血型病变。关节皮下有纤维素性脓性渗出物，关节滑膜面粗糙。（图 9.1.3、图 9.1.4）

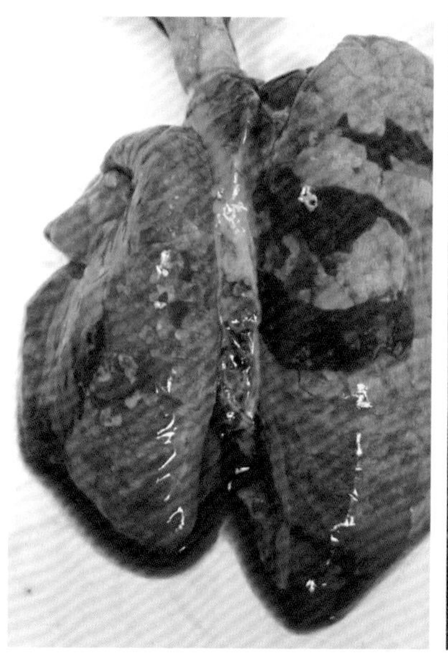

图 9.1.3　鼻腔黏膜紫红色，充血及出血，肺充血肿胀（韩建强供图）

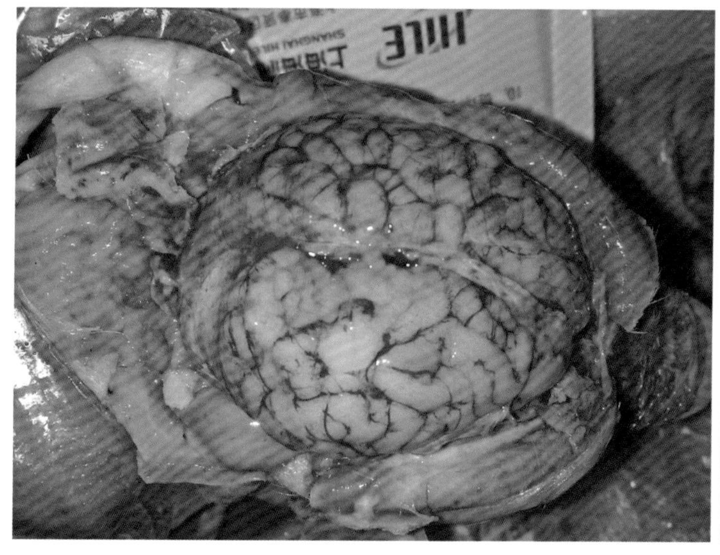
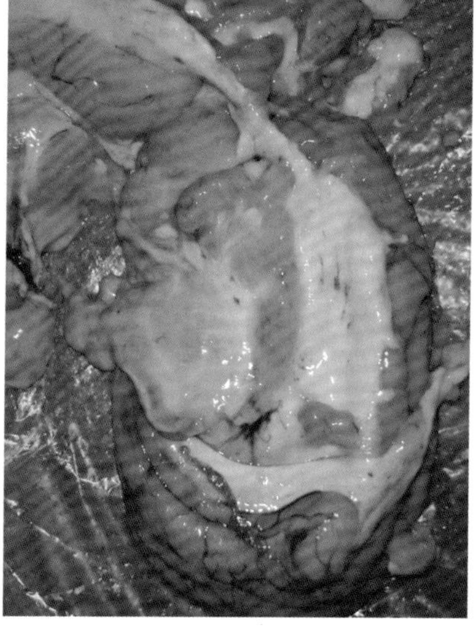

图 9.1.4　脑膜充血及出血，脑切面有出血点（赵津供图）

二、实验室诊断

1. 镜检　取病猪的血液、肝、脾、肺、淋巴结、脑、关节囊液和胸腹腔积液等作涂片，染色镜检，如发现单个、双个或呈短链排列的革兰氏阳性球菌，即可确诊。

2. 分离培养　取上述病料接种于血琼脂平板培养基上，37 ℃培养 24 ~ 48 h，可见 β 溶血的细小菌落，取单个的纯菌落进行生化试验和生长特性鉴定。选取菌落抹片、染色、镜检亦见上述相同细菌。

3. 动物接种　将病料制成 5 ~ 10 倍乳剂，给家兔皮下或腹腔注射 1 ~ 2 mL，或小鼠皮下注射 0.2 ~ 0.5 mL，接种动物死亡后，从心血、脾脏抹片或分离培养，进一步确诊。

4. RT-PCR 检测 可检出猪繁殖与呼吸综合征病毒特异性基因或序列。

三、防治措施

加强管理，注意平时的卫生消毒工作，将病猪隔离，严格消毒。病猪治疗可用大剂量青霉素和链霉素混合肌内注射，连用 3 ~ 5 d。氨苄西林、先锋Ⅳ、先锋Ⅴ、先锋Ⅵ，小诺米星和磺胺嘧啶、磺胺六甲氧嘧啶、磺胺五甲氧嘧啶在早期治疗时有一定的疗效。免疫预防可用灭活疫苗或弱毒冻干苗注射，免疫期为 6 个月；接种弱毒冻干苗前后数天饲料内不能添加任何抗菌药物；接种猪繁殖与呼吸综合征疫苗，效果最佳。

第二节 猪圆环病毒混合副猪嗜血杆菌感染

猪圆环病毒分为两型，即 PCV-1 和 PCV-2。其中普遍认为 PCV-1 无致病性，PCV-2 可引起断奶仔猪多系统衰竭综合征、猪皮炎和肾病综合征、断奶猪和育肥猪的呼吸道病综合征以及仔猪的先天性震颤等疾病。副猪嗜血杆菌属革兰氏阴性短小杆菌，有 15 个以上的血清型，其中以血清型 5、4、13 最为常见，常引起青年猪群多发性纤维性浆膜炎和关节炎。近年来，猪群感染 PVC-2 型后，常伴有副猪嗜血杆菌混合感染，感染率高达 20% ~ 30 %，甚至更高。

一、现场诊断

1. 流行病学 30 ~ 70日龄仔猪常发，出现呼吸道症状。无明显季节性，一年四季均可发生，在气候变化较快的季节常发，转群、长途运输等应激诱因，常导致疾病发生。成年猪多呈隐性感染。

2. 临床症状 表现为消瘦、贫血、皮肤苍白、黄疸、呼吸困难、腹泻、咳嗽、精神萎靡、被毛凌乱，耳朵、体表发紫，关节肿大，跛行，神经症状，四肢呈划水样，腹泻等（图 9.2.1）。

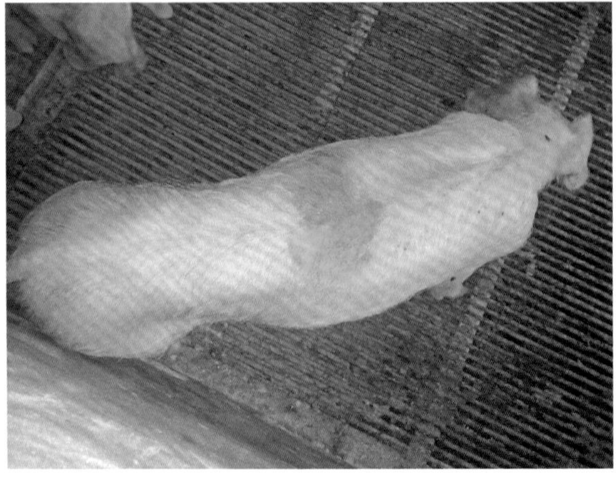

图 9.2.1 耳朵发紫、消瘦、被毛凌乱（赵津供图）

3. 病理变化　猪圆环病毒常引起猪体免疫器官受损，使其对各种疫苗免疫失败，从而造成外源性病原微生物的侵袭，进而诱发多种疾病的继发、混合感染，以致猪体病情恶化。混合感染病理变化表现为心包积液，心肌纤维素性渗出（绒毛心）；肺脏肿大、出血或充血，有时表面有纤维素性渗出，支气管有黏液性渗出；脾脏肿大，边缘出血；肾脏水肿，呈土黄色，有白色坏死灶；肠系膜淋巴结水肿，肠道内有稀液充盈，胸腔、腹腔内充满黄色液体；腹股沟淋巴结水肿或出血；关节有黄色清亮积液（图 9.2.2 ~ 图 9.2.5）。

图 9.2.2　肾脏水肿，呈土黄色（赵津供图）

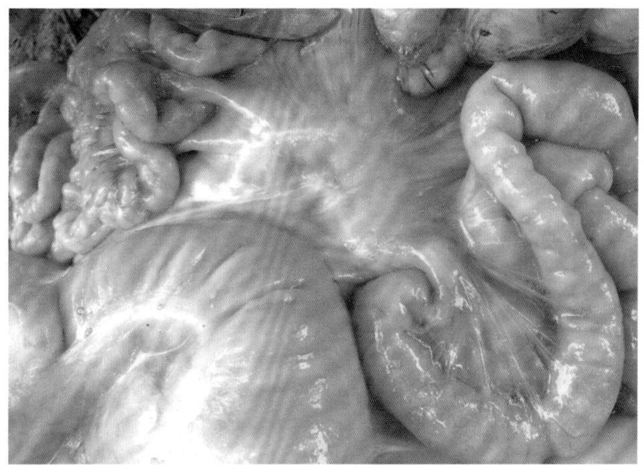

图 9.2.3　腹股沟淋巴结肿大（左），肠系膜淋巴结肿大（右）（韩建强供图）

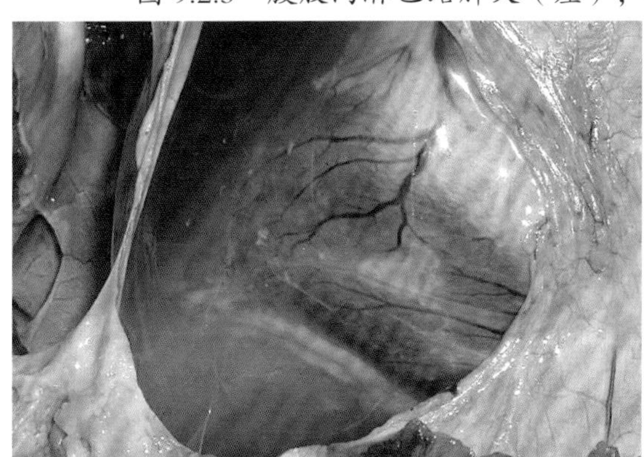
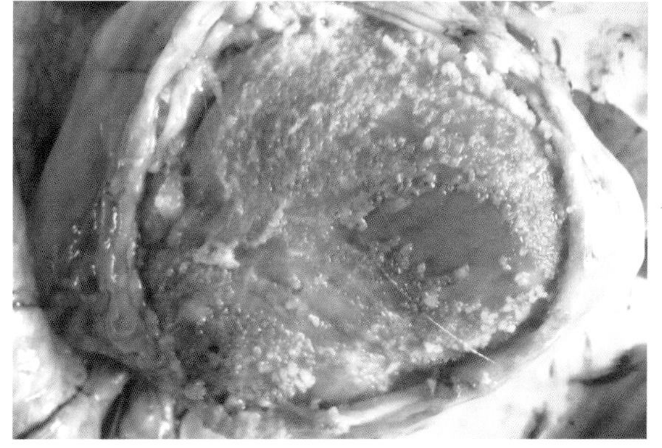

图 9.2.4　心包积液，心肌纤维素性渗出，出现“绒毛心”（赵津供图）

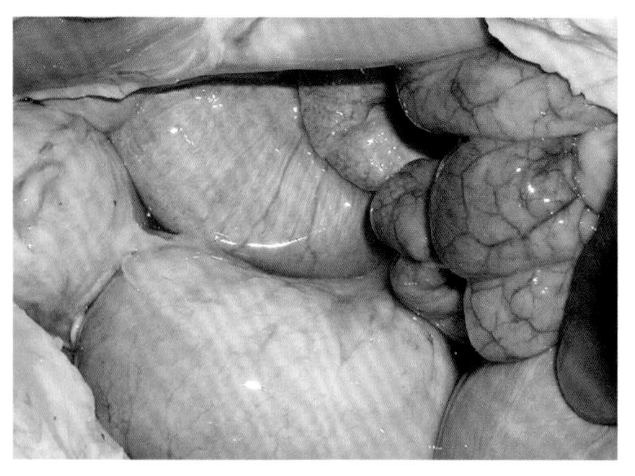

图 9.2.5 胸腔积液、纤维素性渗出，腹腔内充满黄色液体（韩建强供图）

二、实验室诊断

1. 分离培养 无菌取患病猪体的关节液、心包积液或肺脏支气管分泌物，接种于胰蛋白胨大豆琼脂（TSA）培养基上，置于37 ℃、5% CO_2培养箱培养24 h以上。挑取圆形、光滑湿润、灰白色透明的菌落镜检。挑取典型菌落进行V因子试验，观察发现其围绕金黄色葡萄球菌周围生长良好，形成“卫星”现象。

2. 镜检 挑取典型菌落进行镜检，均为革兰氏阴性菌，细小，呈杆状，液体培养基培养时呈丝状。

3. PCR 检测 可检出 PCV-2 特异性基因或核苷酸序列。

三、防治措施

防治原则是加强饲养管理。发现病猪或疑似病猪，应立即隔离并对全场消毒。重点做好猪圆环病毒疫苗免疫，可通过药敏试验选择出对副猪嗜血杆菌敏感的药物，防止继发感染。

第三节 猪瘟混合猪肺炎支原体感染

猪瘟混合猪肺炎支原体感染情况较多见，可感染各种年龄的猪只，一年四季流行，发病率和死亡率均很高，危害极大。

一、现场诊断

1. 流行病学 各品种的猪都可能感染，而且与猪的年龄、性别等无关。猪群受传染后，先一头或几头发病并呈急性死亡，以后病猪不断增加，1 ~ 3 周达流行高峰，呈急性经过，继而走向低潮，发病逐渐减少并呈慢性经过，经 3 个月左右流行终止。猪瘟混合支原体感染无明显的季节性，但寒冷、多雨、潮湿或气候骤变时较为多见。新疫区多呈暴发性流行，病势剧烈，传染迅速，发病率和死亡率都比较高，且多为急性经过，而老疫区多为慢性经过。

2. 临床症状　体温时高时低，病猪食欲减退，精神沉郁，消瘦，贫血，便秘与腹泻交替，明显干咳和频咳，伴有呼吸困难，在早晨喂饲和剧烈运动后咳嗽特别严重，一般病猪咳嗽 1～3 周，或无限期地咳嗽，耳、腹下、四肢、会阴等皮肤可见陈旧性出血点，或新旧交替出血点，持续时间约为 3 周。病猪行走摇晃，后躯无力，站立困难，以死亡转归。

3. 病理变化　喉和会厌软骨黏膜常有出血点，扁桃体常见有出血或坏死。心外膜、冠状沟和两侧沟及心内膜均见有出血斑点，数量和分布不均。可见肺严重水肿、充血或出血，肺心叶、尖叶及膈叶发生对称性的肉样性变化（图 9.3.1），支气管内有带泡沫的渗出物。淋巴结变化出现最早，呈明显肿胀，外观颜色从深红色到紫红色，切面呈红白相间的大理石样，特别是颌下、咽背、腹股沟、支气管、肠系膜等处的淋巴结较明显。脾脏不肿胀，边缘常可见到紫黑色突起（出血性梗死），有时很多的梗死灶连接成带状，一个脾出现几个或十几个梗死灶，检出率为 30%～40%。肾脏表面点状出血非常普遍，量少时呈散在出血点，多时则布满整个肾脏表面，宛如麻雀蛋模样，出血点颜色较暗（图 9.3.2）。切面肾皮质和髓质均只有点状和绒毛状出血，肾乳头、肾盂常严重出血。胃底部黏膜可见出血溃疡灶，大肠和直肠黏膜随病程进度发展为淋巴滤泡溃疡，也常见有大量出血点，膀胱出血。

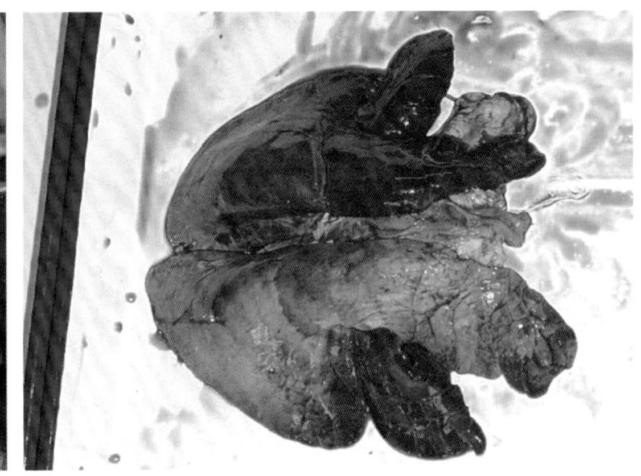

图 9.3.1　肺脏尖叶和心叶对称肉样变化（左），肺脏点状出血（右）

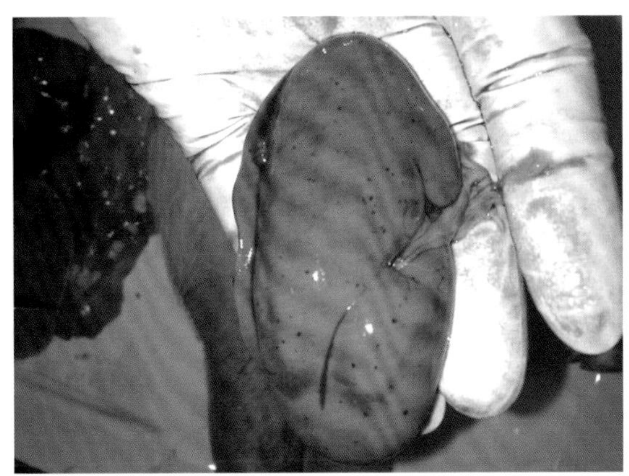

图 9.3.2　肾脏点状出血

（本组照片由韩建强提供）

二、实验室诊断

混合感染，特别是非典型猪瘟的出现，给诊断增加了许多困难。诊断时要调查各方面的情况，仔细观察临床症状及病理变化，应在现场多剖检几例，综合多数病猪剖检结果，以便观察猪瘟病变的全貌，进而做出初诊，确诊需要进行实验室综合诊断。实验室检验有血液学检查、细菌学检查、病毒学诊断、酶联免疫吸附试验、猪接种试验、兔体相互免疫试验、免疫荧光试验、PCR 检测。大型猪场发生猪瘟时，早期诊断意义重大。

三、防治措施

根据猪瘟免疫监测结果来设计科学合理的猪瘟免疫程序，并进行严格的预防接种；对支原体混合感染常用泰妙菌素、泰乐菌素、硫酸卡那霉素、林可霉素、土霉素碱油剂和金霉素等药物，大剂量连续用药5 ~ 7 d，有较好的治疗效果。

第四节　猪繁殖与呼吸综合征混合猪圆环病毒感染

猪圆环病毒病和猪繁殖与呼吸综合征是近几年在我国迅速流行扩散的一种猪混合感染性传染病，也在世界范围内流行。该病以母猪怀孕晚期流产，产死胎和弱胎明显增加，母猪再发情推迟等繁殖障碍以及仔猪出生率降低，断奶仔猪死亡率高，仔猪呼吸道症状以及慢性消耗性疾病为特征。

一、现场诊断

1. 流行病学　本病主要是通过直接接触、空气和精液传播。本病无季节性，一年四季均可发生。饲养管理不善，防疫消毒制度不健全，饲养密度过大等是本病的诱因。一般发病集中于断奶后 2 ~ 3 周和 5 ~ 8 周龄的仔猪，但在实行早期隔离断奶的猪场，10 ~ 14 日龄断奶仔猪也见有该病的发生。应激条件可加重病情。发病率和死亡率不定，例如呈地方性流行时发病率和死亡率均较低，但急性暴发时，发病率可达 50%，病死率达 20%。

2. 临床症状　临床上明显的症状是体温升高，仔猪消瘦，贫血，被毛凌乱，体重减轻，呼吸困难，耳朵、体表、四肢内侧皮肤发紫，有时有出血点（图 9.4.1、图 9.4.2）。可能出现的其他症状有水样腹泻、进行性咳嗽和中枢神经系统障碍。

3. 病理变化　淋巴结肿大 4 ~ 5 倍，切面发白，外周边缘出血，腹股沟、胃肠系膜、支气管等器官或组织的淋巴结尤为突出；肺质地坚实如橡皮状，间质性肺炎，偶有出血点（图 9.4.3）；肾苍白，散有白色坏死灶，肿大，呈花斑状（图 9.4.4）；脾脏肿胀明显；在胃靠近食道的区域常形成大片溃疡。

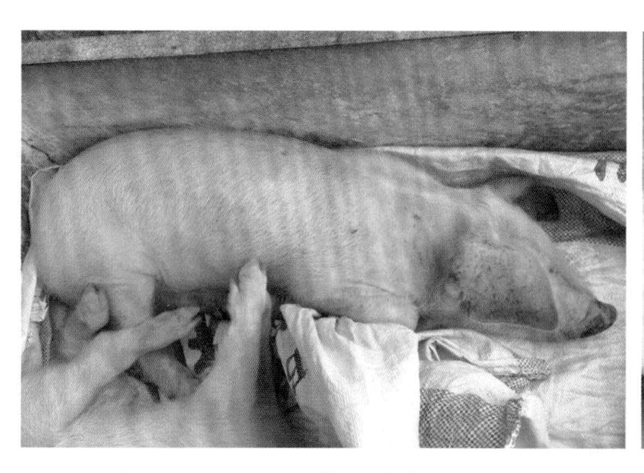

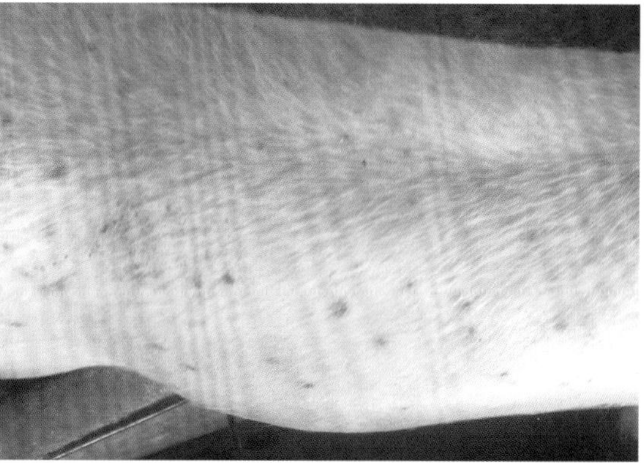

图 9.4.1　耳朵、鼻尖发紫，被毛粗乱（左），皮肤豆粒大出血（右）（赵津供图）

图 9.4.2　消瘦，被毛凌乱（赵津供图）

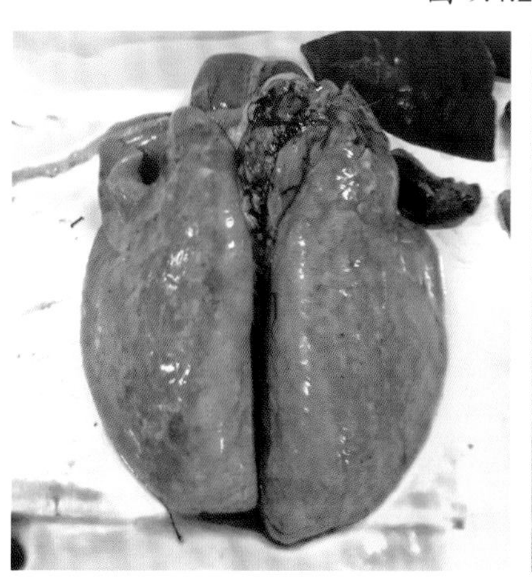

图 9.4.3　肺脏呈现花斑状或因贫血而苍白（左），间质性肺炎（右）（赵津供图）

图 9.4.4　肾苍白，散有白色病灶或肿大（韩建强供图）

二、实验室诊断

根据本病主要发生于断奶仔猪，表现消瘦、衰竭、呼吸困难以及淋巴结、肺、肾的特征性肉眼病变等症状，做出初步判断，确诊需要进行实验室诊断，可用 RT-PCR 和 PCR 检测病毒特异 RNA 和 DNA 的方法来确诊。

三、防治措施

根据猪场实际情况，结合实验室诊断，做好猪繁殖与呼吸综合征和圆环病毒疫苗的免疫接种工作。

第十章　食源性人畜共患病鉴别与防治

第一节　猪旋毛虫病

猪旋毛虫病是重要的人畜共患寄生虫病，是由旋毛虫成虫寄生于猪的小肠，幼虫寄生于横纹肌所引起的。人若摄食了生的或未煮熟的含旋毛虫包囊的猪肉可感染致病甚至死亡，因此对该病的防控具有公共卫生的意义，是肉品卫生寄生虫检验中首要的检验项目。

一、现场诊断

1. 流行病学　旋毛虫为多宿主寄生虫，存在着广泛的自然疫源，目前已知有100多种哺乳动物可以感染，其中以肉食兽、杂食兽、啮齿类等动物最常见。我国猪感染旋毛虫的主要途径是食入未经煮沸的洗肉泔水、废弃碎肉渣及副产品，其次是吃到鼠尸、昆虫和其他动物中的旋毛虫包囊而感染，放养猪易受感染。人是由于吃了未煮熟的有旋毛虫包囊的猪肉、狗肉、熊肉、羊肉及野生动物肉等受感染。旋毛虫病的流行有较强的地域性，多集中分布于某些地区，同一个乡的各村之间有从无感染到严重感染的差异，有疫源点内恶性循环和随着疫源的流动而向外散播的趋势。

2. 临床症状　自然感染的猪一般不显症状而带虫，可能会出现轻微肠炎。严重感染的猪，主要症状是体温升高，腹泻，疝痛，瘙痒；有时呕吐，食欲减退，迅速消瘦，半个月左右即死亡，或者转为慢性。由于幼虫进入肌肉，引起肌肉急性发炎、疼痛和发热，患猪有时卧地不起，声音嘶哑，牙关紧闭，吞咽困难，四肢水肿而死亡，或耐过成为长期带虫者。

3. 病理变化　幼虫侵入肌肉时，肌肉急性发炎，表现为心肌细胞变性，组织充血和出血。后期肌肉采样做活组织检查或死后肌肉检查，发现切面上有针尖大小的白色结节，显微镜检查可以发现虫体包囊，包囊内有弯曲成折刀形的幼虫，外围有结缔组织形成的包囊。成虫侵入小肠上皮时，引起肠黏膜发炎，表现为黏膜肥厚、水肿，黏膜有出血斑，偶见溃疡。

二、实验室诊断

1. 寄生虫病原学检查　主要靠肌肉压片检查，从猪的左右膈肌脚切成小块肉样，撕去肌膜与脂肪，先肉眼观察有无可疑的旋毛虫病灶；未钙化的包囊呈露滴状，半透明，细针尖大小，较肌肉的色泽浅。然后从肉样的不同部位剪取24个小肉粒（麦粒大小），压片镜检或用旋毛虫投影器检查。如果发现有旋毛虫包囊及虫体，即诊断为阳性（图10.1.1）。此外还有消化法及动物接种法等。

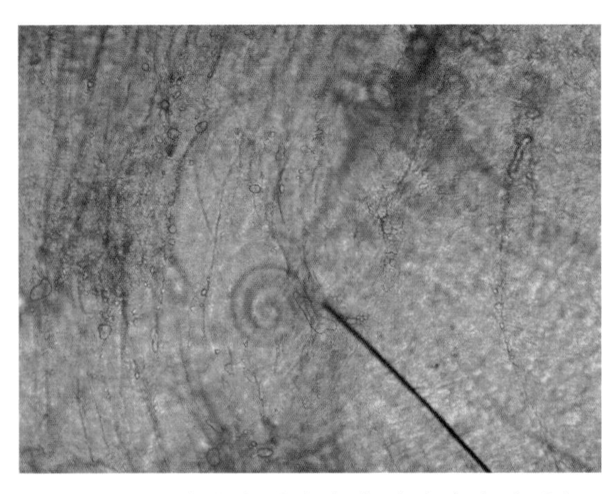

图 10.1.1　旋毛虫幼虫包囊（林瑞庆供图）

2. 免疫学检查

（1）间接红细胞凝集试验：动物感染后 6 ~ 15 d 出现血清抗体阳性，阳性检出率可达 96%，具有较高的敏感性和特异性。

（2）间接荧光抗体试验：对人工感染旋毛虫的猪血清，阳性符合率达 98.7%，与已知阴性血清无假阳性反应，与弓形虫、猪囊虫感染的猪血清无交叉反应，对轻度感染有一定诊断价值。

（3）酶联免疫吸附试验（ELISA）：广泛用于商品猪的检测，成本低，简便快速，敏感性和特异性均较强，感染后 7 d 能测出相应的血清抗体。

3. 其他检查方法　皮内试验、环蚴沉淀试验、补体结合试验、放射免疫测定、对流免疫电泳、琼脂双扩散试验等，均可用于旋毛虫病的诊断。

三、防治措施

加强兽医公共卫生和饲养管理，动物尸体焚烧或深埋。养猪者应该禁止用洗肉水喂猪，定期检查、驱虫，并注意个人卫生；猪舍、猪场应尽量消灭老鼠，防止猪吞食死亡的老鼠等动物尸体，以减少感染和传播的机会。预防该病的关键在于提高公民的卫生安全意识，改变吃生肉的习惯。卫生检疫部门应加强检疫，一旦发现病猪、病肉，严格按照《中华人民共和国食品卫生检疫法》和《动物检疫管理办法》进行处理。各种苯并咪唑类药物对旋毛虫成虫、幼虫均有良好作用，也可使用阿苯达唑、甲苯达唑等进行治疗。

第二节　猪囊尾蚴病

猪囊尾蚴病又称猪囊虫病，是猪带绦虫的幼虫猪囊尾蚴寄生于猪心肌、全身各处的横纹肌和脑等器官引起的寄生虫病。成虫猪带绦虫寄生于人小肠，又称有钩绦虫。该病呈世界性分布，多见于南亚与中南美洲等地，是重要的人畜共患病之一，也是肉品卫生检验的重要项目。我国的大多数省区均有发生，尤以北方地区较为严重。

一、现场诊断

1. 流行病学　猪囊虫病的发生、流行与粪便管理以及猪的饲养方式密切相关。猪囊尾蚴是猪与人之间循环感染的一种人畜共患寄生虫病。猪囊尾蚴唯一的感染源是有钩绦虫患者，他们排出孕节和虫卵，可持续达 20 年。有些地方养猪采用散养，同时在一些偏僻农村的人群有野外大便的情况，粪便不经发酵直接施肥或使用连茅圈，这些情况为本病传播创造了极为有利的条件。本病多为散发，但也有些地区呈地方性流行。人的感染主要与吃生猪肉，或烹调时间过短、蒸煮时间不够等有关，偶尔情况下人也可发生内源性感染。此外人还可作为中间宿主，发生致命性感染。

2. 临床症状　患猪多呈现慢性消耗性疾病的一般症状，常表现为营养不良，生长发育受阻，被毛长而粗乱，贫血，可视黏膜苍白，且呈现轻度水肿。外观舌底、舌的边缘和舌的系带部可出现突出的白色囊泡；猪的眼睑可见眼结膜充血，并有分布不均的米粒状白色透明的隆起物；由于病猪不同部位的肌肉水肿，可出现腮部发达、前膀宽、胸部发达而后躯相应较狭窄的外观，即呈现雄狮状，前后观察患猪表现明显的不对称；睡觉时其咬肌和肩胛肌皮肤常表现有节奏性的颤动，患猪熟睡后常打呼噜，且以深夜或清晨表现得最为明显。

3. 病理变化　视虫体寄生部位而不同，在骨骼肌、心、肝、脾、肺、脑、眼乃至于淋巴结、脂肪等处可见黄豆粒大小的乳白色囊尾蚴。严重感染的病猪，肌肉呈苍白色并有水肿。初期囊尾蚴外周有细胞浸润，继之发生纤维变性，最后囊虫死亡并发生钙化。

二、实验室诊断

1. 寄生虫病原学检查　生前诊断比较困难，可以检查患猪眼睑和舌部，查看有无因猪囊虫引起的豆状肿胀。触摸到舌根和舌的腹面有稍硬的豆状疙瘩时，可作为生前诊断的依据。宰后检验咬肌、腰肌及心肌，检查是否有乳白色、米粒样的椭圆形或圆形的猪囊虫（图 10.2.1、图 10.2.2），以肩胛外侧肌检出率最高。钙化后的囊虫，包囊中呈现有大小不一的黄色颗粒。现行的肉眼检查法，其检出率仅有 50% ~ 60%，轻度感染时常发生漏检。

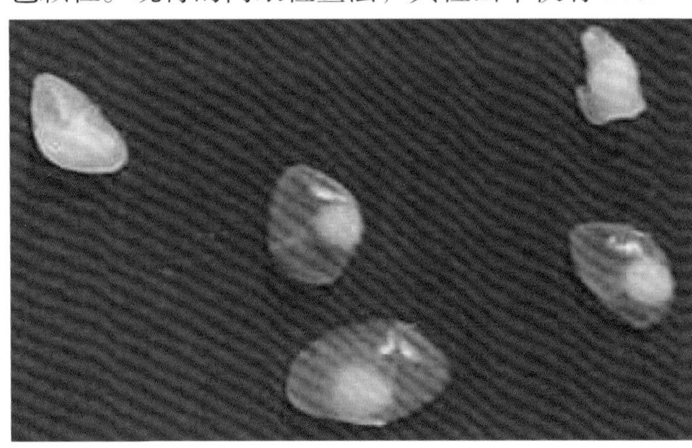

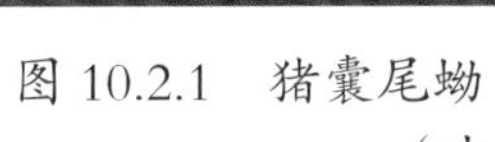
图 10.2.1　猪囊尾蚴

图 10.2.2　寄生于肌肉的猪囊尾蚴

（本组图片由林瑞庆提供）

2. 免疫学检查 可采用间接血凝试验、间接荧光抗体技术、酶联免疫吸附试验和皮内反应试验等免疫诊断法进行诊断。近年来，又出现了胶体金免疫层析、斑点金免疫渗滤、滴金免疫测定法等技术的应用报道，可以根据实际情况选择性使用。

三、防治措施

应采取综合性防治措施，大力开展驱除人绦虫、消灭猪囊虫的“驱绦灭囊”的防治工作。取消连圈厕所，管好厕所，管好猪。加强科普宣传。查治有钩绦虫患者，治疗猪囊尾蚴病可用吡喹酮或阿苯达唑等药物。

食品部门肉检卫生人员和乡村兽医要加强肉品卫生检验，大力推广定点屠宰，集中检疫，防止囊虫病猪肉进入市场销售，是控制该病的重要措施。

众多学者已研究了天然蛋白疫苗、重组蛋白苗合成肽疫苗和核酸疫苗等不同种类的囊尾蚴病疫苗，新研制的猪囊尾蚴基因重组苗减虫率和保护率可分别达到99.2%和55.5%。猪囊尾蚴细胞苗的研究也已获得成功，不久的将来有望通过疫苗接种方法来预防本病。

第三部分

猪场环境控制及废弃污染物处理

第十一章　猪场环境控制

近二十多年尤其是近十年来，我国规模化猪场发展迅速，养猪不再是家庭副业，它已成为从业者的职业和主要经济来源。提供适宜的养猪环境，让猪的生产潜能得到充分发挥，进而提高经济效益，已成为养猪业者追求的目标。在我国养猪业迅速规模化的同时，种植业的规模化未能跟上养猪业规模化的步伐，使猪场废弃物难以就地消纳利用，如不进行适当的处理则很容易对环境造成污染，《畜禽规模养殖污染防治条例》已于 2014 年 1 月 1 日起施行，废弃物的处理已成为猪场能否生存的限制性因素。

第一节　猪舍环境参数

建设猪舍的目的是为猪群提供符合其生理阶段需求的适宜的生存环境，避免猪群生产潜能受到酷暑、严寒、风吹、日晒、雨淋等恶劣天气的不利影响。适宜的猪舍内环境主要通过猪舍屋顶、天花板、墙壁等的建筑设计以及降温、保暖、通风、光照、粪便清除等设施设备的运行来实现，其中基于舍内温度的通风换气是猪舍内环境控制的关键。机械通风一方面通过空气流动形成的风速和舍温为猪提供舒适的体感温度，另一方面可将舍内的有害气体、粉尘和病原微生物排到舍外，减少猪群感染疾病尤其是呼吸道疾病的机会。不同生理阶段的猪对环境的要求不同，猪各生理阶段对环境的要求见表 11.1.1。

表 11.1.1　猪各生理阶段的适宜环境参数

猪类型	新生仔猪	3 周龄仔猪	5~14 kg 保育仔猪	14~23 kg 保育仔猪	23~34 kg 仔猪	34~82 kg 中猪	82 kg 至成年猪
最适温度 /℃	35	28	28	24	18	16	16
适宜温度 /℃	32 ~ 38	24 ~ 30	24 ~ 30	21 ~ 27	16 ~ 21	13 ~ 21	10 ~ 21
相对湿度 /%	50 ~ 70	50 ~ 70	50 ~ 70	50 ~ 70	50 ~ 70	50 ~ 70	50 ~ 70
氨气最高浓度 /$\times 10^{-6}$	10	10	10	10	10	10	10

续表

猪类型	新生仔猪	3 周龄仔猪	5~14 kg 保育仔猪	14~23 kg 保育仔猪	23~34 kg 仔猪	34~82 kg 中猪	82 kg 至成年猪
硫化氢最高浓度 / $\times 10^{-6}$	2	2	2	2	2	2	2
甲烷最高浓度 / $\times 10^{-6}$	1 000	1 000	1 000	1 000	1 000	1 000	1 000
二氧化碳最高浓度 / $\times 10^{-6}$	3 000	3 000	3 000	3 000	3 000	3 000	3 000
寒冷气温通风率 /(m^3/h)			2.5 ~ 3.4	3.4 ~ 5.1	3.4 ~ 5.1	10 ~ 17	17 ~ 34
温和气温通风率 /(m^3/h)			17	25	25	41 ~ 60	60 ~ 110
炎热气温通风率 /(m^3/h)			43	68	68	128 ~ 204	204 ~ 850
最大风速 / (m/s)	0.2	0.2	0.2	0.2	2.5	2.5	2.5

第二节　公猪舍的环境控制

种公猪对高温环境敏感，舍温超过 26 ℃就会影响公猪的精液质量，超过 29 ℃就会对公猪的繁殖能力造成严重影响。因此，公猪舍的降温措施就显得尤为重要，一般采用水帘负压通风的降温措施进行降温。

公猪舍一般为双列式单通道或双列式三通道，在公猪单头饲养于 7 m^2 左右大栏的情况下，采用双列式单通道比较常见；在公猪限位栏（2.5 m × 0.7 m）饲养的情况下采用双列式三通道。公猪栏地面一般采用部分漏缝的水泥地面。公猪舍一般设置 1 ~ 2 个采精栏，采精栏设置在靠近水帘的位置并紧靠精液分析室，以方便操作和减少猪舍粉尘等对精液的污染。公猪舍宜用白色有隔热层的彩钢瓦并吊装天花板，天花板高度在 2.4 m 左右有利于降温和机械通风。

公猪舍的机械通风：舍温21.5 ℃以下时每头公猪的通风率设计为34 m^3/h，21.5 ℃时设计为78 m^3/h，23 ℃时为156 m^3/h，24 ℃时为312 m^3/h，25 ℃时为600 m^3/h，26 ℃时为850 m^3/h，27 ℃及以上时开启水帘降温，在26 ℃时的舍内风速达到1.5 m/s左右。水帘面积按1 000 m^3/h通风率需15 cm厚度的水帘0.14 m^2以上计算，以控制通过水帘的空气流速不超过 2 m/s，水帘宜装在猪舍的东墙上。猪舍的进风口宜设置在猪舍天花板上。舍温在26 ℃以下时，进风口的风速控制在4 ~ 5 m/s。当舍温达到26 ℃时，关闭天花板进风口，用水帘作为进风口，但不开启水泵，进行水循环降温的隧道式通风。在机械通风情况下，猪舍围栏应为通透的栏栅，不能是密不透风的实墙；否则，机械通风达不到应有的效果。

公猪舍的光照强度为 110 ~ 150 lx 时，相当于 10 ~ 14 m^2 装一支 40 W 日光灯的光照强度，光照时间为 14 h 左右。

第三节　配种怀孕舍的环境控制

热应激会降低母猪的繁殖性能，舍温超过 26 ℃就会造成母猪的热应激，饲养母猪的配种怀孕舍一般采用水帘负压通风的降温措施来进行降温。

配种怀孕舍一般设计为双列式或多列式，待配母猪群养于大栏中，怀孕母猪饲养于定位栏中。母猪栏地面一般采用部分漏缝的水泥地面。配种怀孕舍宜用白色有隔热层的彩钢瓦并吊装天花板，天花板高度在 2.4 m 左右，有利于降温和机械通风。

配种怀孕舍的机械通风：舍温 21.5 ℃及以下时每头母猪的通风率设计为 34 m^3/h，21.5℃时为 78 m^3/h，23 ℃时为 156 m^3/h，24 ℃时为 250 m^3/h，25 ℃时为 350 m^3/h，26 ℃时为 500 m^3/h，27 ℃及以上时开启水帘降温，在 26 ℃时的舍内风速达到 1.5 m/s 左右。水帘面积按 1 000 m^3/h 通风率需 15 cm 厚度的水帘 0.14 m^2 以上计算，以控制通过水帘的空气流速不超过 2 m/s，水帘宜装在猪舍的东墙上。舍温 25 ℃以下时，猪舍的进风口宜设置在猪舍天花板上，进风口的风速控制在 4 ~ 5 m/s。当舍温达到 26 ℃时，关闭天花板进风口，用水帘作为进风口，但不开启水泵，进行水循环降温的隧道式通风。在机械通风情况下，猪栏围栏应为通透的栏栅，不能是密不透风的实墙；否则，机械通风达不到应有的效果。

配种怀孕舍的光照强度同公猪舍的光照强度。

第四节　分娩舍的环境控制

分娩舍是猪场承上启下的关键环节，既饲养泌乳母猪又饲养哺乳仔猪，二者对环境温度和风速的要求相差巨大，容易顾此失彼，满足二者对环境要求的办法就是创造分别适合哺乳仔猪和泌乳母猪的局部环境。

分娩舍一般按“全进全出”的工艺设计，一栋分娩舍分成多个相对独立的单元，同一单元内的母猪为一周内分娩的母猪，单元之间以宽 1.4 m 左右的外置走廊相连。分娩舍为双列式或多列式布置，分娩栏为全漏缝地面。分娩舍宜用白色有隔热层的彩钢瓦并吊装天花板，天花板高度在 2.4 m 左右，以利于降温和机械通风。

在南方地区，炎热的夏季舍外相对湿度往往在75%以上，水帘降温的幅度只能达到4 ~ 5℃，此时舍温常在30 ℃左右。30 ℃左右的舍温足以引起泌乳母猪严重的热应激，母猪的采食量和泌乳量大幅减少，哺乳仔猪的成活率和生长速度大幅降低，母猪泌乳期失重严重。为消除母猪的热应激，需加大通过母猪身体的风速，使风速达到1.5 ~ 2.0 m/s；如果整个分娩舍的风速达到1.5 ~ 2.0 m/s时，哺乳仔猪就无法适应，所以只能用风管将被水帘冷却到30 ℃左右的空气直吹到母猪身体上，而整个分娩舍的风速控制在0.2 m/s左右，从而达到创造分别适合哺乳仔猪和泌乳母猪的局部环境的目的。因此，在炎热的夏季，南方地区分娩舍采用正压水帘降温设施往往比负压水帘降温的效果好。

在北方地区，炎热季节舍外相对湿度较低，水帘降温的幅度往往能达到 7 ~ 10 ℃，基本能满足母猪对温度的要求。分娩舍可以采用水帘负压降温措施进行降温，需注意的是通过仔猪身体的风速需控制在 0.2 m/s 左右，1 h 内舍内温度变化幅度控制在 2 ℃以内。分娩舍一般装 4 挡风机：第 1 挡风机、第 2 挡风机为变频风机，最大通风率分别为每头母猪 60 m^3/h 和 90 m^3/h；第 3 挡风机按每头母猪通风率 170 m^3/h；第 4 挡风机按每头母猪通风率 340 m^3/h。舍内温度 22 ℃以下时第 1 挡风机调至 60% 的额定功率，23 ~ 23.5 ℃时第 1 挡风机调至 100% 的额定功率，舍内温度达到 23.5 ℃时第 2 挡风机启动并调至 50% 的额定功率，24.5 ~ 25 ℃时第 2 挡风机调至 100% 额定功率，舍内温度达到 25 ℃时第 3 挡风机启动，舍内温度达到 26 ℃时第 4 挡风机启动并开启水帘水泵进行水帘降温，此时每头母猪的通风率达到 660 m^3/h。第 1 挡风机作为地沟风机长期开启，将分娩栏下面地沟内的有害气体排到舍外。分娩舍水帘需安装在外走廊的外墙上，水帘面积按 1 000 m^3/h 通风率需 15 cm 厚度的水帘 0.14 m^2 以上计算，以控制通过水帘的空气流速不超过 2 m/s，在舍温 25 ℃及以下时猪舍的进风口宜设置在猪舍天花板上，进风口的风速控制在 4 ~ 5 m/s。南方地区，分娩舍舍温在 25 ℃及以下时，可参照以上负压通风设计；当舍温在 26 ℃及以上时，可用正压水帘通风降温，也可用负压通风的方法，用风管将在外走廊中经水帘降温后的冷却空气吸入并直接吹到母猪身体上。

分娩舍需设置仔猪采暖区，常用仔猪保温箱作为仔猪采暖区，由保温灯、电热板、热水循环等来提供热源。仔猪在采暖区睡觉时不打堆则说明温度适合，仔猪远离热源或远离采暖区睡觉则说明温度过高。

分娩舍的光照强度为 110 lx 时，约相当于 14 m^2 装一支 40 W 日光灯的光照强度，光照时间为 14 h。

第五节　保育舍的环境控制

保育舍一般采用“全进全出”工艺，其建筑设计和分娩舍相同。保育舍的设计着重在防寒保暖和通风换气，可以不设计水帘降温设施。

保育舍的通风换气设计：进风口装在外置走廊外壁上，进入舍内的空气都需经过外走廊，炎热的夏季由走廊一侧的墙壁进风口进风，其他时间由天花板进风口进风，舍内温度 1 h 内变动幅度不超过 2.1 ℃。设置 6 挡风机：第 1 挡、第 2 挡风机为变频风机，最大通风率分别为每头仔猪 5.4 m^3/h 和 11 m^3/h；第 3 挡每头仔猪通风率为 9 m^3/h；第 4 挡每头仔猪通风率为 9 m^3/h；第 5 挡每头仔猪通风率为 18 m^3/h；第 6 挡每头仔猪通风率为 18 m^3/h。舍内温度 28 ℃以下时第 1 挡风机调至 50% 的额定功率，29 ~ 29.5 ℃时第 1 挡风机调至 100% 的额定功率，舍内温度达到 29.5 ℃时第 2 挡风机同时启动并调至 50% 的额定功率，30.5 ℃时第 2 挡风机调至 100% 额定功率，舍内温度达到 31 ℃时第 3 挡风机启动并关闭天花板进风口，开启侧墙进风口，舍内温度达到 32 ℃时第 4 挡风机启动，舍内温度达到 33 ℃时第 5 挡风机启动，舍内温度达到 34 ℃时第 6 挡风机启动，此时每头仔猪的通风率达到 70.4 m^3/h。第 1 挡风机作为地沟风机长期开启，将保育栏下面地沟内的有害气体排到舍外。

保育舍需设置仔猪采暖区，由保温灯、电热板、热水循环等来提供热源。仔猪在采暖区睡觉时不打堆则说明温度适合，仔猪远离热源或远离采暖区睡觉则说明温度过高，仔猪在采暖区打堆睡觉则说明温度偏低。

保育舍的光照强度为 110 lx 时左右，约相当于 14 m^2 装一支 40 W 日光灯的光照强度，光照时间为 14 ~ 18 h。

第六节　生长育肥舍的环境控制

生长育肥舍现在一般采用“全进全出”工艺，其建筑工艺和分娩舍相同。

生长育肥舍的通风换气设计：进风口装在外置走廊外壁上，进入舍内的空气都需经过外走廊，炎热的夏季由走廊一侧的墙壁进风口进风，其他时间由天花板进风口进风，舍内温度 1 h 内变动幅度不超过 2.1 ℃。设置 6 挡风机：第 1 挡、第 2 挡为变频风机，最大通风率分别为每头猪 10 m^3/h 和 15 m^3/h；第 3 挡每头猪通风率为 15 m^3/h；第 4 挡每头猪通风率为 30 m^3/h；第 5 挡每头猪通风率为 60 m^3/h；第 6 挡每头猪通风率为 90 m^3/h。舍内温度 21 ℃以下时第 1 挡风机调至 70% 的额定功率，22 ~ 22.5 ℃时第 1 挡风机调至 100% 的额定功率，舍内温度达到 22.5 ℃时第 2 挡风机同时启动并发挥 50% 的额定功率，23.5 ℃时第 2 挡风机调至 100% 额定功率，舍内温度达到 24 ℃时第 3 挡风机同时启动，舍内温度达到 25 ℃时第 4 挡风机同时启动，舍内温度达到 26 ℃时第 5 挡风机启动并关闭天花板进风口，启动通过水帘进风但不开动水帘水泵的隧道式通风，当舍内温度达到 27 ℃时同时启动 6 挡风机并启动水帘水泵进行水帘降温，此时每头仔猪的通风率达到 220 m^3/h。第 1 挡风机作为地沟风机长期开启，将地沟内的有害气体排到舍外。

生长育肥舍的光照强度为 50 lx 左右时，约相当于 24 m^2 装一支 40 W 日光灯的光照强度，光照时间为 10 h 左右。

第十二章　病死动物及粪便无害化处理

近年来，随着我国养猪业的快速发展，不同养殖模式的出现，其集约化、规模化的程度也在不断提高。养殖规模的不断扩大，猪养殖密度的增加，给养猪业带来了巨大的经济效益。但随着猪养殖规模的扩大，猪粪便的生产量也不断增加，病死猪数量也不断增加，随之产生的大量的粪便、污水集中排放引起的环境污染问题也越来越严重。目前，大部分猪场缺乏经济有效的收集、处理、综合利用猪粪污的配套技术与设施，难以形成具有多环节链接和实现“粪便—沼气—肥料”综合效应的良性循环，使粪尿无法被有效消纳与降解。

尽管相关部门采取了一系列的措施，并且有效地控制了重大动物疫病的发病率，但在正常情况下养殖，猪也会有一定的死亡率，养殖规模扩大时，猪养殖密度和绝对数量的增加、疫病种类的增多，使疫病防控的难度越来越大，猪只死亡数量也必然会相应增加。而当遇到动物重大传染性疾病时，死亡率会更高。这些病原主要存在于发病猪及粪便等中，也大量存在于病死猪尸体中。因此，病死猪及粪污的无害化处理必然成为养殖户和地方政府的一大难题。

第一节　病死猪的无害化处理现状及其危害

一、病死猪的无害化处理现状

1. 养殖户法制意识淡薄，随意丢弃病死猪事件屡有发生　依据《中华人民共和国动物防疫法》《重大动物疫情应急条例》等相关法律法规以及防控重大动物疫病工作的有关要求，应采取深埋、焚烧等方法对病死猪进行无害化处理，不准宰杀、食用、出售和转移。然而，我国虽然对猪重大疫病实行强制免疫、消毒、隔离、封锁、扑灭、销毁并给予相关政策性补偿，但并未将农村散养户零星病死猪涵盖在内。鉴于病死猪的无害化处理需要较高成本，部分养猪户不愿向当地动物卫生监督部门报告并主动进行无害化处理。有的为了减少损失甚至逃避监管，将这些病死猪低价卖给不法商贩，流入市场或加工回流到餐桌；未经处理的病死猪，被随意抛弃在沟坡河流、田间地头等地方。其中最为让人震惊的是 2013 年 3 月发生在上海黄浦江松江水域大量漂浮死猪事件，共打捞死猪 13000 余头，引起了政府和相关部门的高度重视。

2. 病死猪无害化处理场所和设备缺乏　一些地方政府重视发展，忽视猪防疫管理，在防疫人才、设施设备、经费及制度等方面投入不够，在发生重大动物产品安全事故后才加以暂时性重视，滞后性显著。而伴随着新农村建设、城镇化程度的加快及家庭农场的实施，选择一个能够符合处理病死猪要求的场地较难，同时病死猪无害化处理又缺乏必需的设施、人员等，严重阻碍了病死猪无害化处理工作的开展。

3. 基层兽医人员力量有限，监管力度有待加强　做好病死猪无害化处理，重点在基层，而基层兽医人员力量不足，对病死猪是否按规定进行无害化处理不能做到全程监督，容易出现漏洞，对于加工销售病死猪及其产品的经营者也难以调查和取证，造成病死猪无害化处理缺乏科学性和规范性。

二、未经处理的病死猪尸体的危害

1. 对环境的污染以及对人类健康的影响　部分病死猪尸体含有重金属、硫化氢、毒物、氨等有毒成分，这些有毒成分直接渗透到土壤中，造成土壤、地下水等的污染，并可能通过农作物的食物链，产生循环的生态危害。患传染病死亡的猪尸体，分解后不但产生污染环境的有害物质，还会散发病原微生物，给人类的健康带来隐患。死因不明的猪尸体，尤其烈性传染病、寄生虫病致死的猪尸体，如不加处理随意抛弃，极可能通过各种途径，如空气、粉尘、水、工具、饲料等传播，导致病原扩散并引发更大规模的疾病，严重危害人们的生命健康。这些病死猪尸体会对人类健康和畜牧业发展造成巨大的威胁。患传染病死亡的猪尸体，易招引大量的苍蝇，这也会有助于病原菌的广泛传播，并通过机械途径向易感猪传播，造成二次传染，特别是炭疽等恶性人畜共患传染病引发的危害更大。

2. 对食品卫生安全的危害　大量的病死猪如不能及时规范处理，不但会造成环境的污染，危害畜牧业的生产安全，还有可能造成猪重大疫病的传播，影响到食品安全和人民身体健康，甚至引发严重的公共卫生事件。目前国内不少地区存在小规模养殖，在对其监管上还有一定的盲区，不能从源头上确保 100% 的有效监控，导致肉品在养殖环节中存在着很大安全隐患。活猪运输和流通频率的加快，给卫生监督部门提出了新的挑战，对疫病传播和无害化处理带来了更大的风险和压力。特别是屠宰场、小型养殖场和个体饲养户，若将病死猪出售给不法商贩，不但会造成病原的扩散，危害人及猪群健康，而且这些有毒有害的病死猪还可能流入市场或被加工成食品，必将会对公共卫生和人类健康造成更大的危害。

第二节 粪污的危害

据统计资料表明，每头成年猪日排粪尿约 6 kg，一个万头猪场每天排出的粪尿约 20 t。如此大的排粪量，特别是规模化养殖场，如果得不到妥善处理，不仅会恶化猪自身的生存环境，还会严重危害人类环境。2002 年我国共产生猪粪便 27.5 亿 t，若猪粪便容重以 1 t/m^3 计，按 1 m 高度堆放，则需要的堆放面积为 27.5 km^2，这超过了北京市面积最大的怀柔区的土地面积。目前城郊规模化养殖占猪养殖的比例越来越高，猪粪便产生也变得更为集中，猪养殖场周围土地的粪便负荷已明显超过其承载能力。

1. 对大气环境的危害 随着城市规模的扩大，粪污的成分包括粪便、死胚、废垫料、废饲料等，其中也包含大量有毒有害气体、重金属、抗生素、激素等残留物，此外还有大量的病原微生物、寄生虫卵及丰富的营养化物质。猪粪便会产生大量恶臭气体，粪便恶臭主要来源于饲料中蛋白质的代谢产物，或粪便中代谢产物和残留养分经细菌分解产生的恶臭物质，其中含有大量的氨气、硫化氢等有毒有害成分。这些污染物和有害气体会对周围环境产生不良影响，对人和猪有刺激性和毒性，会使人产生厌恶感，给人们带来精神上的不愉快，不仅影响人们生活质量的提高，甚至会引发疾病传播，危害人类和猪只的健康。猪无论是病死还是自然死亡，未经过无害化处理，在自然界中经腐烂变质，都会产生尸胺等有害物质与恶臭，直接对附近的空气造成严重污染。过去远离城市的畜牧养殖场，现在离居民居住区越来越近，如何正确处理畜牧场的臭味是公众关注的重点。

2. 对地下水资源的危害 猪的粪尿中富含有机物质如氮、磷等，严重地影响着水体环境。养殖场的粪尿和污水，大多都排入环境，大量的有机物和氮、磷排入江河湖泊和池塘，使水体富营养化，水藻大量生长，氧溶解度降低，水质恶化，鱼类大量死亡，严重影响了人畜饮水安全。水污染还表现在微生物的污染，粪尿中的病原微生物随污水一起排出流入水体，使水体中细菌指数升高，对人类的健康造成严重威胁。猪粪尿中含有大量的氮、磷化合物，这些物质进入土壤后，会转化为硝酸盐和磷酸盐，当其在土壤中的蓄积量过高时，不仅会对土壤造成污染，而且会使土壤表面有硝酸盐渗出，通过土壤冲刷和毛细管作用还会对地下水造成污染。硝酸盐可转化为致癌物质，将严重威胁到人体健康。

3. 对地表及土壤的危害 随着养殖业规模化、集约化的发展，饲料工业也得到了迅速发展，饲料中高剂量添加的铜、锌、铁等重金属微量元素随粪便排出而污染环境。此外，某些金属元素的存在导致土壤物理性状的退化，从而导致土地利用效率的降低。重金属不但污染水环境、土壤环境，还可以通过食物链富集危害人体的健康。目前对重金属污染的治理还存在一定的困难。地表水被污染后，除了大量滋生蚊蝇和其他昆虫外，对渔业的危害也相当严重。大量的氮、磷物质会造成水体的富营养化，使一些鱼类不能利用的低等浮游生物——藻类和其他水生植物等生物群体大量繁殖，这些生物死亡后产生毒素并使水中溶解氧（DO）大量减少，导致水生动物缺氧死亡，进而死亡生物遗体的腐败造成水质进一步恶化。这种受到污染的水，不仅不能饮用，即使作为灌溉水也会使水稻等作物大量减产。有研究结果显示，我国养猪和生活排污是造成流域水体氮、磷富营养化的重要原因。

4. 粪便中病原微生物的危害　据报道，动物粪尿中含有大量的有害微生物、致病菌、寄生虫及寄生虫卵等有害物质。例如猪粪便中含有150多种人畜共患病的潜在致病源，主要为大肠杆菌、沙门氏菌、鞭毛虫、弯曲菌及原虫。粪便中含有的病原性微生物包括青霉菌、黄曲霉菌、黑曲霉菌和病毒等，粪便中的寄生虫含有蛔虫、球虫、血吸虫、钩虫等。养殖场排放的污水平均每毫升含有33万个大肠杆菌和69万个肠球菌。病原菌和寄生虫的大量繁殖，造成人畜传染病的蔓延，而许多病原微生物在较长时间内又可以维持传染性，如禽流感病毒在4 ℃的粪便中传染性可保持30 ~ 35 d。如果不对动物粪便进行无害化处理，直接入田就会造成环境污染，传播诸多疾病，严重危害人类健康。

5. 药物残留的危害　自20世纪50年代以来，生产者为了预防疾病，促进猪生长，在饲料中盲目使用抗生素（四环素、土霉素、磺胺类药物等）、激素类药物（雌激素、孕激素）、镇静剂（氯丙嗪、安定、甲喹酮等）、激动剂（如克伦特罗）。这些药物添加剂的使用对人畜安全、生态环境带来了一系列的不良影响，而且还造成了药物残留。抗生素经猪消化道后大部分都以原型或代谢产物形式迅速从消化道或尿液排出体外，这些排泄物中残留的抗生素部分会经微生物或物理化学途径降解，仍然没有降解的残留抗生素最后随粪便进入地表水体、土壤以及地下水，对水体中的微生物产生毒性效应，破坏微生物生态结构。残留的抗生素随猪粪便进入土壤后，会被植物吸收积累并破坏植物根际周围的微生态平衡。超剂量使用抗生素已造成畜产品中药物残留，进而通过食物链使人产生中毒反应和过敏反应。

环境中残留的抗生素，将会导致微生物的耐药性增强以及强耐药性细菌的产生，甚至诱导产生耐药性基因，而细菌的耐药性基因还会在同类细菌中转移。如有机砷制剂有促进生长、提高饲料利用率的作用，但是有机砷是一种不会被代谢分解的剧毒物质，具有致癌作用。向饲料中添加砷制剂等于变相向土壤、水源、食品中添加砷，长期使用砷制剂，会使人畜发生砷中毒，引发生态危机。又如饮用水源被含有有毒有害物质的工业废水污染，饲料中残留的某些农药，它们能通过食物链进入人体，对人体健康造成危害，同时影响畜产品的出口，造成重大经济损失。

第三节　病死猪及粪污无害化处理的意义和制度

一、病死猪及粪污无害化处理的意义

伴随着经济的快速发展，我国畜牧养殖业也得到了大力发展，并逐步实现了规模化、集约化、工厂化养殖。但同时在养殖过程也出现了很多环境污染问题，其中最严重的就是病死猪和粪便的污染问题。

前已述及，由于猪的疾病及各种原因引起的猪死亡会产生大量的猪尸体；另外，猪粪

便的污染问题也很严重，我国猪养殖量特别大，并且还在逐渐增长，猪粪便的处理问题就变得十分严峻。如果没能处理好病死猪尸体和猪粪便，可能会导致土壤、大气、地下水及地表水源的污染以及一些猪病及人畜共患病的传播和扩散，这将对环境造成巨大的危害，极大地影响人的健康和畜牧业的发展。如何建立病死猪及粪污的处理机制，已是现代畜牧业发展和社会公共卫生安全面临的重要问题。因此，必须加强对病死猪和粪污无害化处理的监管，为养殖业营造一个安全、环保和绿色发展的环境。从长远考虑，正确处理病死猪和粪污、建立完善的病死猪及粪污无害化处理机制也是一项功在当代、利在千秋的工作，其意义重大而深远。

二、病死猪及粪污的无害化处理制度

1. 病死猪无害化处理制度

（1）当规模化养殖场发生猪病并造成死亡时，按照《中华人民共和国动物防疫法》，应立即向当地动物防疫监督机构报告，在动物防疫监督机构监督下进行无害化处理，同时报乡镇及动物防疫组织备案。养殖场不得随意处置及出售、转运、加工和食用病死猪和死因不明等猪。

（2）对染疫动物的排泄物、被污染的饲料、垫料等物品，由动物防疫监督机构指导饲养者按照有关规定进行无害化处理，禁止随意抛弃。

2. 粪污无害化处理制度

（1）规模饲养场不得将粪污随意堆放和排放，不宜将尿、污水混合排出。要采取有效措施及时单独清除粪污，将生产的粪便及时运至储存和处理场所，实现日产日清。

（2）场内的排水系统要实行雨水和污水收集系统分离，场内的污水收集系统要采取暗沟布设。

（3）场内粪便的储存与处理要有专门的场地，宜用生物发酵方法进行无害化处理，经无害化处理后的粪污可用于农田施肥。

第四节　病死猪及粪污的无害化处理方法

猪场生产过程中部分猪只因病死亡是客观存在和不可避免的，病死猪含大量病原体，是引发疫情的重要传染源，必须进行无害化处理。此外，对母猪分娩中产生的胎衣、胎盘及死胎也应该做相应的无害化处理。无害化处理是指用物理、化学、生物等方法处理病死猪尸体、胎衣、胎盘及死胎等，消灭其所携带的病原体，减少腐臭，消除危害的过程。病死猪及粪污无害化处理的方法有很多，但原则是投资少、易操作，并且有固定的场所。

一、病死猪的处理方法

1. 生物焚烧法　生物焚烧法是指将病死猪等焚烧以消灭其尸体和病原微生物的方法。如猪场附近有专门的焚烧场所，猪场的病死猪及胎盘等可运送到焚烧场进行焚烧处理，运送过程需做好密封处理，防止病原散播。如无专业焚烧场进行专业焚烧处理，猪场可自建小型焚烧炉，利用沼气、木材或柴油对病死猪进行焚烧处理。焚烧前可视情况对个体较大的病死猪进行破碎预处理，尸体投入焚烧炉时要严格控制尸体投入频率和重量，使物料能够与空气充分接触，保证完全燃烧。利用生物焚烧法处理病死猪要安装废气导管、烟气净化系统及喷淋装置，要确保烟气排放达标。

2. 深埋法　深埋法是指将病死猪等进行深坑掩埋的方法。掩埋坑要选择地势高燥、处于下风向的地点，应远离养殖场、屠宰加工场所、饮用水源地、居民区、集贸市场、学校等人口集中的区域，也要远离河流、公路、铁路等主要交通干线。掩埋坑底需铺设一层 2 ~ 5 cm 厚的消毒药物，如生石灰等，每铺设一层尸体都需撒上一层消毒药进行覆盖，最后覆盖一层 1 m 左右的泥土拍实，防止被猪掘开，设置警示牌以防他人挖开。掩埋完成后，立即用氯制剂、漂白粉或生石灰等消毒药对掩埋场所进行一次彻底消毒。掩埋后的第一周内应每天巡查 1 次，第二周起应每周巡查 1 次，连续巡查 3 个月，掩埋坑塌陷处应及时加盖覆土。

3. 化尸法　化尸法是指用化尸池处理病死猪等的处理方法。养猪场的化尸池应结合本场地形特点，建在下风向，远离取水点。化尸池容积应根据本场饲养量合理设计，化尸池应为砖混凝土结构，或钢筋和混凝土密封结构，要做防渗防漏处理，在顶部设置投置口，并加盖密封，加双锁；设置异味吸附、过滤等除味装置。投放前，应在化尸池底部铺撒一定量的生石灰或消毒液，投放后，投置口密封加盖加锁，并对投置口、化尸池及周边环境进行彻底消毒。一个猪场应设置两个以上化尸池轮流使用，当化尸池内猪尸体达到容积的3/4时，应停止使用并密封，待封闭化尸池内的猪尸体完全分解后，方可重新启用。化尸池周围应设置围栏，设立醒目警示标志以及管理人员姓名和联系电话公示牌，应实行专人管理。应注意化尸池的维护，发现破损、渗漏应及时修复。

4. 生物发酵法　生物发酵法是指利用微生物发酵处理病死猪尸体等并制作有机肥的处理方法。生物发酵法分为堆肥发酵和发酵罐发酵两种。堆肥发酵，需建设堆肥发酵场所，地面需防渗、防雨，四周需建设防野生猪的设施，发酵场内分成若干个发酵仓，轮流使用。病死猪发酵处理前，在堆肥发酵场地或发酵池底铺设 20 ~ 30 cm 厚辅料（稻糠、木屑等混合物，辅料中加入特定生物制剂发酵更好），辅料上平铺死猪，厚度 20 cm 左右，覆盖 20 ~ 30 cm 辅料，确保死猪全部被覆盖。堆积多层尸体发酵时，每层尸体之间铺设的辅料厚度不低于 15 cm。堆体厚度随需处理死猪数量而定，一般控制在 1.5 m 以内，以方便操作。病死猪堆肥发酵一般分为三期：第一期的发酵时间长短与单个尸体块重量的平方根成正比，即第一期的发酵时间（d）约等于单个尸体块重量（kg）平方根的 7.5 倍，最低不少于 10 d；第二期的发酵时间约为第一期时间的 1/3，但最低不少于 10 d；第三期为储存熟化期，时间不少于 30 d，可以单独储存熟化，也可与需熟化的猪场粪渣堆肥发酵物一起混合熟化。腐熟后的死猪发酵物可作有机肥还田利用，部分可作为辅料用于病死猪堆肥。发酵后的骨头等残留物作掩埋和焚烧处理。发酵罐发酵处理方式是利用专用病死猪发酵处理设备，在设备内将病死猪绞碎并与辅料和菌种按一定比例混合、加温发酵的处理方式，具有发酵时间短、占地面积小的优点，但耗电量较大。发酵物呈粉末状，可以单独储存熟化，也可与需熟化的猪场粪渣堆肥发酵物一起混合进行熟化。因重大猪疫病或人畜共患病死亡的猪须使用深埋或焚烧法处理，不得使用生物发酵法和化尸法处理。

二、不同病因死亡猪的无害化处理

1. 一类疫病病死猪的无害化处理 一类疫病是指对人和猪危害严重，需要采取紧急、严厉的强制性预防、控制和扑灭措施的疾病。一类疫病大多数为发病急、死亡快、流行面积广、难以控制、危害性大的急性或烈性传染病或人畜共患的传染病，如高致病性禽流感、猪瘟等重大猪疫病。按照法律规定，一旦发生此类疫病并造成猪死亡，就必须按照《国家突发重大猪疫情应急预案》的要求，采取以疫区封锁、扑杀和销毁猪为主的扑灭措施。一般由县级以上猪卫生监督机构确诊后，对病畜进行隔离、消毒，划定疫点、疫区、受威胁区，并对疫区实施封锁。严禁在未确诊前对病死猪进行解剖，人为乱抛、乱弃，以免病原扩散，污染环境。按照猪卫生监督部门的要求，病死猪用车辆经指定的路线运输到指定地点，对病死猪进行深埋或焚烧，并对掩埋场进行消毒，然后覆土 2.5 ~ 3.0 m，在掩埋场地设置标志物，对所有车辆、人员、器具等进行严格消毒。

2. 二、三类疫病病死猪的无害化处理 二类疫病是指可造成重大经济损失、需要采取严格控制扑灭措施的疾病。因该类疫病的危害程度、暴发强度、传播能力、控制和扑灭难度等不如一类疫病大，因此法律规定发现二类疫病时，应根据需要采取必要的控制和扑灭措施，不排除采取一类传染病的强制性措施。二类猪疫病病死猪，如布氏杆菌病、结核病、猪肺疫、猪丹毒等，必须在所在辖区卫生监督人员的监督下进行无害化处理，如深埋或焚烧。在无害化处理的场地设警示牌，并对死亡、销毁的场地、运载车辆、器械、人员、棚圈、周围环境卫生进行严格消毒，严禁随意宰杀、剥皮、食用。同时，还要对死亡牲畜的时间、地点、户主、品种、性别、年龄、数量和发病症状等进行详细的登记，以备查阅。

三类疫病是指常见多发、可造成重大经济损失、需要控制和净化的猪疫病。该类疫病多呈慢性发展状态，法律规定应采取检疫净化的方法，并通过预防、改善环境条件和饲养管理等措施控制。三类猪疫病病死猪也必须按照二类猪疫病死亡处理的要求进行无害化处理，不得随意抛弃，在不具备无害化处理的条件下要深埋，覆土 2 m。

3. 非传染性疾病病死猪的无害化处理 此类病死猪包括创伤性网胃炎等一般非传染性疾病致死的猪，以及冻死、淹死、难产、中毒、挤压踩踏和山洪雷电等因素致死的各类猪。对于非传染性疾病的病死猪，必须在辖区猪卫生监督人员的准许下，根据具体情况，可使用生物发酵法和化尸法处理。对死亡的猪须在居民区外 300 ~ 500 m 处，按深 2 m、宽 2.5 m 的规格掩埋处理，不得随意抛弃。

三、粪渣的无害化处理

粪渣一般通过人工清粪、机械刮粪和对污水进行固液分离进行收集，收集的粪渣常采取好氧堆肥发酵方法制成有机肥。堆肥一方面能使粪渣中的有机物降解，另一方面可杀灭粪渣中的病原微生物。猪粪常用的堆肥方法主要有条垛式堆肥和槽式堆肥两种。堆肥场所必须防渗、防雨，地面一般采用混凝土地面。

猪粪渣水分含量通常较高，有时高达 80% 以上，超出堆肥水分含量 45% ~ 65% 的要求，不能直接堆肥，而需添加木糠、谷壳、秸秆粉等来调节水分以达到堆肥要求。条垛式堆肥和槽式堆肥的堆肥过程一般分两期进行。第一期为高温发酵期，时间两周左右，堆肥体内温度 55 ℃以上持续 7 d 左右，高温发酵期内，需密切注意堆肥体内的温度和湿度，一般 2 d 左右翻堆一次，当堆肥体内温度超过 70 ℃时要增加翻堆频率。第二期为腐熟期，将第一期的发酵物料运到腐熟区进行二次发酵，将有机物进一步分解、熟化，此期时间约 30 d，期间不需翻堆。

一年出栏 1 万头商品猪的猪场，用粪渣制成成品有机肥的量在 700 t 左右，产量较少，不成规模，销售相对困难。有条件的地方最好建立区域有机肥厂，收集区域内猪场经高温发酵后的发酵物料，进行后熟处理成成品并销售，有利于成品有机肥质量的控制，也有利于有机肥的销售。

四、污水的无害化处理

猪场污水量大，有机物污染负荷高，按其基本原理可分为物理处理法、化学处理法、物理化学处理法和生物处理法等。单独使用任何一种方法，都不能使猪场高浓度的污水得到有效的处理，所以必须进行系统处理。

猪场污水的处理常见的有四种处理模式：一是还田利用模式，二是达标排放模式，三是场内回用模式，四是发酵床原位处理模式。

1. 还田利用模式　还田利用模式是将猪场污水经厌氧发酵后直接还田利用的模式。这种模式需在猪场附近有与之配套的田地，一般年出栏 3 头商品猪所产生的污水需要1亩田来消纳。具体需配套多少田地来消纳，还需考虑种植作物的品种、土地的肥力情况。此处理模式的处理流程一般为：畜舍排出的污水→厌氧发酵→储存→农作物施肥。采用此模式的猪场，一般需要建设能储存半年以上污水量的防渗、防地表径流的沼液储存池。水泡粪的猪场常用此污水处理模式。此模式的优点是不需对沼液进行深度处理，减少了污水处理设施的投入和运行成本；缺点是猪场附近需有大量的田地与之配套。

2. 达标排放模式　达标排放模式是将污水处理到政府要求的排放标准后进行外排的模式，适合于周边没有足够种田地消纳其粪污的猪场。处理流程一般为：畜舍排出的污水→固液分离→厌氧发酵→好氧处理→沉淀→人工湿地→达标排放。污水经固液分离、产酸调节、厌氧发酵、好氧处理、沉淀及人工湿地等处理，使处理后的污水达到当地的排放标准后外排。这种处理系统基本可将污水净化到符合排放标准，厌氧发酵所产生的沼气可作为能源得到综合利用；但处理工艺流程较长，占地面积大，工程投资及运行费用高。

3. 场内回用模式　场内回用模式是在达标排放模式的基础上将污水进一步处理并消毒，然后作为猪舍冲洗用水回用的处理模式。此模式的污水在处理后回用于猪场，可节约水资源，适合于缺水地区和零排放的地区。

4. 发酵床原位处理模式　发酵床原位处理模式是利用发酵床将猪的粪尿就地处理而不产生污水的处理模式。此模式不需用水冲洗栏舍，适合于缺水地区和零排放的地区。但此模式猪舍需装机械通风设备，在南方地区，因发酵床内的温度很高，猪舍设计建筑必须使猪不接触发酵床。另外，此模式的使用还需考虑发酵床垫料的来源与价格。

猪场采取何种模式进行污水处理，需要根据当地政府部门的要求和猪场的实际情况来确定。污水处理设施的设计和建设需要专业的环保人员来进行，否则易造成污水处理系统的运行效果不理想。还田利用模式、达标排放模式、场内回用模式基本都建有厌氧发酵池。厌氧发酵所产生的大量沼气需作为能源充分利用，可用来发电、热水循环供暖、焚烧病死猪以及作为生活用燃料等。沼气中的主要成分为甲烷，甲烷既是优质的生物质能源也是强效的温室气体，等质量甲烷的温室效应约为二氧化碳的 25 倍，所以用不完的沼气不宜直接排入大气，而应将其燃烧成二氧化碳后再排入大气，以利于温室效应的控制。另外，沼气中含有少量的硫化氢，硫化氢燃烧后会产生二氧化硫，二氧化硫遇水则形成硫酸，硫酸具有强腐蚀性。因此，沼气在利用前需进行脱硫处理。

五、源头控制，综合利用

针对我国国情和环境状况，宜采用科学手段和积极政策措施相结合的综合治理策略防治环境污染。要不断研究和开发环保型饲料技术、粪便处理利用技术，利用生物工程及生态净化技术治理粪污，特别应注意从源头上进行控制。

1. 兽用防臭剂的开发应用　为了减轻猪场臭味对环境的污染，从预防角度出发，可在饲料中或猪垫料中添加各类除臭剂，以降低猪场臭味。如沸石、麦饭石、腐殖酸类物质，它们具有很强的吸附作用，可吸附、抑制、分解排泄物中的有毒有害物质。

2. 环保饲料的开发应用　在饲料中添加酶制剂可提高猪对饲料中养分的利用率、减少粪便中污染物的排泄量。饲用酶制剂主要有植酸酶、蛋白酶和碳水化合物酶三类。在猪饲料中添加植酸酶可以降低饲料中磷酸氢钙等无机磷的添加量，从而使粪便中磷的排泄量大幅下降，降幅可达 30%。饲料中使用小麦、大麦、米糠等非常规原料时，添加木聚糖酶等碳水化合物酶可提高猪饲料利用率。

3. 饲料中添加微生物制剂　可维持猪肠道正常菌落，预防腹泻，减少臭味，降低有害气体浓度，改善养殖环境，提高饲料转化率，减少抗生素的使用。我国 2013 年饲料添加剂目录列出了地衣芽孢杆菌等29种用于动物养殖的微生物，如用于肉鸡、生长育肥猪的凝结芽孢杆菌，用于肉鸡、肉鸭和猪的侧孢短孢芽孢杆菌。有机微量元素的使用可降低猪饲料中微量元素的添加量，进而降低粪便中微量元素的排泄量，减少对环境的污染。例如，目前在仔猪、小猪阶段，为预防腹泻、促生长和使猪粪变黑，饲料中铜的添加量一般在 150 mg/kg 左右，远高于营养标准的 6 mg/kg，上市一头商品猪铜的排出量约 18 g，如使用有机铜可大幅度降低铜的排泄量。根据氨基酸平衡理论饲料中添加合成氨基酸配制氨基平衡日粮，可使猪饲料中蛋白水平降低约 2 %，从而使粪便中氮的排泄量下降 10 % ~ 15 %。

4. 科学防疫，减少病死猪和药物使用量　根据当地猪疫病流行情况，制定科学的免疫程序，减少疫病发生，提高成活率。加强实验室诊断，开展病原菌分离和药敏试验，避免滥用抗生素。

5. 科学选址和合理建筑，减少单位猪产品的粪污处理量　将养殖场建到远离城市的远郊农业生产腹地，并与交通主干道和人口居住区保持一定的距离（2 000 m 或以上），以减少养殖场粪污对人类居住环境的危害。场内多种树木和花草可吸收大气中的有害有毒物质，减轻异味，改善养殖场内的环境。建设开工前需要统筹考虑，养猪场要建立废弃物及无害化处理区，包括病猪隔离室、病死猪无害化处理间和粪便无害化处理设施（沼气池、粪便堆积发酵池等），距生产区 50 ~ 100 m，用围墙和绿化带隔开。严格推行粪污处理工程与猪圈舍主体工程同时进行的原则。建猪舍时尽可能地满足各生理阶段猪群对环境的要求，最大限度地发挥猪的生产潜能，提高饲料转化率，降低猪场用水量，进而降低单位猪产品的粪污处理量，减少对环境的污染。现行猪场使用粪尿分开技术、干湿分离技术、雨污分流技术，圈舍的一部分地面可以使用“窄漏缝暗沟”设计，这样能够有效地排出粪污，还不会对猪的正常生长造成影响。一般漏缝的宽度在 0.8 ~ 1.2 cm，暗沟的宽度可以达到 1.7 cm，圈舍的坡度一般要达到 2% 以上，这样能够加速粪污的流动，提高排污的效率。

6. 猪场废弃物的资源化利用　现代化的畜牧养殖业，猪粪便中含有较多的营养物质，通过科学加工工艺，可使粪便得到充分利用。将猪粪便加工成有机肥，扩大了畜牧产业链，既提高了经济效益又保护了环境。

猪场废弃物按前述的无害化处理方法处理，粪渣、无疫病死亡的猪只、胎盘等可制成有机肥还田，污水厌氧发酵产生的沼气可用于发电、供暖和生活用燃料，沼液可用于作物的施肥。

我国能够充分利用的土地资源十分有限，种植业规模化程度落后于养殖业，一方面种植业大量使用化肥造成土壤肥力下降和土地板结，另一方面养殖业所产生的粪污难以还田利用，所以推行适度规模、种养结合的生态养殖模式有利于我国种植业和养殖业的健康发展。在建设猪场时，要注意以就近配套土地的粪污承载能力、自我净化能力来确定猪场的建设规模，使用适度规模养殖的技术，做到尽可能节约土地资源，特别是用于就近承载、消纳本养殖场粪污的配套土地。充分利用当地的自然资源，利用猪、植物、微生物之间相互依存的关系和现代技术，实行无废物和无污染生产。养猪场还可以利用山林、果树等，将种植与养殖紧密结合。通过推广农牧结合、果牧结合、牧菜结合等多种生态养殖模式，强化猪粪无害处理与综合利用。种养结合法即是将所有有污染的物质包括猪粪尿、皮毛、饲料残留物、冲洗猪舍用具的污水、垫料等，有的养殖场还包括沼渣、沼液等，全部资源化作为农林业生产的植物肥料施入土壤，被土壤所消化的方法。

六、猪场粪污处理实例介绍

以广西柯莉莱原种猪有限责任公司为例，技术核心是干清粪 + 沼气处理（图 12.4.1）。其猪场猪舍设计建造均按照雨污分流方式，以减少猪场污水处理量。清粪均采用干湿分离的方法，干清粪每天清理两次，可以减排 50%。干清粪每天用专用车拉到猪粪房集中堆沤发酵处理，每周期 7 d，轮换使用。发酵后的猪粪用于果树及牧草基地肥料。排污管均采取地埋式，与雨水完全分开排放。猪舍采用暗管排污。

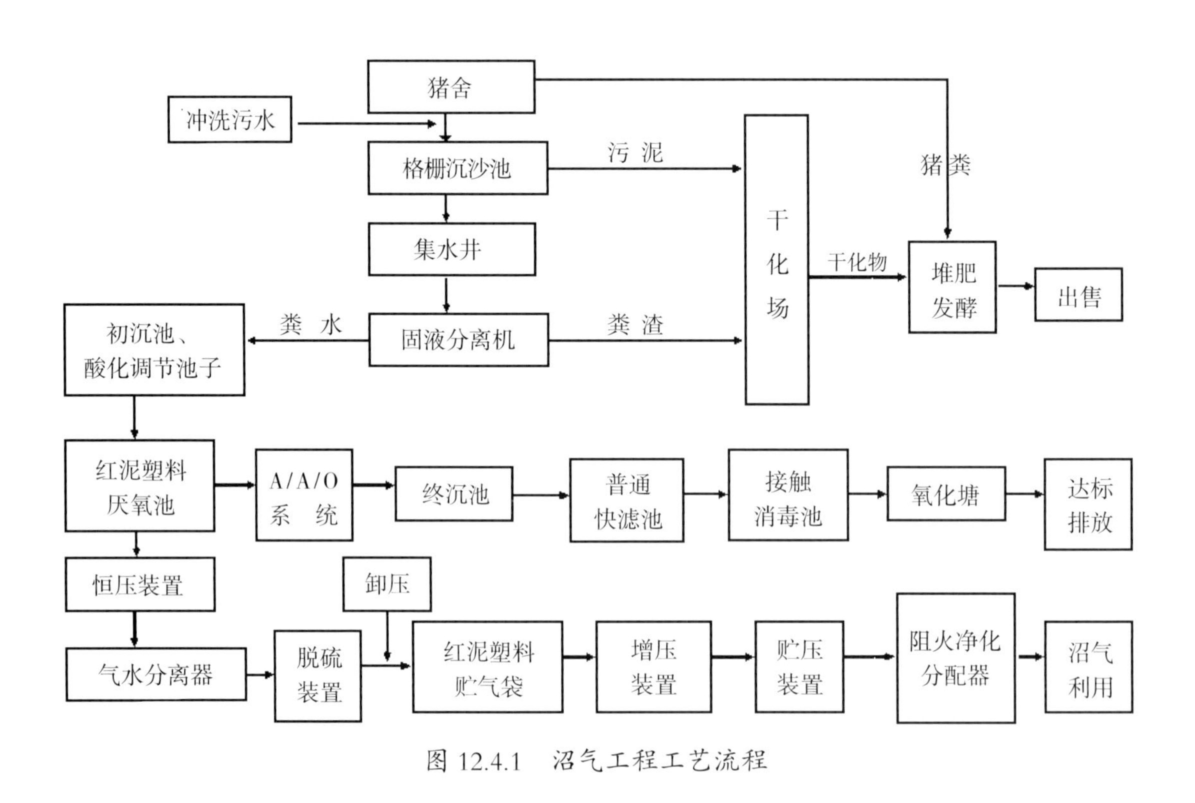

图 12.4.1 沼气工程工艺流程

附录

附录一　猪的解剖特征

一、猪的运动系统

猪的运动系统由骨、骨连接和肌肉三部分组成。在运动过程中，骨和骨连接是被动部分，只有肌肉是运动的动力部分。

1. 猪全身的骨骼　通常分为三部分：头骨、躯干骨和四肢骨。

头骨分为颅骨（围成颅腔）和面骨（构成口腔、鼻腔和眼眶的支架）。

躯干骨包括椎骨、肋和胸骨。椎骨分为颈椎、胸椎、腰椎、荐椎和尾椎。肋的对数与胸椎数目一致，每一肋包括肋骨和肋软骨两部分。胸骨分为前部的胸骨柄、中部的胸骨体和后部的剑状软骨。

四肢骨包括前肢骨和后肢骨。前肢骨包括肩胛骨、肱骨、前臂骨（桡骨和尺骨）、腕骨、掌骨、指骨和籽骨。后肢骨包括髋骨（由髂骨、坐骨和趾骨组成）、股骨、膝盖骨、小腿骨（胫骨和腓骨）、跗骨、趾骨和籽骨。

2. 骨连接　它是骨与骨之间的连接装置，分为直接连接和间接连接两大类。直接连接是相邻的两骨之间通过纤维结缔组织或软骨组织相连。间接连接为通常说的关节，关节基本构造包括关节面及关节软骨、关节囊和关节腔三个部分，有的关节还有韧带、关节盘等辅助结构。在肌肉的牵引下，关节可做屈伸运动，内收、外展运动，旋转运动。

头骨的连接主要以缝相接，只有一个关节，称下颌关节。

躯干骨连接主要包括脊柱连接和胸廓连接。脊柱连接包括椎体间连接、椎弓间连接和脊柱总韧带。胸廓连接有肋椎连接和肋胸连接。

前肢的关节有肩关节、肘关节、腕关节和指关节（系关节、冠关节和蹄关节）。后肢的关节有荐髂关节、髋关节、膝关节、跗关节和趾关节（系关节、冠关节和蹄关节）。

3. 运动系统中的肌肉都是骨骼肌　每一块肉都由肌纤维和结缔组织构成，其结缔组织部分为致密结缔组织，称为腱或腱膜，一般位于肌肉的一端或两端，可使肌肉牢固地附着于骨上。另外，结缔组织除包在整块肌肉外面形成肌外膜外，还有伸入肌肉内形成的肌束膜和肌内膜。

肌肉的辅助器官包括肌膜、黏液囊和腱膜等，起保护和辅助肌肉的作用。

皮肌位于浅筋膜内，与皮肤深面密接，其收缩可使皮肤抖动以清除异物。皮肌有面皮肌、颈皮肌、肩臂皮肌和躯干皮肌。

猪全身的肌肉，按部位分为头部肌、躯干肌、前肢肌和后肢肌。

头部的主要肌肉有面部肌和咀嚼肌。

躯干的主要肌肉分为脊柱肌、颈腹侧肌、胸壁肌和腹壁肌。脊柱肌是支配脊柱活动的肌肉，分脊柱背侧肌群和脊柱腹侧肌群。颈腹侧肌位于颈部腹侧，主要有胸头肌、胸骨甲状舌骨肌、肩胛舌骨肌。胸壁肌分布于胸腔的侧后壁上，参与构成胸腔，它的舒缩可改变胸腔的容积，产生呼吸运动，故此肌肉亦称呼吸肌；呼吸肌主要有肋间内肌、肋间外肌和膈肌。膈是一块大的圆形板状肌，位于胸腔和腹腔之间，又叫横膈肌。腹壁的 4 层肌肉由外向内分为腹外斜肌、腹内斜肌、腹直肌和腹横肌。

前肢肌肉作用于肩关节、肘关节、腕关节和指关节。

后肢肌肉作用于髋关节、膝关节、跗关节和趾关节。

二、猪的消化系统

猪的消化系统可以看作是从口腔到直肠的一根管子。它包括消化管和消化腺两部分，消化管包括口腔、咽、食管、胃、小肠、大肠和肛门，消化腺包括唾液腺、肝、胰和消化管壁上的小腺体。

口腔由唇、牙齿、舌等构成。口腔附近还有唾液腺等腺体，导管开口于口腔中。口腔具有咀嚼、味觉等功能，是消化管的起始部，也是机械消化的主要场所。猪的上唇和鼻端形成坚韧的吻突，是掘取食物的工具。下唇较尖，且较上唇稍短，舌窄而长，靠下唇和舌的活动将食物送进口内。

成年猪有 44 颗牙齿，它既能撕碎肉食又可以磨碎植物茎叶等。猪的唾液腺有 3 对，即腮腺、颌下腺及舌下腺，每对腺体均开口于口腔黏膜上。

猪的食管大部分为横纹肌，食管下段近胃处才转为平滑肌。

猪胃是单室胃，呈弯曲的椭圆形，横于腹腔的前半部。胃与食管相连接的口称为贲门，与十二指肠相连接的口称为幽门。猪胃黏膜上分布有许多腺体，可分为贲门腺区、胃底腺区、幽门腺区和无腺区，各腺区腺细胞分泌物的混合液，称为胃液。整个胃黏膜表面还分布有黏液细胞，可分泌碱性黏液，形成保护膜，防止胃黏膜受胃液中盐酸的侵蚀。

小肠的肠管细长，从前到后的顺序是十二指肠、空肠和回肠。成年猪小肠全长17 ~ 21 m，各部分之间没有明显的界线。十二指肠中有胰管和胆管的开口，胰液及胆汁经开口处流入十二指肠，参与小肠内的消化过程。

大肠包括盲肠、结肠和直肠，前接回肠，后连肛门。盲肠位于左腹部，与结肠没有明显的界线。结肠呈螺旋状盘曲，绕行 6 周（向心 3 周，离心 3 周）后移行为直肠，成年猪大肠全长

5.4 ~ 7.5 m。

肝是猪体内最大的腺体，能制造并分泌胆汁，分泌出的胆汁储存于胆囊中，消化时再由胆囊排出，经胆管进入小肠。

胰也是很重要的腺体，灰黄色，其中有许多腺细胞属于消化腺，所分泌的碱性分泌液称为胰液。胰液经胰导管排入小肠。

在消化系统中，经常感染口腔的疾病包括各种疱疹性疾病，如口蹄疫、猪水疱病等。伪狂犬病和猪繁殖与呼吸综合征有时也会造成口腔皮肤的损伤。仔猪断齿操作不当也常会造成牙龈和牙髓的感染。胃部主要的疾病是胃黏膜发炎，又称为胃炎，可造成呕吐。导致呕吐的其他原因还包括整个机体遭病原感染时发生的全身性疾病（如猪丹毒）、细菌毒素以及高热。胃溃疡是生长猪多发的疾病，病变发生在胃部连接食管的区域（贲门区）。

小肠发炎称为肠炎（有时大肠、小肠同时发炎也称肠炎），大肠发炎称为大肠炎。肠炎很常见，特定的病毒、细菌和寄生虫感染都会导致肠炎。小肠壁的横断面包括很多手指状的细小突起，称为小肠绒毛。小肠绒毛的存在大大地增加了小肠内壁吸收养分的表面积，从而提高了消化吸收的效率。大肠前段有盲肠，是消化粗纤维的场所。

三、猪的呼吸系统

猪的呼吸系统是由呼吸道和肺两大部分组成的，另外还有胸膜、胸膜腔和呼吸肌等辅助部件。呼吸道包括鼻、咽、喉、气管和支气管。呼吸系统的主要功能是进行气体交换，还有散热和排泄等功能。

鼻位于口腔背侧、面部中央，它既是气体出入的通道又是嗅觉器官，对发声也有辅助作用。鼻可分为鼻腔和鼻旁窦两部分。

咽喉位于下颌间隙的后方、头颈交界的腹侧，延伸到第 2 颈椎处。喉不仅是气体出入肺的通道，又是调节空气流量和发声的器官。喉由喉软骨、喉黏膜和喉肌等构成。

气管是透明软骨借助结缔组织连接构成的软骨环作支架的圆筒状长管，可分为颈段和胸段。气管壁由内向外分为黏膜、黏膜下层和外膜。支气管是肺门与气管间的分叉管道，结构与气管基本相同。

肺呈粉红色，质轻，海绵状，是体内进行气体交换的场所。肺的分叶明显，左肺分为尖叶、心叶和膈叶，右肺分为尖叶、心叶、膈叶和副叶。

1. 肺的组织结构　肺表面被覆一层浆膜，称为肺胸膜。肺分实质和间质两部分，实质为肺内导管和呼吸部，间质为结缔组织、血管、神经和淋巴管等。

2. 呼吸道　导气部包括肺叶支气管至小支气管、细支气管和终末细支气管；呼吸部包括呼吸性支气管、肺泡管、肺泡囊和肺泡。肺泡为半球形或多面形囊泡，开口于呼吸性细支气管、肺泡管和肺泡囊，是进行气体交换的场所。

肺有两套血液循环管道，即完成气体交换的肺循环和营养肺的支气管循环。肺循环是自肺动脉至肺静脉之间的血液循环，肺动脉内流动的是二氧化碳含量高的静脉血，它由肺门入肺，进入肺泡、动脉血，然后由肺静脉自肺门出肺。支气管循环是自支气管动脉至支气管静脉之间的血管循环，主要起营养肺组织的作用。

3. 胸膜和纵隔 胸膜为覆盖在肺表面衬贴在胸腔壁内面、纵隔侧面以及膈前面的一层浆膜。纵隔位于胸膜中部，左、右胸膜腔之间，由两侧的纵隔胸膜及夹于其中的心脏、心包、食管、气管、出入心脏的大血管（除后腔静脉外）、神经、胸导管、纵隔淋巴结和结缔组织等构成。包在心包外面的纵隔胸膜，称为心包胸膜。

四、猪的泌尿生殖系统

1. 泌尿系统 猪的泌尿系统包括肾、输尿管、膀胱和尿道，其主要功能是生成、储存和排出尿液。肾是生成尿液的器官；输尿管为输送尿液入膀胱的管道；膀胱为暂时储存尿液的器官；尿道是尿液排出体外的通道。

肾为实质性的器官，位于腹腔上部、腰椎腹侧腹膜外，左右各一。

猪肾为光滑多乳头肾，由被膜和实质构成。肾实质主要由大量肾叶组成，肾叶分为皮质和髓质。皮质由肾小体和肾小管构成。肾小体包括肾小球和肾球囊。

输尿管是输送尿液的管道，起于肾盂，出肾门后，沿腹腔壁向后延伸，斜穿膀胱壁，开口于膀胱。

膀胱是储存尿液的器官，排空时位于盆腔内。膀胱分为膀胱顶、膀胱体和膀胱颈。

尿道是尿液从膀胱向外排出的肌性管道，以尿道内接口膀胱颈，尿道外口通向体外。

2. 生殖系统

（1）公猪的生殖系统：公猪的生殖系统包括睾丸，其作用是产生精子和睾丸激素，它是公猪的主要雄激素。睾丸位于公猪体腔外的阴囊中，阴囊保持睾丸的温度略低于体温。

附睾位于睾丸旁边，其作用是将睾丸产生的精子运输到睾丸外。在公猪射精前，精子就储存在附睾的尾部。

副性腺包括精囊、前列腺和尿道球腺。这些腺体分泌的液体和胶质，组成了精液的主要成分。

阴茎是公猪交配器官，呈螺旋状，通常位于阴茎鞘内，交配时从阴茎鞘内伸出，头部竖起插入到母猪的子宫颈中。

（2）母猪的生殖系统：卵巢是产生卵子和分泌两种重要雌性激素（雌激素和黄体酮）的器官。卵子产生于卵巢上的卵泡中，卵泡在排卵前也分泌雌激素。排卵后不久，卵泡就会发育成黄体，黄体是间情期和妊娠期产生黄体酮的来源。卵子进入到输卵管中，并逐步移行到子宫里。

子宫主要由两条子宫角组成，卵子在输卵管中与精子结合而完成受精，然后受精卵移入到子宫里，妊娠期间胚胎在子宫角里生长发育。

子宫的后部为子宫颈，它由许多皱褶组成。配种时，公猪的阴茎头就嵌入母猪的子宫颈中，子宫颈的衬壁有一些腺体，为阴道分泌黏液。

阴道是子宫颈与外阴的连接区。外阴户是母猪外部性器官，在发情期间通常表现为红肿状态。

五、猪的淋巴系统

猪的淋巴系统是体内一个极其重要的防御系统，其主要功能是识别和清除侵入体内的抗原性异物以及自身变性细胞，从而维持机体内部的稳定性。免疫功能下降或失调，将使机体的抗病能力降低，从而引起各种感染性疾病、肿瘤或自身免疫性疾病。

淋巴系统由淋巴管、淋巴、淋巴组织和淋巴器官组成。

免疫器官分为中枢免疫器官和周围免疫器官。中枢免疫器官包括骨髓和胸腺，周围免疫器官包括淋巴结、脾、扁桃体和血淋巴结。

胸腺既是免疫器官又是内分泌器官。骨髓中的淋巴干细胞转移到胸腺后，在胸腺激素的作用下，分化成具有免疫活性的淋巴细胞，这种依赖胸腺才能发育分化成为具有免疫活性的淋巴细胞，即 T 淋巴细胞。

淋巴结间质部分有被膜和小梁，实质部分分为皮质和髓质。皮质由淋巴小结、副皮质区和皮质淋巴窦组成，髓质由髓索和髓质淋巴窦组成。全身主要淋巴结有下颌淋巴结、腮腺淋巴结、颈浅淋巴管、髂下淋巴结、腹股沟浅淋巴结、髂内淋巴结、腘淋巴结。

脾是猪体内最大的淋巴器官。它有输出淋巴管，但没有输入淋巴管；没有淋巴窦，但有大量的血窦。它分为被膜和实质两部分。脾是免疫应答的重要场所，构成机体免疫的第三道防线。此外，还有滤血、储血和造血等功能。

扁桃体是机体防御疾病的重要防线，仅有输出淋巴管，无输入淋巴管，可引起局部或全身免疫应答，对机体有重要的防御和保护作用。

六、猪的血液循环系统

猪血液循环系统由心脏、动脉、毛细血管和静脉组成。

心脏有四个空腔，起到泵的作用。在心脏的作用下，血液在两套独立的系统中进行循环，一个是从心脏到肺再回到心脏的循环，称为肺循环；一个是从心脏到全身再回到心脏的循环，称为体循环。全身的血液通过一系列静脉流回心脏，最后汇聚到两个大型静脉中，一个叫前腔静脉，一个叫后腔静脉；肺部的血液则通过肺静脉流回心脏。心脏上部的两个空腔称为心房，它们接受肺部和全身流回心脏的血液，并把血液输送到下部的两个空腔中。心脏下部的两个空腔称为心室，由发达的肌肉构成。从身体流回的含氧量低的血液流入右心房，再从右心房进入右心室，从右心室经两条肺动脉泵出到肺部，此时血液依然不含氧。这种血液流经肺部时进行气体交换，成为富含氧气的血液，经肺静脉流回左心房，再经左心室、主动脉输送到全身各处。

如果肺部发病，例如肺炎，那么气体交换的效率就会降低，全身组织就会缺氧，从而不能正常发挥功能。这样的患猪行走或跑动过程中会表现为呼吸困难，皮肤变成蓝色。慢性肺炎还会影响血液供应，造成瘀血和心脏疾病等问题。

主动脉是将血液运离心脏输送到全身各处的血管，管壁粗壮。经过一级一级的分支，动脉血管会越来越细，最后成为毛细血管。毛细血管的管壁很薄，气体和养分交换就是在这里进行的。经过毛细血管，血液先是汇集到最细的静脉当中，然后在逐级汇聚到更粗的静脉当中，最后经前腔静脉和后腔静脉流回右心房，准备进行下一轮肺循环。此时血液氧气含量低，二氧化碳含量高。

肝门静脉系统有两条动脉给胃、肠（还包括胰腺和脾）供血。这些动脉逐级细分，最后成为毛细血管网，之后又逐级汇聚成为肝门静脉，将血液输送到肝脏。肝门静脉在肝脏再一次分支成为毛细血管网，血液直接与肝细胞接触。之后，血液再汇聚到肝静脉，后者再将血液输送到后腔静脉。从肠道来的血液携带着消化食物得到的养分，有时还带有有害物质（毒物），肝细胞对养分进行处理，以便于身体其他部位利用，并且储存一部分养分，它们同时还分解有毒物质。为肝脏供氧是由另外一条动脉完成的，这条动脉称为肝动脉。

心脏收缩的频率称为脉搏。在猪的耳根部和尾巴下部可以摸到脉搏。年幼仔猪脉搏为每分钟 200 次左右，成年猪为每分钟 70 次左右。

七、猪的神经系统

猪的神经系统是在猪体内起主导作用的调节机构。它一方面使机体适应外界环境的变化，另一方面调节着机体内环境的相对平衡，保证生命活动的正常进行，使机体成为一个

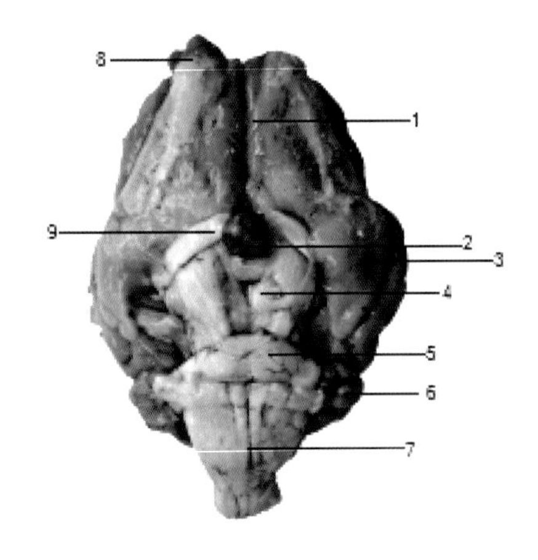

猪脑（腹侧面）

1. 内侧嗅回　2. 骨体　3. 梨状叶　4. 大脑脚
5. 脑桥　6. 小脑半球　7. 脑髓　8. 嗅球　9. 视神经

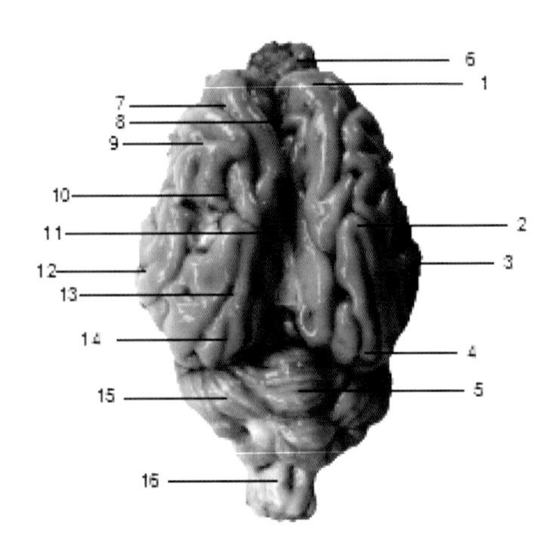

猪脑（背侧面）

1. 额页　2. 顶叶　3. 颞叶　4. 枕叶　5. 小脑蚓部
6. 嗅球　7. 冠状沟　8. 大脑纵裂　9. 外薛式沟
10. 上薛式沟　11. 十字沟　12. 薛式裂　13. 外缘沟
14. 缘沟　15. 小脑半球　16. 延髓

完整的对立统一体。

神经系统包括脑，脊髓，脑和脊髓相连及分布在全身各部位的外周神经。

中枢神经系统包括脊髓和脑。脊髓位于椎管内，前端与延髓相接，后端达荐骨中部。

脑是高级神经中枢，位于颅腔。它分为大脑、小脑和脑干。脑干包括延髓、脑桥、中脑和间脑。大脑由大脑纵裂分为左、右对称的两个大脑半球。半球表面的灰质分为顶叶、额叶、枕叶和颞叶四区。嗅脑位于大脑半球底面。

脑和脊髓的外面均有三层膜，由内向外依次为软膜、蛛网膜和硬膜。三层膜分别形成两个腔，即蛛网膜下腔和硬膜下腔。脑室、脊髓中央管和蛛网膜下腔内有脑脊髓液。

外周神经系统按其功能和中枢位置的不同，可分为脑神经、脊神经和植物性神经。

脊神经按其与脊髓相连的部位，分为颈神经、胸神经、腰神经、荐神经和尾神经。它们均为混合神经。每一脊神经出椎间孔后分为背侧支和腹侧支，分别分布于脊柱背侧和腹侧的肌肉和皮肤。

植物性神经分布于平滑肌、心肌和腺体，根据中枢位置和功能的不同，植物性神经可分为交感神经和副交感神经。

附录二　不同品种猪的外貌特征

一、长白猪

长白猪原产于丹麦，是世界著名的瘦肉型猪种，具有生长快、饲料利用率高、瘦肉率高等特点，而且母猪产仔较多，奶水较足，断奶窝重较高，但体质较弱，抗逆性差，易发生繁殖障碍及裂蹄，对饲料营养要求较高。在饲养条件较好的地区以长白猪作为杂交改良的第一父本，与地方猪种和培育猪种杂交，效果较好。

长白猪体躯长，被毛白色，允许偶有少量暗黑斑点。头小颈轻，鼻嘴狭长，耳较大、向前倾或下垂。背腰平直，后躯发达，腿臀丰满，整体呈前轻后重，外观清秀美观，体质结实，四肢坚实，整个体形呈前窄后宽的流线型。乳头数 7 ～ 8 对，排列整齐。成年母猪体重为 300 ～ 400 kg，成年公猪体重为 400 ～ 500 kg。

二、大白猪

大白猪原产于英国，由于大白猪饲料转化率和屠宰率高以及适应性强，在世界各养猪业发达的国家均有饲养，是世界上最著名、分布最广的主要瘦肉型猪种。

纯种大白猪生产性能优秀，与其他几乎任何猪种杂交时，无论是作为父本还是母本（如大长猪、长大猪），都有良好的表现，还可以用来作引进猪种的三元杂交的终端父本，也可以用来与地方猪杂交。如纯种大白猪与纯种黑毛色地方猪杂交，由于一代杂交后代的毛色是白色而受到欢迎。

大白猪全身皮毛白色，允许偶有少量暗黑斑点，头大小适中，鼻面直或微凹，耳竖立，体躯长，背腰平直或微弓，腹线平，前胛宽、背阔，肢蹄健壮，后躯宽长丰满，呈长方形，肢蹄健壮，乳头数 7 对。繁殖力强，每胎产仔 10 ~ 12 头。成年公猪体重为 250 ~ 300 kg，成年母猪体重为 230 ~ 250 kg。

三、杜洛克猪

杜洛克猪产于美国，是当代世界著名瘦肉型猪种之一。杜洛克猪具有生长发育快、饲料报酬高、瘦肉率高的特点，在生产商品猪的杂交体系中适合作终端父本，最常用的配套系为杜洛克猪（长白猪 × 大白猪）。杜洛克猪适应性好，身体健壮、强悍，耐粗性能强，无应激敏感现象，易饲养成功，广泛适合于工厂化养猪和农户饲养，是一个生命力强的品种。

杜洛克猪毛色棕红、结构匀称紧凑、四肢粗壮、体躯深广、肌肉发达。此外，由于对白色猪的需求，也开发出了白色杜洛克，这种白色杜洛克猪为杜洛克猪与白色品种的猪杂交而获得的。头大小适中，颜面稍凹，嘴筒短直，耳中等大小，向前倾，耳尖稍弯曲，胸宽深，背腰略呈拱形，腹线平直，四肢强健。公猪包皮较小，睾丸匀称突出，附睾较明显。母猪外阴部大小适中，乳头一般为 6 对，母性一般。

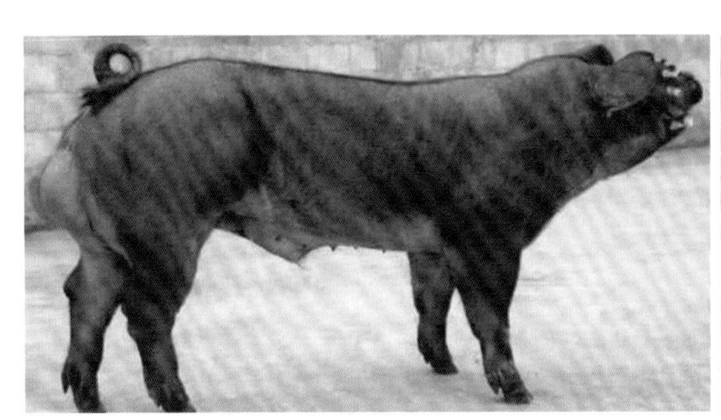

四、皮特兰猪

皮特兰猪原产于比利时，主要特点是瘦肉率高，后躯和双肩肌肉丰满。由于皮特兰猪产肉性能高，多用作父本进行二元或三元杂交，已受到越来越多养殖户、养殖场家的青睐。

毛色呈灰白色并带有不规则的深黑色斑点，偶尔出现少量棕色毛。头部清秀，颜面平直，嘴大且直，双耳略微向前；体躯呈圆柱形，腹部平行于背部，肩部肌肉丰满，背直而宽大。体长 1.5 ~ 1.6 m。

五、汉普夏猪

汉普夏猪原产于美国，是我国引进的优良瘦肉型猪种之一。汉普夏猪具有瘦肉多、眼肌面积大、背膘薄等特点。在三元杂交中，以汉普夏猪作终端父本，有很好的效果。

汉普夏猪最突出的特征是在肩部和前腿上环绕的白带，黑色被毛上具有白带构成了其与众不同的特征，后肢常为黑色，在飞节上不允许有白斑。头清秀，嘴较长而直，耳中等大、直立。肩部光滑结实，体躯较长，背腰呈弓形，肌肉发达。性情活泼。成年体重公猪为 315 ~ 410 kg，母猪为 250 ~ 340 kg。

六、巴克夏猪

巴克夏猪原产于英国，是我国引进的优良猪品种之一。巴克夏猪在养猪生产中杂交利用广泛，对促进猪种的改良起过一定作用，有些巴克夏猪与中国地方猪品种的杂种猪群，经长期选育形成了新金猪、北京黑猪、山西黑猪等培育品种。

巴克夏猪“六端白”，即鼻端、尾帚、四肢下部为白色，其余通身为黑色。随着世代数的推移，毛色特征有的出现“五端白”“四端白”等。断奶前后的猪被毛稀疏细短，皮肤细腻红润。成年母猪被毛较长，成年公猪鬃毛粗刚。鼻短微凹，耳直立或稍倾，颈短而宽，体躯稍长而宽，胸深，背平直或稍弓，腹线平直，臀部丰满。四肢较短而直、结实，肢间距离开阔。乳头 7 对左右。成年巴克夏公猪的体重约为 200 kg，母猪的体重约为 180 kg。

七、金华猪

金华猪原产于浙江省金华市，是我国著名的优良地方品种，是适于腌制优质火腿的宝贵猪种资源。今后应在保种的基础上，开展以金华猪为母本的各种杂交试验，筛选新的经济杂交组合，生产高产优质的鲜猪肉。

金华猪的毛色以中间白、两头黑为基本特征，头颈部和臀尾部为黑皮、黑毛，胸腹部和四肢为白皮、白毛，在黑白相交处有明显的黑皮白毛的晕带；鬃毛较粗，多数斜竖，少数平伏；肤色为两头黑、中间白。体型中等偏小，头小颈短，额部皱纹多少不等，耳中等大、下垂或前倾。背平直或微凹，腹大、微下垂，臀部多倾斜；四肢偏细、直立，有正常和卧系两种，肢势正常或外展；皮薄、毛疏、骨细；乳头多为 7 ~ 8 对，乳房发育良好，乳头结实而有弹性。金华猪头型有两种：一种为“寿字头”，额部皱纹多且深；一种为“老鼠头”，额部皱纹少，嘴筒平直且狭长。金华猪母猪背腰平直或微凹，腹部略下垂，尻斜，尾根偏低；公猪背腰平直，腹部也平直，尻斜，尾根比母猪的略高一些。小型的金华猪四肢细而高，大型的金华猪四肢粗壮稍短。肋骨 14 对。

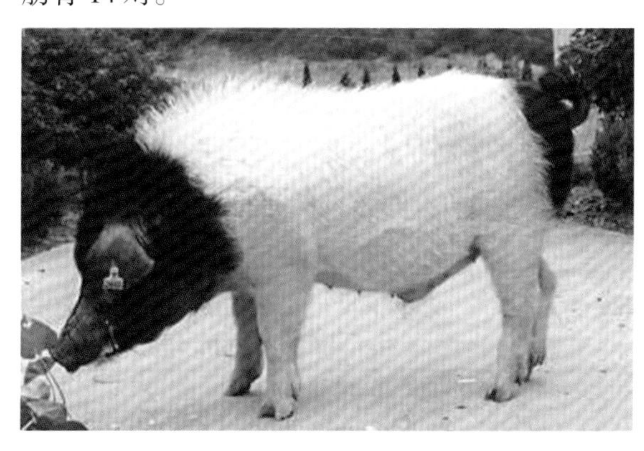

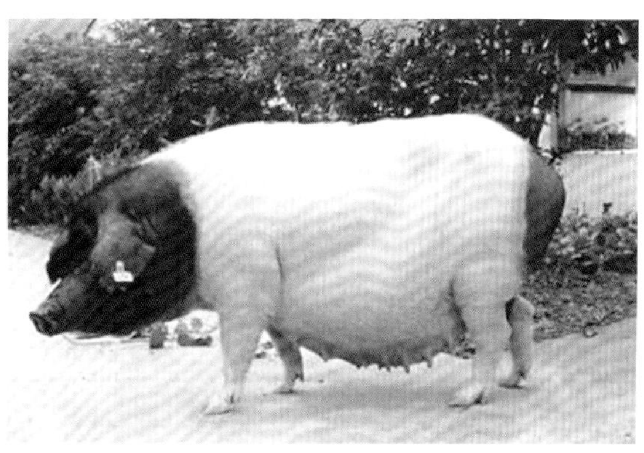

八、太湖猪

太湖猪是我国乃至全世界猪种中繁殖力最高、产仔数最高的一个品种。它分布范围广，数量多，品种内类群结构丰富，有广泛的遗传基础，肉色鲜红，肌内脂肪较多，肉质好。但纯种太湖猪肥育时生长速度慢，胴体中脂肪比例较高，今后应加强本品种选育，适当提高瘦肉率，进一步探索更好的杂交组合，在商品瘦肉猪生产中更好地发挥作用。

体型中等，各类群间有差异，以梅山猪较大，骨骼较粗壮；米猪的骨骼较细致；二花脸猪、枫泾猪、横泾猪和嘉兴黑猪则介于二者之间；沙乌头猪因含少量灶猪血统，体质较紧凑。头大额宽，额部皱褶多、深，耳特大，软而下垂，耳尖齐或超过嘴角，形似大蒲扇。全身被毛黑色或青灰色，毛稀疏，毛丛密，毛丛间距离大，腹部皮肤多呈紫红色，也有鼻吻白色或尾尖白色的，梅山猪的四肢末端为白色，俗称“四白脚丹”。乳头多为 8 ~ 9 枚。

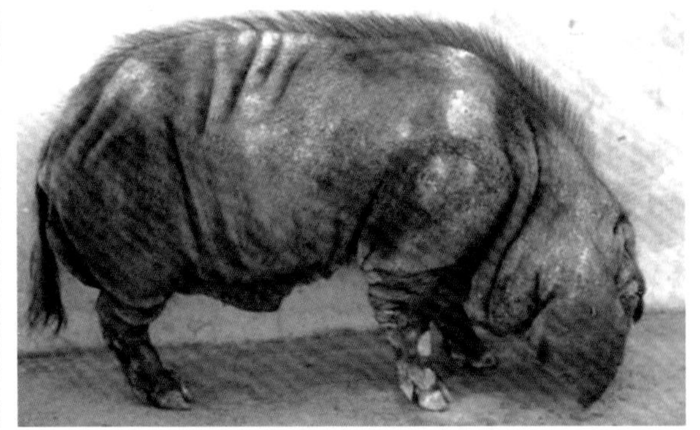

九、蓝塘猪

蓝塘猪又称芙蓉猪、铁尾猪，该猪因中心产区在广东省紫金县的蓝塘镇而得名。蓝塘猪早熟易肥，皮薄肉嫩，温驯易养，对高温、潮湿环境的适应性强，杂交配合力好，尤其具有高度耐近交的特性，但胴体中脂肪比例较高。

体型中等，头大小适中，额有“八”形、“V”形皱纹，嘴筒稍扁而翘，耳小、直立、薄而尖，颈细、长短适中。体躯宽深短圆，背腰微凹，腹大，臀部丰满平直，四肢较矮。毛色较整齐一致，从头至尾沿背线有宽阔黑带，并向左右延伸至体侧中部。体侧下半部、腹部和四肢

为白色，整个体躯毛色黑白各占一半，黑白分界比较平整，接近水平直线，分界处有 4 ~ 6 cm 黑皮白毛的灰白带，尾端全黑色。乳头排列均匀，乳头数多为 5 对。骨骼粗壮结实，极少出现肢蹄病，肌肉发育适中。另有一品系尾端为白毛，颈部有少许带状白毛，这一品系的猪体型相对较大。

十、大花白猪

大花白猪是广东大耳黑白花猪的统称，由分布于广东省境内各地的大花乌猪、金利猪、梅花猪、梁村猪、四保猪和坭坡猪杂交而成。大花白猪对疾病与环境具有较强的抵抗力，能适应炎热潮湿的气候，具有繁殖力高、早熟易肥、配合力较好等特点。但其增重速度较慢、饲料利用率较低。

体型中等，毛色为黑白花，头部和臀部有大块黑斑，腹部和四肢白色，背腰部和体侧有大小不等、分布不均匀的黑块，在黑白色的交界处有一条宽 3 ~ 6 cm 的灰色带，大部分被毛稀疏。背腰较宽，背微弓，腹大。耳稍大、下垂，额部多有横行皱纹。乳房发育良好，有效乳头多数为 6 对。大花白猪体型外貌各品系间稍有差异。成年公猪平均体重约为 130 kg，成年母猪约为 110 kg。

十一、巴马香猪

巴马香猪俗称冬瓜猪、芭蕉猪，原产于广西壮族自治区巴马瑶族自治县。巴马香猪是在长期近亲交配与当地饲养条件影响下形成的小型猪种，以肉味香浓著称于世。其遗传性能稳定、耐粗饲、抗病力强。巴马香猪乳猪和 60 日龄断奶仔猪肉均无奶腥味或其他腥臊异味，皮薄而软、味甘而微香，是制作烤乳猪和腊全猪的上乘原料。巴马香猪在饲养过程中多采用青绿饲料，是优质的无公害食品。巴马香猪还是育种研究和培育医学实验猪的良好材料。

体型小。头轻小，嘴细长，颈短粗，多数猪额平、无皱纹，少量个体眼角上缘有两条平行浅纹。耳小而薄、直立、稍向外倾。颈短粗，体躯短，背腰稍凹，腹较大、下垂而不拖地，臀部不丰满，四肢细短，前肢直立，后肢多卧系。乳房细软，不甚外露，乳头一般为 5 ~ 8 对，排列匀称，多为“品”字形。

巴马香猪毛色为两头黑、中间白，即从头至颈部的1/3～1/2和臀部为黑色，额有白斑或白线，也有少部分个体额无白斑或白线。鼻端、胸腹及四肢为白色，躯体黑白交界处有2～5 cm宽的黑底白毛灰色带，群体中约10%的个体背腰部分布有大小不等的黑斑。成年母猪被毛较长，成年公猪被毛及鬃毛粗长，似野猪。成年公猪平均体重约42 kg，成年母猪约35 kg。

十二、五指山猪

五指山猪原产于海南省五指山区，是我国著名的小型猪之一，具有非常明显的独特遗传品质。体型小、耐粗饲、早熟、耐近交、放牧性好，是中国猪种多样性中的重要组成部分。但其存在着生长慢、饲料利用率低等问题，今后应在保持其体格小的前提下有目的地采取有效的保护措施，改良某些性状，并有针对性地进行开发利用，在试验猪方面有开发利用前景。

全身被毛大部分为黑色或棕色，腹部和四肢内侧为白色，大多有鬃毛，呈棕褐色，公猪特别明显；皮肤为白色。体型小，体质细致，结构紧凑。头小稍长，似老鼠头，鼻直长，额部皱纹不明显，有白三角或流星，嘴尖，嘴筒直或微弯；耳小而尖，呈桃形，向后紧贴颈部。颈部紧凑，躯干长短适中，背腰平直或微凹，胸窄，腹大而不下垂，肋骨 13～14 对，臀部肌肉不发达，稍前倾。乳头 5 ～ 7 对。四肢细短，呈白色，蹄踵长。尾较细，长过飞节，尾端毛呈鱼尾状。五指山猪野性较大，跳跃能力强。成年公猪獠牙较长，睾丸较小，阴囊不明显。成年公猪平均体重约 28 kg，成年母猪约 25 kg。

十三、藏猪

藏猪属高原型猪种，能适应低氧的高原寒冷气候和以放牧为主的饲料条件，是世界上分布海拔最高地区的猪种之一。其特点是体格小、四肢结实，肉质好、皮薄、脂肪沉积力弱，胴体中瘦肉比例较高，鬃毛粗长、产量高，具有宝贵的资源价值，是发展我国高海拔地区养猪业的重要品种资源。但其存在体型小、生长缓慢、育肥期长、产仔少等缺点。

头狭浅，额短鼻长，颜面较直，无皱纹；耳小而立，耳郭开张，耳毛稀薄，耳根转动灵活；眼细长，嘴呈尖筒形，端部脊侧有两三道纵纹，一至三道横纹。颈浅、窄而较短，与头、肩结合良好。躯干较短，背线平直，少数个体稍凹；腹圆，腹线较直。肩立，前躯深短。肷部小，肷窝不明显。尻斜而窄，尾下垂，长及后管。四肢粗壮，管部稍细，系部坚强，蹄质坚硬。全身肌肉发育良好，体型紧凑，体质结实。全身被毛为淡黑色或黑灰色，少数个体为棕色。额、颊、颈、背、腹侧和四肢管部以上被毛较长，混生白色长毛；毛梢往往泛红，部分个体额部有白章。从两眼之间到颞颥部及顶部有密而长的倒生毛丛，与鬃毛相续。有束状尾帚，高及飞节，皮肤为浅黑色。

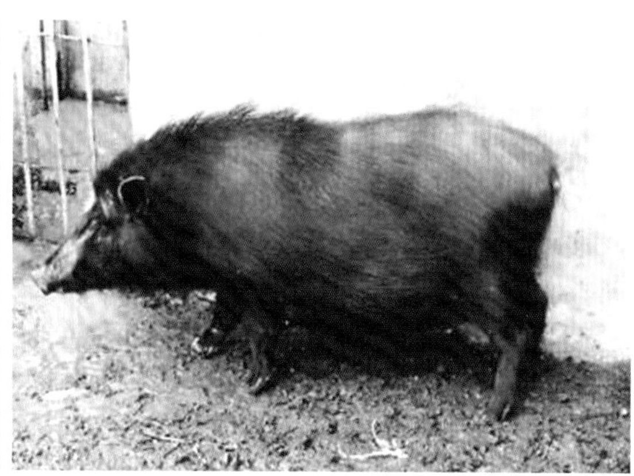

十四、荣昌猪

荣昌猪产于四川省的荣昌和隆昌两县，该品种形成已有 300 多年的历史。荣昌猪的鬃毛洁白刚韧，誉满国内外，鬣鬃一般长 11 ~ 15 cm，最长 20 cm 以上，一头猪能产鬃 200 ~ 300 g，净毛率可达 90%。

荣昌猪体型大，除两眼四周或头部有大小不等的黑斑外，其余部位的皮毛都为白色，所以群众称为“眼镜猪”。头大小适中，面部微凹，额部皱纹横行，有旋毛。耳中等大小，下垂。体躯较长，背腰微凹，腹大而深。臀部稍倾斜，四肢细致结实。成年猪的体长约为 141 cm，胸围 123 cm，体高69 cm，体重约 144 kg。

十五、陆川猪

陆川猪饲养历史悠久，品质优良，因原产于广西东南部的陆川县而得名，现主要分布在玉林、钦州、梧州等地。陆川猪是中国八大地方优良猪种之一，具有繁殖力高、母性好、抗逆性强、肉嫩味鲜、体型紧凑、遗传力稳定等优点。

体躯矮、短、肥、宽。头较短小，耳小而薄向外平伸，额有横行皱纹，背腰宽而下凹，腹大下垂，臀短倾斜，四肢粗短，乳头多为 6 对。全身被毛稀短，毛色为黑白花。除头、背、腰、臀部为黑色外，肩胛、腹部与四肢均为白色。成年公猪体重 87 kg，母猪 79 kg 左右。

十六、民猪

民猪是在我国东北和华北地区寒冷条件下形成的一个历史悠久的地方猪种，具有抗寒能力强、体质强健、产仔较多、脂肪沉积能力强和肉质好的特点，适于放牧和粗放的管理。但其胴体脂肪率高，皮较厚，后腿肌肉不发达，增重较慢。该品种猪与长白猪、大白猪、杜洛克猪等品种进行二元和三元杂交，杂种后裔在繁殖和肥育等性能上均表现出良好的效果。在开发利用上，民猪可作为优质肉猪生产的良好素材。

头中等大，颜面直长，面部与额部有皱纹，耳大、下垂。体质强健，体躯扁平，背腰窄狭，腹大下垂但不拖地，臀稍斜。四肢粗壮，后腿稍弯，多卧系，飞节上部和腋侧部有皱褶。全身被毛黑色，鬃长密，冬季密生茸毛。尾粗长、下垂。有效乳头 7 对以上，乳腺发达，乳头排列整齐。成年民猪公猪体重约 195 kg，母猪约 150 kg。

附录三　猪常用的免疫程序

免疫程序（vaccination program）是指一定地区、养殖场或特定动物群体根据传染病的流行状况制订的免疫接种计划，包括接种疫苗的类型、先后次序、间隔时间、次数、方法等内容。感染猪的传染病与寄生虫病病原繁多，一个地区、一个猪场可能发生的传染病不止一种。因此，猪场往往需用多种疫苗来预防不同的传染病。用来预防这些疫病的疫苗的性质各不相同，免疫期长短不一。每种传染病其免疫程序各异，在此讨论的多种传染病的免疫程序组合在一起就构成了一个地区、一个猪场的综合免疫程序。对于一个地区或猪场来说，制定免疫程序应考虑各种疫苗之间的相互影响，某种疫苗免疫程序的改变往往会影响到其他疫苗的免疫程序。制定免疫程序时除参考别人的成功经验外，还应重点注意传染病的流行特点、国家重点防控的疫病、母源抗体干扰、本地区流行的主要疫病及毒（菌）株类型、本场的疾病背景及其实际生产情况。免疫程序不是固定不变的，而应根据免疫效果进行调整。免疫效果的好坏是衡量免疫程序优劣的主要标准，因此在免疫程序实施过程中，应建立猪群免疫监测机制，随时观察免疫效果。

一、制订免疫程序应考虑的因素

1. 当地传染病的流行情况及严重程度　首先按照国家重点防控和当地流行的主要疫病确定必须免疫的病种，根据本场存在的疫病和历年流行过的疫病，确定需要免疫的病种。此外，还应根据监测结果及周边出现的一些新情况，随时增减免疫的病种。除了疫病的种类外，还要考虑病原血清型的对应。疫苗毒（菌）株与田间流行毒（菌）株血清型或亚型不一致，就起不到相应的免疫作用，如口蹄疫、猪肺疫、副猪嗜血杆菌病、传染性胸膜肺炎等病原都有多个血清型；按照疫病流行规律确定其季节性免疫的病种，如流行性乙型脑炎在夏、秋季多发，而传染性胃肠炎和流行性腹泻在秋、冬季多发，免疫接种应当在流行季节到来之前进行。

2. 母源抗体的水平　除了考虑疾病的流行情况外，首次免疫接种时间的确定主要取决于母源抗体的水平，母源抗体受个体、胎次、环境等因素影响。此外，不同疫病的母源抗体在体内维持的时间也不一致。

母源抗体是一把双刃剑，免疫过的怀孕母猪通过初乳传递给仔猪的母源抗体在一定时间内对仔猪有保护作用，但对仔猪的主动免疫也产生一定影响。因此，仔猪在哺乳阶段的免疫接种往往不能收到满意效果。在母源抗体水平较高的情况下对仔猪免疫不仅造成疫苗的浪费，还中和了部分具有保护力的母源抗体，使得仔猪面临更大的感染风险。另外，如果首免日龄设在母源抗体都为阴性时则是非常危险的。免疫空白期一旦被野毒感染，后果将是毁灭性的。以猪瘟为例，母猪于配种前后接种猪瘟疫苗者，所产仔猪在 20 日龄以前对猪瘟具有坚强抵抗力，以后母源抗体随着时间推移而衰减，至 40 日龄后几乎完全消失。目前国内公认为较科学的猪瘟免疫程序是在 20 日龄左右首次免疫接种猪瘟弱毒疫苗，至 60 ~ 65 日龄进行加强免疫；但对于猪瘟发病严重或生物安全措施缺乏的猪场，这种免疫程序显然并不奏效，采用超前免疫措施则更有保障。

3. 上次免疫接种引起的残余抗体水平　有些免疫接种需要反复多次才能保证全程生产安全。这是因为任何疫苗都有一定的免疫保护期（不同疫苗长短不一，多数在 4 个月左右），所以第一次免疫接种后，第二次免疫的间隔时间如何确定就显得十分重要。这是因为接种活苗时动物有较高的母源抗体或前次免疫残留的抗体，对疫苗可以产生免疫干扰。同母源抗体的影响一样，后一次免疫需考虑前一次免疫抗体的影响。究竟间隔多长时间为好，除了参考疫苗的保护期外，可借助现存通用的、被实践证明是已成功的免疫程序。对大型养殖场而言，一个值得推荐的方法是对免疫后的群体抗体水平进行定期监测，确定安全和危险的临界值，实现适时科学的免疫。

4. 猪的免疫应答能力　接种疫苗时猪的健康状态与免疫状态对免疫效果有很大影响。只有体质健康的猪在按规定剂量免疫接种后才能激发正常的免疫应答。如感染圆环病毒、猪繁殖与呼吸综合征病毒等免疫抑制病的猪处于亚健康状态，常发生免疫失败。大部分疫苗加强免疫后能维持 4 个月左右，有些猪场盲目增加免疫次数却没有达到预期的效果。

猪对外来的抗原刺激也有一定的阈值范围。疫苗免疫的剂量应在推荐或规定的范围内，不宜盲目改变。过低剂量时，达不到应有的保护效果；超高剂量时，则易产生相反效果，尤其是一些弱毒苗，有的尚具有一定毒力，更不宜随意加大剂量，如猪繁殖与呼吸综合征弱毒苗的免疫。疫苗产生抗体效价的高低在一定范围内与注射的剂量呈正相关，一旦超出这个剂量界限，即使用高出几倍剂量的疫苗，抗体效价可能升高微乎其微或根本不会升高，其结果是不仅增加了生产成本，还可能导致免疫麻痹。

5. 疫苗的种类和性质　疫苗免疫途径不同，使用剂量也可能不同。传统的疫苗一般可分为弱毒疫苗和灭活疫苗两大类。前者以冻干型居多，使用剂量小，弱毒苗与人工轻型感染相似，有激发全面性细胞和体液免疫，并兼顾黏膜和局部免疫的效果；后者主要以体液免疫为主，往往加有佐剂，使用剂量也较大，通常需要进行加强免疫。此外，两者运输、保存要求的温度条件也不同。如果在一个病的免疫中会用到弱毒苗和灭活苗，一般用弱毒苗作基础免疫，再用毒力稍强的灭活苗进行加强免疫。

6. 免疫接种的方法和途径　应根据疫苗的类别和特点来选择适宜的免疫途径。选择适宜的免疫途径能刺激机体产生理想的免疫应答，而免疫途径不合适则可能造成不良反应或免疫失败。如灭活疫苗、类毒素和亚单位疫苗一般采用肌内注射，猪喘气病弱毒冻干疫苗采用胸腔内免疫，传染性胃肠炎和流行性腹泻疫苗采用后海穴免疫，伪狂犬病基因缺失苗对仔猪采用滴鼻免疫效果更好。

7. 各种疫苗的影响　多种疫苗同时免疫时，要考虑疫苗的相互影响。一般情况下，每次都是用现成的单个疫苗或多联苗（研发机构已验证无相互干扰）进行免疫，但如果人为地将几种不同的疫苗同时免疫时，就要考虑这种影响了。在没有验证或缺乏证据的情况下，尽量避免这种做法，即使想做也应在小范围内先进行试验。生产中常有这种情况，在免疫接种时存在某个疾病的潜伏感染或饲料中有霉菌毒素等，机体对疫苗接种不能产生免疫应答，这时发病情况可能比不接种疫苗更严重，因此免疫时应了解和检查猪的健康状况。

8. 对动物健康及生产能力的影响　疫苗免疫最终也是为促进动物健康和提高生产性能。因此，疫苗免疫要考虑对动物健康及生产能力的影响。决定养猪经济效益的育肥猪除死淘率、药品疫苗费用外，还包括生长速度、料肉比（饲料转化率）、上市（出栏）所需时间。种猪除了饲养成本外，主要是以每头母猪年提供的猪健仔数来反映。

目前国际上还没有一个可供统一使用的疫（菌）苗免疫程序，各国都在实践中总结经验，通过免疫检测为基础不断研究改进，制订出合乎本地区、本场实际的免疫程序。

二、免疫失败

任何传染病的控制都要从控制传染源、切断传播途径、提高易感动物抗病力入手。免疫的主要目的是为了保护易感动物，减少患病动物或带毒动物的排毒。动物免疫接种后，在免疫有效期内不能抵抗相应病原体的侵袭，仍发生了该种传染病（例如接种猪瘟疫苗后仍发生了猪瘟），或者效力检查不合格（例如疫苗接种后检测不到抗体或抗体滴度达不到应有水平，抽检或攻毒保护率低于标准要求），均可认为是免疫接种失败。出现免疫接种失败的原因很多，可归纳为三大方面，即疫苗因素、动物因素和人为因素。

1. 疫苗因素　疫苗质量存在问题，如生产的疫苗低于国家规定的质量标准而导致疫苗本身的保护性能差或本身具有一定毒力，如猪副伤寒菌苗、猪繁殖与呼吸道综合征弱毒苗等。也可能疫苗虽合格，但因运输、保存、配制或使用不当，致使其质量降低、含量下降甚至失效，或疫苗已过有效期或变质。

2. 动物因素　接种时猪已处于潜伏感染状态，或猪群中有免疫抑制性疾病存在，或在接种时由接种人员及用具带入病原体。如先天性猪瘟感染猪及亚临床感染猪，长期带毒、排毒，具有免疫耐受性，其接种疫苗后不仅不能产生免疫力，反而会激发猪瘟，甚至因注射疫苗针头混用而引起猪瘟病毒的扩散。

3. 人为因素 人为因素有多种多样的表现，如免疫程序不合理，不同种类疫苗之间的干扰作用，接种活苗时有较高的母源抗体或前次免疫残留的抗体对疫苗产生了免疫干扰，明知动物患病还接种疫苗。

免疫接种途径或方法错误也易导致免疫失败，如疫苗稀释错误（用消毒自来水稀释）或稀释不均匀。同时接种同类型活疫苗，尤其是副反应大的两种疫苗。在同一部位同时免疫不同类型的疫苗。细菌性活疫苗免疫和抗生素同时使用，或病毒性活疫苗和干扰素同时使用。

三、规模化猪场免疫程序的制订

综上所述，规模化猪场在制订免疫程序时需要考虑多方面的因素，如猪场的疾病背景、疾病的流行特点和免疫特点、猪场的生产方式以及可供选择的疫苗等，来确定合理的疫苗种类和免疫时机。在保证生物安全的基础上，根据本场以及周边猪场疫病情况，通过监测全面了解本场需要重点防控的疫病，通过对免疫效果的监测来分析可能出现的问题，并通过观察和评估，有针对性地制定、不断完善和调整免疫程序，保证猪群在疾病来袭之前有足够的抗病力。这样将猪场发生主要传染病的风险降到最低，可减少疾病暴发的可能性和降低发病后的损失。

1. 分清重点，做好种猪群的免疫 做好种猪群免疫是规模化猪场预防和控制传染病的重要环节。做好种猪免疫，提高母源抗体水平，是减少或避免隐性感染，拓展仔猪免疫空间的主要方法。很多猪场忽视种猪免疫，猪群母源抗体水平偏低，不能提供哺乳仔猪坚强的保护力，只有被迫在产房（仔猪断奶前）接种各种疫苗，加重了免疫应激。在做好了种猪群免疫后，对仔猪、青年猪免疫要考虑的是尽量避开母源抗体干扰。

2. 避免应激因素 应激因素很多，疫苗可直接引起猪只不同程度体温升高、食欲下降、精神沉郁等应激反应。在一天当中，早晚接种比 11 ~ 16 时接种应激小；断奶、患病和亚健康猪群，抓猪、混群、长途运输等都会造成应激，应尽量避免和减少这些应激因素。

3. 免疫程序举例 见附表 3.1。

附表 3.1　免疫程序举例

	日 龄	免疫内容 / 途径 / 剂量	备注
仔猪肉猪	初乳前 2 h	猪瘟弱毒疫苗超前免疫 / 肌内 /1 头份	流行猪场零时免疫较为保险
	1~5 日龄	猪伪狂犬病弱毒疫苗 / 鼻黏膜 /0.5 头份	黏膜免疫避开母源抗体
	4~7 日龄	猪支原体肺炎灭活苗 / 鼻腔黏膜喷雾 /1 头份	一次免疫，可减少应激
	10~12 日龄	猪繁殖与呼吸综合征变异株活疫苗 / 肌内 /0.5 ~1 头份	确诊有该病原，当天免疫
	21 日龄	副猪嗜血杆菌灭活苗 / 肌内 /1 头份	临床和病变显示有病原
	30 日龄	口蹄疫合成肽灭活苗 / 肌内 /1 头份	该苗应激小、抗体效果好
	35 日龄	副猪嗜血杆菌灭活苗 / 肌内 /1 头份	一免后 21 d 要加强免疫
	40 日龄	猪繁殖与呼吸综合征变异株活疫苗 / 肌内 /1 头份	一免后 28 d 要加强免疫
	50 日龄	猪伪狂犬病弱毒疫苗 / 后腿内侧肌内 /1 ~2 头份	流行猪场加强一次免疫
	55~60 日龄	口蹄疫灭活苗（Ⅱ或高效）/ 肌内 /2 mL	浓缩苗首次免疫
	60~65 日龄	猪瘟弱毒疫苗 / 肌内 /1.5 头份	二免（加强一次免疫）
	85~100 日龄	口蹄疫（高效）灭活苗 / 肌内 /2 mL	浓缩苗二次免疫
	40~150 日龄	流行性腹泻三联活疫苗 / 后海穴 /1 头份	10 月至翌年 4 月
初产母猪	5 月龄	猪细小病毒弱毒疫苗 / 肌内 /1 头份	该病威胁初胎猪
	5 个半月龄	猪伪狂犬病弱毒疫苗 / 后腿肌内 /1 ~1.5 头份	引种 3 周后加强一次免疫
	6 月龄	乙型脑炎弱毒疫苗 / 肌内 /1 头份	春季免疫，经产猪可不免疫
	配种前 7 周	猪繁殖与呼吸综合征变异株活疫苗 / 肌内 /1 头份	确诊有该病原的场免疫
	配种前 4 周	猪瘟弱毒疫苗 / 肌内 /1.5 头份	加强免疫
	配种前 3 周	口蹄疫（高效）灭活苗 / 肌内 /2 mL	加强免疫
	产前 8 周	副猪嗜血杆菌灭活苗 / 肌内 /1 头份	为保护吃乳猪而免疫
	产前 7 周	猪流行性腹泻三联活疫苗 / 后海穴 /1 头份	首次免疫
	产前 5 周	副猪嗜血杆菌灭活苗 / 肌内 /1 头份	加强免疫以提高母源抗体
	产前 4 周	猪流行性腹泻三联活疫苗 / 后海穴 /1 头份	加强免疫
经产母猪	配种前 3 周	猪伪狂犬病弱毒疫苗 / 后腿肌内 /1 ~1.5 头份	根据该场疫病情况，结合疫病流行特点，如猪乙脑和细小病毒主要威胁初产猪，猪支原体肺炎种猪临床症状不明显，经产猪可减免几种疫苗
	配种前 2 周	猪繁殖与呼吸综合征变异株活疫苗 / 肌内 /1 头份	
	怀孕后 1 ~2 个月	猪瘟弱毒疫苗 / 肌内 /1.5 头份	
		口蹄疫（高效）灭活苗 / 肌内 /2 mL	
	产前 5 周	副猪嗜血杆菌灭活苗 / 肌内 /1 头份（必要时）	
	产前 4 周	猪流行性腹泻三联活疫苗 / 后海穴 /1 头份	
	产前 3 周	猪伪狂犬病弱毒疫苗 / 后腿肌内 /1 ~1.5 头份	
青年公猪	5 个月龄	猪伪狂犬病弱毒疫苗 / 后腿肌内 /1 ~1.5 头份	根据该场疫病情况，结合疫病流行特点，如细小病毒主要威胁初产母猪，猪支原体肺炎种猪临床症状不明显，公猪可减免几种疫苗
	配种前 7 周	猪繁殖与呼吸综合征变异株活疫苗 / 肌内 /1 头份	
	配种前 5 周	乙型脑炎弱毒疫苗 / 肌内 /1 头份	
	配种前 4 周	猪瘟弱毒疫苗 / 肌内 /1.5 头份	
	配种前 3 周	口蹄疫（高效）灭活苗 / 肌内 /2 mL	
	配种前 2 周	猪流行性腹泻三联活疫苗 / 后海穴 /1 头份	
成年公猪	每半年一次	猪口蹄疫高效灭活疫苗、猪瘟弱毒疫苗、猪繁殖与呼吸综合征（变异株）灭活疫苗、猪伪狂犬弱毒疫苗、猪流行性腹泻三联活疫苗	

附录四　猪病鉴别诊断

附表 4.1　家畜四种水疱性疾病的鉴别诊断

动物	接种途径	数量	口蹄疫	水疱性口炎	猪水疱性疹	猪水疱病
猪	皮内或皮肤划痕	2	+	+	+	+
	静脉	2	+	+	+	+
	蹄冠或蹄叉	1	+	0	0	+
马	肌内	1	—	+	—	—
	舌皮内	1	—	+	±	—
牛	肌内	1	+	—	—	—
	舌皮内	1	+	+	—	—
绵羊	舌皮内	2	+	±	—	—
豚鼠	跖部皮内	2	+*	+	—	—
5 日龄内鼠	腹腔内或皮下	10	+	+	—	+
成年小鼠	脑内	10	— 或 +	+	—	—
	腹腔内	10	—	0	0	—
鸡胚		5	（绒尿膜、静脉）+	（卵黄囊）+	—	—
成鸡	舌皮下	5	+	0	—	—
细胞培养			牛、猪、羊、乳兔、地鼠肾传代细胞	牛、猪、仓鼠肾及鸡胚成纤维细胞	猪胚肾细胞	PK-15，猪睾丸、仓鼠肾及鼠胚成纤维细胞

注：+ 代表阳性；± 代表不规则和轻度反应；—代表阴性；0 代表没有数据；* 代表少数例外。

附表 4.2 猪常见消化系统疾病的鉴别诊断

病原	年龄	主要临床症状
大肠杆菌	新生仔猪：1~4 日龄	黄色水样腹泻，脱水，突然死亡
肠毒性大肠埃希杆菌和致病性大肠杆菌	断奶仔猪：断奶后 2~3 周	腹泻，生长缓慢，死亡，神经症状，水肿，突然死亡（水肿病）
轮状病毒	1 日龄到 7 周龄，2~4 周龄多发	水样至浆液状腹泻，可能为亚临床型；不同程度的脱水
C 型产气荚膜梭菌	1~14 日龄（更大年龄少见）	出血性或水样腹泻，突然死亡
A 型产气荚膜梭菌	2~10 日龄（更大年龄少见）	奶油状，水样腹泻（轻度），生长缓慢
猪等孢球虫	5~21 日龄（更大年龄猪偶发）	腹泻，粪便呈水样，黄色；脱水
猪传染性胃肠炎病毒和猪流行性腹泻病毒	所有年龄	重度水样腹泻，快速脱水，死亡，常见呕吐
胞内劳森菌	5 周龄左右至成年猪	腹泻粪便呈糊状；PHE 有水样出血性腹泻（葡萄酒色），体苍白，体弱，共济失调
沙门氏菌	断奶至成年	粪便不成形，呈水样，含有纤维素、坏死组织或血块；多数感染呈亚临床型
猪痢疾短螺旋体	6 周龄至成年	腹泻粪便呈糊状、稀薄，粪便带有黏液和血液，嗜睡
猪鞭虫	断奶至成年	糊状粪便，有带血黏液

附表 4.3 猪常见消化系统疾病的发病机制

感染性病原	腹泻的发病机制		
	分泌亢进	吸收障碍	炎症
大肠杆菌	+++	+	
A 型产气荚膜梭菌	+		
C 型产气荚膜梭菌		+	+++
艰难梭菌	+	+	+++
猪传染性胃肠炎病毒		+++	
轮状病毒	+	++	
沙门氏菌	+		+++
胞内劳森菌		++	++
猪痢疾短螺旋体		+	++

附表 4.4　猪常见消化系统疾病的发病年龄阶段

感染性病原	年龄组		
	哺乳期	断奶期	生长育肥或繁殖期
细菌			
艰难梭菌	+++	+	+
A 型产气荚膜梭菌	++	+	—
C 型产气荚膜梭菌	++	—	—
大肠杆菌	+++	+++	—
肠道螺旋体	—	++	+++
胞内劳森菌	—	++	+++
沙门氏菌性	+	++	+++
猪痢疾	+	++	+++
寄生虫			
隐孢子虫	+	+	—
猪等孢球虫	+++	+	—
兰氏类圆线虫	+	+	+
猪鞭虫	—	—	++
病毒			
猪圆环病毒	+	++	+
猪流行性腹泻病毒	+	++	+++
轮状病毒	+++	+++	+
传染性胃肠炎病毒	+++	+++	++

注：— 表示罕见或几乎不发生；+ 表示不常见； ++ 表示常见；+++ 表示非常常见。

附表 4.5 有腹泻症状的猪病的鉴别诊断

病名	病原	流行特点	主要临诊症状	特征病理变化	实验室诊断	防治措施
猪瘟	猪瘟病毒	只有猪发病，不分品种、年龄、性别，无季节性，感染、发病、死亡率均高，流行广、流行期长，易继发或混合感染，多途径、多方式传播	体温40～41 ℃，先便秘，粪便呈算盘珠样，带血和黏液，后腹泻，后腿交叉步，后躯摇摆，颈部、腹下、四肢内侧发绀，皮肤出血，公猪包皮积尿，眼部有黏脓性眼眵，个别有神经症状	皮肤、黏膜、浆膜广泛出血，雀斑肾，脾梗死，回、盲肠扣状肿，淋巴结周边出血，黑紫，切面大理石状；孕猪流产，产死胎、木乃伊胎等	分离病毒，测定抗体，接种家兔	无法治疗，主要依靠疫苗预防和紧急接种
猪传染性胃肠炎	冠状病毒	各种年龄猪均可发病，10日龄仔猪发病死亡率高，大猪很少死亡。常见于寒冷季节。传播迅速，发病率高	突然发病，先吐后泻，稀粪黄浊色、污绿色或灰白色，带有凝乳块，腥臭难闻，后躯污染严重，脱水、消瘦，体重锐减。日龄越小，病程越短，病死率越高，大猪多很快康复	尸体消瘦，明显脱水，胃肠卡他性炎症，肠壁菲薄，肠腔扩张、积液，肠绒毛萎缩	分离病毒，接种易感猪	对症治疗，疫苗预防
猪流行性腹泻	冠状病毒	与传染性胃肠炎相似，但病死率稍低，传播速度较慢	与传染性胃肠炎相似，亦有呕吐、腹泻、脱水症状，主要是水泻	与传染性胃肠炎相似	分离病毒，检测抗原	对症治疗，疫苗预防
猪轮状病毒病	轮状病毒	仔猪多发，寒冷季节，发病率高，死亡率低	与传染性胃肠炎相似，但较轻缓。多为黄白色或灰暗色水样稀粪	与传染性胃肠炎相似，但症状较轻	分离病毒，检测抗原	对症治疗，疫苗预防
仔猪白痢	大肠杆菌	10～30日龄多见，地方流行，病死率低，与环境特别是温度有关	排白色糊状稀粪，腥臭，可反复发作，发育迟滞，易继发其他病	小肠卡他性炎症，结肠充满糊状内容物	分离细菌	广谱抗生素有效，用疫苗预防
仔猪黄痢	大肠杆菌	3日龄以内仔猪常发，地方流行，产仔季节多发，发病率和病死率均较高	发病突然，拉黄色、黄白色水样粪便，带乳片，气泡，腥臭，不食，脱水，消瘦，昏迷而死，病程1～2 d，来不及治疗，致死率在90%以上	脱水，皮下及黏浆膜水肿；小肠有黄色液体气体，淋巴结出血点，肠壁变薄，胃底出血溃疡	分离细菌	药物治疗无效，可对妊娠母猪接种疫苗

续表

病名	病原	流行特点	主要临诊症状	特征病理变化	实验室诊断	防治措施
仔猪红痢	魏氏梭菌	3日龄内多见，由母猪乳头感染，经消化道传播，病死率高	血痢，带有米黄色或灰白色坏死组织碎片，消瘦、脱水、药物治疗无效，约1周死亡	小肠严重出血坏死，内容物红色、有气泡	分离细菌，接种动物	治疗无效，疫苗预防
猪副伤寒	沙门氏菌	2～4月龄多发，地方流行，与饲养、环境、气候等有关，流行期长，发病率高	体温41 ℃以上，腹痛腹泻，耳根、胸前、腹下发绀，慢性者皮肤有痂状湿疹	败血症、脾肿大、大肠糠麸样坏死	分离细菌，涂片镜检	广谱抗生素有效，疫苗预防
猪痢疾	螺旋体	2～4月龄多发，传播慢，流行期长，发病率高，病死率低	体温正常，病初可略高，泻出粪便混有大量黏液及血液，常呈胶冻状	大肠出血性、纤维素性、坏死性肠炎	镜检细菌，测定抗体	抗生素和磺胺类药物有效

附表4.6　常见猪呼吸系统疾病类症鉴别与防治总结

病名	病原	流行特点	主要临诊症状	特征病理变化	实验室诊断	防治措施
副猪嗜血杆菌病	副猪嗜血杆菌	只感染猪，2周龄到4月龄的猪均易感，通常见于5～8周龄保育猪	发热，食欲减退，厌食，反应迟钝，呼吸困难，咳嗽，疼痛（尖叫），关节肿胀，跛行，颤抖，共济失调，可视黏膜发绀，侧卧，消瘦和被毛粗乱，随之可能死亡	腹膜、心包膜和胸膜浆膜面可见浆液性和化脓性纤维蛋白渗出物，损伤也可能涉及脑和关节表面	细菌学检查，PCR方法检测	疫苗接种，药物预防；减少猪繁殖与呼吸系统综合征发病；加强饲养管理，注重早期治疗
猪传染性胸膜肺炎	胸膜肺炎放线杆菌	3~5月龄育肥猪最易感，育成猪及2月龄以下仔猪偶发，引入带菌猪是发病的主要原因，恶劣环境、气候骤变，可致突然发病，急性者病程短，死亡率高	多见突然发病，急性死亡，体温升高，高度呼吸困难，犬坐姿势，张口、伸舌，口鼻流出大量带血泡沫，耳尖、鼻吻、四肢乃至周身皮肤发绀；慢性者可见体温升高，食欲减退，呼吸困难，不同程度咳嗽，甚至张口呼吸	肺充血，出血和瘀血，肺叶散布深色“小岛状”病灶区，与周围界限明显；胸腔液体增多，淡黄色或暗红色，纤维素性胸膜炎，严重者肺脏与胸膜粘连，难以分开	细菌学检查，PCR方法检测，检测抗体	抗菌药物治疗有效，有疫苗可用

续表

病名	病原	流行特点	主要临诊症状	特征病理变化	实验室诊断	防治措施
猪肺疫	多杀性巴氏杆菌	多见于小猪、中猪，以内源性感染为主，架子猪多见，气候剧变、冷热交替、长途运输等应激因素可诱发该病，一旦急性发病，病程短，死亡率高	体温升高，呈犬坐姿势，剧烈咳嗽，呼吸极度困难，张口吐舌、常发出喘鸣声，口鼻流出带血泡沫，耳尖、鼻吻、四肢，甚至全身皮肤发绀继而死亡	咽喉及其周围组织充血、出血，皮下水肿，全身淋巴结肿大、弥漫性出血；肺水肿、气肿，肝变，切面呈大理石状条纹，胸腔、心包积液	涂片镜检、细菌分离鉴定，PCR方法检测	氟苯尼考等多种抗生素治疗有效，有疫苗可用
猪气喘病	肺炎支原体	大小猪均可发病，6周龄后保育猪多发，通常发病率高，死亡率低，地方品种猪更易感，死亡率更高，病程长，可反复发作，与饲养管理、气候条件、环境因素有关	单纯气喘病体温不高，主要表现为咳嗽、喘气。早晚运动、食后及变天时更明显，腹式呼吸、有喘鸣音，驱赶后最易听到，呼吸高度困难。一旦猪繁殖与呼吸综合征参与或继发其他细菌感染，死亡率较高	肺气肿、肺水肿；尖叶、心叶、膈叶呈肉变或胰样变，呈紫红色、灰白色、灰黄色，早期感染分泌物不多，继发感染后，气管充满黏性脓性分泌物	分离培养，PCR方法检测，ELISA方法检测	抗生素可缓解症状，可用弱毒苗和灭活苗预防
猪萎缩性鼻炎	支气管败血波氏杆菌	1周龄内发病率、死亡率高，断奶前感染易发生鼻炎，断奶后感染多呈隐性。幼龄猪多发，特别是3~4周龄仔猪；外来品种及其杂交后代更易感，病症更严重，带菌母猪遗传后代	1周龄内发病为肺炎，急性死亡，断奶前感染者表现咳嗽、打喷嚏、鼻塞、面部变形，面部皮皱变深，有泪斑，流鼻涕，甚至鼻出血，体温常不高。鼻面部变形，皮肤皱缩，上颚变短，上下颌咬合不全	鼻甲骨、鼻中隔萎缩，变形，严重者鼻甲骨卷曲消失	细菌分离培养，PCR方法检测，ELISA方法检测	磺胺等抗生素治疗有效，疫苗预防
猪链球菌病	链球菌	各年龄均易感，与饲养管理、卫生条件等有关，发病急，感染率高，流行期长	体温41～42 ℃，咳喘，关节炎，淋巴结脓肿，脑膜炎，耳端、腹下及四肢皮肤发绀，有出血点	内脏器官出血，脾肿大，关节炎，淋巴结化脓	涂片镜检、分离鉴定细菌	分离细菌，做药敏试验，可用疫苗预防

续表

病名	病原	流行特点	主要临诊症状	特征病理变化	实验室诊断	防治措施
猪流感	流感病毒	多种动物易感，发病率高，传播快，流行广，病程短，死亡率低	体温升高，咳喘，呼吸困难，流鼻涕、流泪，结膜潮红	少有死亡和肉眼病理变化	分离病毒	对症治疗，无疫苗可用
猪繁殖与呼吸综合征	动脉炎病毒	孕猪和乳猪易感，新疫区发病率高，仔猪死亡率高，垂直传播	乳猪发热，呼吸困难，咳嗽，共济失调，急性死亡，母猪皮肤发绀，流产，产死胎、木乃伊胎	仔猪淋巴结肿大、出血，脾肿大，肺瘀血、水肿、肉变	分离病毒，检测抗体	无法治疗，可用疫苗预防
猪伪狂犬病	猪伪狂犬病病毒	多种动物易感，尤其是孕猪和新生猪，感染率高，发病严重，仔猪死亡率高，垂直传播，流行期长	体温40～42℃，呼吸困难，腹式呼吸，咳嗽，流鼻涕，腹泻，呕吐，有中枢神经系统症状，共济失调，很快死亡，孕猪发生流产，产死胎、木乃伊胎	呼吸道及扁桃体出血、水肿，肺水肿，出血性肠炎，胃底部出血，肾脏针尖状出血，脑膜充血、出血	分离病毒，接种家兔，检测抗体	无法治疗，有疫苗可用
猪弓形虫病	龚地弓形虫	各种年龄的猪均易感	体温40～42℃，咳喘，呼吸困难，有神经症状，后期体表有紫斑及出血	皮肤出血、出血性肺炎，肺肿大、瘀血，间质增宽，脾肿大	涂片镜检，测定抗体	磺胺类药有效

附表4.7　猪神经系统疾病的鉴别诊断

病名	病原	流行特点	主要临诊症状	特征病理变化	实验室诊断	防治措施
狂犬病	狂犬病毒	无年龄、季节差异，人兽共患，散发，有被咬伤史，潜伏期长短不定，致死率高	兴奋、狂暴、攻击人畜、易惊，突然跳起、尖叫、流涎、痉挛、麻痹，2～3 d死亡	肉眼无特异病变。非化脓性脑炎，脑组织有核内包涵体	检测病毒及包涵体	无法治疗，扑杀深埋
猪伪狂犬病	猪伪狂犬病毒	多种动物易感，以孕猪和新生猪最为易感，感染率高，发病严重，仔猪死亡率高，可垂直传播，流行期长，无季节性	体温升高，呼吸困难，腹式呼吸，咳嗽、流鼻涕、腹泻，呕吐，有中枢神经系统症状，共济失调，很快死亡，孕猪流产，产死胎、木乃伊胎	呼吸道及扁桃体出血，肺水肿，出血性肠炎，胃底部出血，肾脏出血，脑膜充血、出血	分离病毒、接种家兔，有多种方法检测抗体	无法治疗，有疫苗可用

续表

病名	病原	流行特点	主要临诊症状	特征病理变化	实验室诊断	防治措施
猪日本乙型脑炎	猪日本乙型脑炎病毒	人兽共患，夏、秋多见，与蚊虫叮咬有关，散发，感染率高，发病率低，孕猪和仔猪多发	体温升高，少量猪后肢轻度麻痹，步态不稳，跛行，抽搐，摆头，孕母猪流产，产死胎、木乃伊胎，公猪一侧性睾丸炎	流产胎儿脑水肿，脑膜和脊髓充血。非化脓性脑炎，脑发育不全，皮下水肿，肝、脾有坏死	分离病毒接种小鼠，测定抗体	无法治疗，常用疫苗预防
猪传染性脑脊髓炎	猪传染性脑脊髓炎病毒	只感染猪，1月龄最易感，冬、春季多见，新疫区暴发，老疫区散发，传播慢，流行期长，病死率高	体温升高，前肢前移，后肢后伸，运动失调，反复跌倒，麻痹，眼球震颤，角弓反张，惊厥，尖叫磨牙	脑膜水肿充血，肌肉萎缩，非化脓性脑脊髓炎	分离病毒，检测抗体	无法治疗，可用疫苗预防，一旦发病，扑杀处理
猪血凝性脑脊髓炎	冠状病毒	只感染猪，1 ~ 3周龄仔猪最易感，感染率高，发病率低，多在引进种猪后发病，散发或地方性流行，冬、春季多见	昏睡，呕吐，便秘，四肢发绀，呼吸困难，喷嚏咳嗽，痉挛磨牙，步态不稳，麻痹犬坐、泳动，转圈、角弓反张、眼球震颤失明	无肉眼病变，非化脓性脑炎，呕吐型则有胃肠炎变化	分离病毒，测定抗体	无法治疗，无疫苗可用，一旦发病扑杀、销毁病猪
猪李氏杆菌病	李氏杆菌	人兽共患，断奶前后仔猪最易感，冬、春季多见，散发，致死率高，应激因素会导致发病	体温升高，震颤，共济失调，奔跑转圈，后退，头后仰呈观星状，麻痹，四肢泳动，抽搐尖叫，吐白沫	肺、脑膜充血水肿，脑脊液增多，淋巴结肿大出血，气管出血，肝、脾肿大坏死	镜检，分离细菌，接种动物，测定抗体	早期抗菌药物治疗，无疫苗可用
猪水肿病	大肠杆菌	1 ~ 2月龄猪最易感，春、秋季营养良好者多发，地方性流行或散发，致死率高，与气候多变有关	共济失调，步态不稳，转圈抽搐，尖叫、吐白沫，四肢泳动，眼睑、头颈、全身水肿，呼吸困难，1 ~ 2 d死亡	患部水肿，有透明、微黄色液体，胃大弯、大肠、肠系膜有胶冻状物，淋巴结肿大，脑脊髓水肿	镜检，分离细菌	早期对症治疗，可用疫苗预防

续表

病名	病原	流行特点	主要临诊症状	特征病理变化	实验室诊断	防治措施
链球菌病	链球菌	不分年龄，地方流行性，与饲养管理、卫生条件等有关，发病急，感染率高，流行期长	体温升高，咳喘，关节炎，淋巴结脓肿，脑膜炎，耳端，腹下及四肢皮肤发绀，有出血点	内脏器官出血，脾肿大，关节炎，淋巴结化脓	镜检，分离细菌	青霉素、链霉素等有效，可用疫苗预防
猪丹毒	丹毒丝菌	中猪多发，散发或地方流行性，炎热雨季多见，病程短，发病急，病死率高	体温 42 ℃以上，体表有规则或不规则疹块，并可结痂、坏死脱落	脾肿大、菜花心，皮肤疹块	涂片镜检，分离细菌	青霉素、链霉素治疗有效
猪弓形虫病	龚地弓形虫	各年龄的猪均易感	体温升高，咳喘、呼吸困难，有神经症状，体表有紫斑及出血点	皮肤出血，肺肿大、瘀血、出血，间质增宽，脾肿大	涂片镜检，测定抗体	磺胺类药有特效

附表 4.8　猪生殖系统疾病的鉴别诊断

病名	病原	流行特点	主要临诊症状	特征病理变化	实验室诊断	防治措施
猪细小病毒病	猪细小病毒	只感染猪，大小猪均易感，但仅初产猪表现症状，垂直传播，流行期长	妊娠早期感染胚胎死亡，产仔数少或屡配不孕，中期感染产木乃伊胎，后期感染产仔正常或弱仔	发育不良，死胎充血、水肿、出血、体腔积液或木乃伊化	分离病毒，测定抗体	无法治疗，疫苗预防
猪日本乙型脑炎	日本乙型脑炎病毒	初产母猪多发、人兽共患，夏、秋季多见，与蚊虫传播有关，散发，感染率高，发病率低	可侵害各时期胎儿，多产出死胎和木乃伊胎，少数为活仔，但 1 ~ 2 d 发病死亡；公猪睾丸单侧性肿胀、热疼	胎儿脑水肿，脑膜脊髓充血，非化脓性脑炎，脑发育不全，皮下水肿，体腔积液，肝、脾坏死	分离病毒，接种小鼠，测定抗体	无法治疗，疫苗预防
猪伪狂犬病	猪伪狂犬病毒	多种动物易感，孕猪和新生仔猪最易感，感染率高，发病严重，流行期长，无季节性，仔猪死亡率高，母猪主要表现为流产；垂直传播	侵害妊娠 40 d 以上胎儿，出现流产、死产、产木乃伊胎及弱仔；弱仔发病死亡快，母猪无其他症状，仔猪有呼吸道和神经症状	无明显肉眼病理变化，非化脓性脑炎，脑组织有核内包涵体	荧光抗体检测病毒，脑组织查包涵体	无法治疗，疫苗预防

续表

病名	病原	流行特点	主要临诊症状	特征病理变化	实验室诊断	防治措施
猪繁殖与呼吸综合征	猪繁殖与呼吸综合征病毒	孕猪和新生仔猪易感，无季节性，感染率高，新疫区发病率高，仔猪死亡率高，母猪无死亡，垂直传播	流产、死产多见于妊娠后期，偶见木乃伊胎，母猪有全身症状，并影响再次配种，新生仔猪死亡率高	仔猪淋巴结肿大、出血，脾肿大，肺瘀血、水肿、肉变	分离病毒，检测抗体	无法治疗，疫苗预防
猪瘟	猪瘟病毒	只感染猪，不分年龄品种，无季节性，发病率、死亡率均高，常呈流行性，流行期长，可垂直传播	体温 40 ~ 41 ℃，先便秘，后腹泻，皮肤出血，公猪包皮积尿，个别有神经临诊症状	败血症，全身皮肤及脏器广泛出血，雀斑肾，脾边缘梗死，肠道扣状溃疡	分离病毒，测定，抗体接种家兔	无法治疗，疫苗预防，一旦发病，紧急接种
猪圆环病毒感染	猪圆环病毒	可水平及垂直传播，各种年龄、性别的猪都可感染，但并非都有临诊症状。发病率较低	初产母猪流产率高，经产母猪产死胎、木乃伊胎和弱仔增多，且仔猪断奶前死亡率高达 10%。部分仔猪先天性震颤。公猪精液排毒，精子活力下降，配种能力减低	胎儿体表及脏器苍白、黄染、出血、坏死或干尸化	分离鉴定为猪圆环病毒 2 型；检测核酸和抗原；ELISA 法、免疫荧光法测抗体	疫苗预防，药物辅助预防；综合防控措施
猪链球菌病	猪链球菌	各种年龄均易感，地方流行，无季节性，与饲养管理、卫生条件差等有关，发病急，感染率高，流行期长	多在急性暴发时大批发生流产，可见于妊娠各个时期，病猪还有相应的其他症状	内脏器官出血，脾肿大，关节炎，淋巴结化脓	涂片镜检，分离鉴定细菌	早治有效，疫苗预防
猪布鲁氏菌病	布鲁氏杆菌	人兽共患，多见于产仔季节，感染率高，但仅少数孕猪发病	孕猪流产可见于妊娠各个时期，以早中期多见，公猪表现睾丸炎	胎儿自溶、水肿、出血，体腔积液，母猪胎盘炎、子宫内膜炎	镜检，分离细菌，检测抗体	淘汰病猪，疫苗预防

附表 4.9　猪皮肤充血、出血性疾病的鉴别诊断

病名	病原	流行特点	主要临诊症状	特征病理变化	实验室诊断	防治措施
猪瘟	猪瘟病毒	只有猪感染发病，不分品种、年龄、性别，无季节性，感染、发病、死亡率均高，流行广，流行期长，易继发或混合感染其他病，多途径传播，可垂直传播	体温40～41℃；先便秘，粪便呈算珠样，带血和黏液，后腹泻；后腿交叉步，后躯摇摆；颈部、腹下、四肢内侧发绀，皮肤出血；公猪包皮积尿；眼部有黏脓性眼眵，转归死亡	皮肤、黏膜、浆膜广泛出血，雀斑肾，脾边缘梗死，回、盲肠扣状肿，淋巴结周边出血，黑紫，切面呈大理石状；孕猪流产，产死胎、木乃伊胎等	分离病毒，测定抗体，接种家兔	无法治疗，主要依靠疫苗预防和紧急接种
猪皮炎和肾病综合征	猪圆环病毒2型	多见于5～18周龄猪，发病率、死亡率低。必须在其他因素的共同参与下才能导致明显和严重的临床病症	以会阴部和四肢皮肤出现红紫色隆起的不规则斑块为主要临诊特征。患猪表现皮下水肿，食欲丧失，有时体温上升	淋巴结肿大、肝硬化，间质性肺炎，外观灰色至褐色，呈斑驳状，质地似橡皮。脾肿大、坏死、色暗。肾苍白、肿大、有出血点或坏死点	抗体和抗原检测	加强环境消毒和饲养管理，减少仔猪应激，用疫苗及药物预防
猪繁殖与呼吸综合征	猪繁殖与呼吸综合证病毒	孕猪和乳猪易感，新疫区发病率高；仔猪死亡率高；多途径传播，可垂直传播	乳猪发热，呼吸困难，咳嗽，共济失调，急性死亡，母猪皮肤发绀，流产，产死胎、木乃伊胎	仔猪淋巴结肿大、出血，脾肿大，肺瘀血、水肿、肉变	分离病毒，检测抗体	无法治疗，可用疫苗预防
猪副伤寒	沙门氏菌	2～4月龄多发，地方性流行，多经消化道传播；与饲养条件、环境、气候等有关（内源性感染），流行期长，发病率高	急性体温41℃以上，腹痛腹泻，耳、胸、腹下发绀，慢性者下痢，排灰白色或黄绿色恶臭稀粪，皮肤有痂状湿疹，易继发其他病，最终死亡或成为僵猪	急性型多为败血症、脾肿大、淋巴结索状肿。慢性者特征病变为坏死性肠炎，大肠黏膜呈糠麸样坏死	涂片镜检，分离鉴定细菌	广谱抗生素有疗效；预防可用弱毒菌苗，但效果不理想
猪丹毒	丹毒丝菌	2～4月龄猪多见，散发或地方流行，夏季多发，经皮肤、黏膜、消化道感染，病程短，发病急，病死率高	体温42℃以上，体表有规则或不规则疹块，并可结痂、坏死脱落；慢性型多为关节炎和心内膜炎临诊症状	急性脾樱桃红色，肿大柔软，皮肤疹块。慢性病理变化为增生性、非化脓性关节炎，菜花心	涂片镜检，分离鉴定细菌，血清学检测	青霉素治疗有效，可用弱毒菌苗预防

续表

病名	病原	流行特点	主要临诊症状	特征病理变化	实验室诊断	防治措施
猪肺疫	巴氏杆菌	架子猪多见，散发，与季节、气候、饲养卫生环境等有关，发病急，病程短，病死率高	体温41～42℃，呼吸困难、张口吐舌、犬坐姿势、咳喘，口吐白沫，咽、喉、颈部、腹部红肿，常窒息死亡	咽喉、颈部皮下水肿，纤维素性胸膜肺炎：水肿，气肿，肝变，切面呈大理石状条纹	涂片镜检，鉴定细菌，接种小鼠	链霉素及多种抗菌药物有效，可用疫苗预防
猪链球菌病	链球菌	各年龄均易感，地方性流行，与饲养管理、卫生条件有关，发病急，感染和发病率高，流行期长，病型多	急性体温41～42℃，咳喘，关节炎，脑膜炎，有神经症状；皮肤发绀，有出血点；慢性淋巴结脓肿	内脏器官出血，脾肿大，关节炎，淋巴结化脓	涂片镜检，分离鉴定细菌	青霉素、链霉素等有效；可用疫苗预防，但效果有限
副猪嗜血杆菌病	副猪嗜血杆菌	只感染猪，从2周龄到4月龄的猪均易感，通常见于5～8周龄的猪	发热，厌食，反应迟钝，呼吸困难，咳嗽，疼痛尖叫，关节肿胀，跛行，颤抖，共济失调，可视黏膜发绀，侧卧，消瘦和被毛粗乱，随之可能死亡	单个或多个浆膜面可见浆液性和化脓性纤维蛋白渗出物，包括腹膜、心包膜和胸膜，损伤也可能涉及脑和关节表面	细菌学检查	疫苗及药物预防。加强饲养管理，消除其他呼吸道病原
猪传染性胸膜肺炎	胸膜肺炎放线杆菌	中、大猪多发，猪场多见，初次发病群发，死亡率高，与饲养、环境等有关，急性者病程短，呈地方性流行	体温升高，高度呼吸困难，犬坐姿势，张口、伸舌，口鼻有带血色泡沫黏液，耳、口、鼻皮肤发绀	出血性、坏死性、纤维素性胸膜肺炎，心包炎。胸水、腹水淡黄色或暗红色；肺紫色或灰黑色，肺与胸膜粘连	涂片镜检，分离细菌，检测抗体	抗菌药物治疗有效，有疫苗可用
弓形虫病	粪地弓形虫	各种年龄的猪均易感	高热稽留，咳喘，呼吸困难，有神经症状，后期体表有紫斑及出血点；孕猪多流产或产死胎	皮肤出血，肺肿大、瘀血，出血，间质增宽；脾肿大，淋巴结肿大	涂片镜检，测定抗体	磺胺类药物有良好疗效

附表 4.10　猪多系统感染类疾病的鉴别诊断

病名	病原	流行特点	主要临诊症状	特征病理变化	实验室诊断	防治措施
猪瘟	猪瘟病毒	只有猪感染发病，不分品种、年龄、性别，无季节性，发病率、死亡率均高，流行广，流行期长，多途径传播	体温 40 ~ 41 ℃；先便秘，粪便呈算珠样，带血和黏液，后腹泻；后腿交叉步，后躯摇摆；颈部、腹下、四肢内侧发绀；公猪包皮积尿；眼部有黏脓性眼眵；转归死亡	全身皮肤、黏膜、浆膜广泛出血，雀斑肾，脾边缘梗死，回、盲肠扣状肿，淋巴结周边出血，黑紫色，切面呈大理石状；孕猪流产，产死胎、木乃伊胎等	分离病毒：RT-PCR 方法、免疫荧光试验；测定抗原：ELISA 法、正向间接血凝试验测定抗体	无法治疗，主要依靠疫苗预防和紧急接种
猪伪狂犬病	猪伪狂犬病毒	各年龄猪均可感染，以孕猪和新生猪最易感；病猪、带毒猪以及带毒鼠类为传染源；经直接接触、消化道和呼吸道传播，并可垂直传播；流行期长，无季节性	孕猪发生流产或产木乃伊胎、死胎和弱仔，并可引起屡配不孕，返情率高；公猪睾丸肿胀、萎缩，丧失种用能力；仔猪出现神经临诊症状，并伴有呕吐和腹泻；2 月龄以上猪多为隐性感染	无明显肉眼病理变化，非化脓性脑炎，肾脏针尖状出血点；肝、脾和扁桃体均有散在白色坏死点；肺水肿、有小叶性间质性肺炎或出血点；胃黏膜有卡他性炎症、胃底黏膜出血	分离病毒；接种家兔；PCR 方法检测抗原；ELISA 法区分带毒猪和健康猪	无法治疗，加强生物安全体系建设，疫苗预防；猪群净化
猪繁殖与呼吸综合征	猪繁殖与呼吸综合征病毒	孕猪和仔猪易感；病猪和带毒猪是主要传染源；主要经呼吸道和精液水平传播以及胎盘垂直传播；病毒可持续性感染；卫生条件恶劣、饲养密度过大和天气突变均可促进流行	母猪早产、流产，产死胎、木乃伊胎及弱仔，返情率高；仔猪呼吸困难、后肢麻痹、共济失调、打喷嚏、嗜睡，耳紫色和躯体末端皮肤发绀；公猪性欲减弱，精液质量下降，射精量少	主要病理变化为弥漫性的间质性肺炎，并伴有细胞浸润和卡他性肺炎，皮下脂肪、肌肉、肺、肠系膜淋巴结及肾周围脂肪水肿	分离病毒；ELISA 法检测抗体；RT-PCR 法检测抗原	加强生物安全体系建设，免疫接种，防止继发感染
猪圆环病毒病	圆环病毒 2 型	主要发生于保育阶段和生长期的猪；感染猪可自鼻液、粪便中排出病毒，经消化道、呼吸道引起传播，并可垂直传播；可造成严重免疫抑制；无明显的季节性	渐进性消瘦，贫血、黄疸，腹股沟淋巴结肿胀，呼吸困难，腹泻；会阴部和四肢皮肤出现红紫色隆起的不规则斑块；妊娠后期表现流产，产死胎和木乃伊胎；新生仔猪先天性震颤	全身淋巴结肿大；间质性肺炎，外观灰色至褐色，呈斑驳状且质地似橡皮；肝变性；脾变形，有丘疹样出血点或坏死；肾苍白、肿大、有坏死灶；胸腔积水并有纤维素性渗出；胃、肠、回盲瓣黏膜有出血、坏死；死亡胎儿心肌肥大和损伤	分离病毒；ELISA 法检测抗体；PCR 法、原位杂交方法检测抗原	加强环境消毒和饲养管理；减少仔猪应激；疫苗及药物预防

续表

病名	病原	流行特点	主要临诊症状	特征病理变化	实验室诊断	防治措施
猪链球菌病	链球菌	各种年龄均易感；地方流行，与饲养管理、卫生条件有关；主要经伤口直接接触、呼吸道和消化道传播；发病急，感染率和发病率高，流行期长，病型多	最急性病例突然死亡；败血型病例高稽留热，眼结膜潮红，有出血斑，流泪，颈部、耳郭、腹下及四肢下端皮肤呈紫红色，并有出血点，便秘或腹泻，时有血尿；脑膜炎型病例神经症状；关节炎型病例高度跛行或卧地不起；脓肿型病例多于咽部、颌下、颈部淋巴结肿大、化脓和破溃	急性病例肺脏弥漫点状出血，胸腔内有大量黄色混浊液体，心内膜有出血斑点，心肌外膜与心包膜常粘连，脾脏明显肿大，呈暗红色或紫黑色，肾脏稍肿大，有出血斑点，全身淋巴结水肿、出血，脑脊膜充血；慢性病例体表淋巴结化脓，关节有浆液纤维素性炎症	涂片镜检，分离鉴定细菌	青霉素、链霉素等有效；可用疫苗预防，但效果有限
猪副伤寒	沙门氏菌	1 ~ 4 月龄多发，地方流行，多经消化道传播；与饲养条件、环境、气候等有关（内源性感染），流行期长，发病率高	急性病例体温 41 ℃以上，腹痛、腹泻，耳、胸、腹下发绀，呼吸困难；慢性者下痢，排灰白色或黄绿色恶臭稀粪，皮肤有痂状湿疹，易继发其他疾病，最终死亡或成为僵猪	急性病例多为败血症、脾肿大、淋巴结索状肿；慢性者特征病变为坏死性肠炎，大肠黏膜呈糠麸样坏死	涂片镜检，分离鉴定细菌	广谱抗生素均有疗效；预防可用弱毒菌苗，但效果不理想
猪弓形虫病	龚地弓形虫	各年龄的猪均易感；主要经口感染，亦可经呼吸道、损伤的皮肤黏膜和机械性传播，还可经胎盘感染胎儿；在 5 ~ 10 月多发，以 3 ~ 5 月龄猪发病最为严重	高稽留热；眼结膜发绀，流浆液性或脓性分泌物；呼吸困难，咳嗽或喘气；耳部、腹下皮肤发绀，呈紫红色；便秘或腹泻；孕猪发生流产或死胎	心包积液或胸腔有浅红色积水；肺水肿，间质和肺叶间有透明胶冻样浸润；脾明显肿大，呈棕红色；肝大，呈灰红色；全身淋巴结肿大，有小点坏死灶	涂片镜检，测定抗体	磺胺类药物有良好疗效

附表 4.11　体表有水疱、痘疹等变化的猪病鉴别诊断

病名	病原（因）	流行特点	主要临诊症状	特征病理变化	实验室诊断	防治措施
猪口蹄疫	口蹄疫病毒	偶蹄兽最易感，不分年龄、品种，并感染人。多途径传播，冬季多发，传播快，大流行，发病率高，死亡率低	体温 40 ~ 41 ℃；鼻端、唇、口腔黏膜、蹄、乳房有水疱和烂斑，跛行，重者蹄匣脱落，行走困难，孕猪流产，仔猪死亡率高，可达 100%	仔猪呈虎斑心，其他病理变化同生前所见	病毒分离，琼脂培养基扩散，补反，乳鼠接种	对症治疗，加强护理，可用灭活苗预防
猪痘	痘病毒	各种年龄均可发生，夏、秋季多见，地方性流行，很少死亡	体温 41 ~ 42 ℃，毛少处有红斑→丘疹→水疱→脓疱→结痂经过，很少死亡，易继发感染	同生前所见	病毒分离，鉴定	对症治疗，无疫苗可用
猪水疱病	猪水疱病毒	只感染猪，不分年龄、品种，无季节性，发病率高，死亡率低	体温 40 ~ 42 ℃，先于蹄部出现水疱、烂斑，跛行，后有少数猪鼻端出现水疱，仔猪有神经症状	同生前所见	病毒分离，琼脂培养基扩散补反，接种乳鼠	对症治疗，加强护理，弱毒苗免疫
猪渗出性皮炎	皮炎葡萄球菌	吮乳仔猪多见，散发，与外伤、卫生条件差等因素有关	体温正常，体表黏湿，血清及皮脂渗出，有水疱及溃疡，污浊皮痂，气味难闻	同生前所见	涂片镜检，分离细菌	外科处理，抗生素治疗，自家苗预防
荨麻疹	各种致敏刺激	体肥、皮薄仔猪多见，散发，发病急，消散快	体温稍高，皮肤有黄豆至小枣大红色疹块，可融合成片状硬痂，奇痒	消散后无病理变化，无死亡	查找过敏源	抗过敏药脱敏疗法

附录五　猪病临床合理用药

猪病临床用药主要包括预防保健用药与治疗用药。药物的合理使用是兽医工作者的重要职责，它与猪群健康、人类健康以及猪场的经济效益密切相关。猪作为一种被饲养的经济动物，其效益主要体现在养殖规模效益上，现代养猪的模式也逐步走向规模化、集约化与专业化。因此，猪病的发生也以群发性疾病为主，猪病的防治应遵循群体防治为主、个体治疗为辅的原则。猪的群发性疾病主要有感染性疾病、营养代谢性疾病、中毒性疾病和寄生虫性疾病，其中尤以感染性疾病对猪群的危害最大。因此，当前在猪病临床上，抗微生物类药物、解热镇痛类药物与消炎类药物、疫苗以及免疫增强剂类药物的使用占猪病用药的绝大部分，这其中主要是生物制品、化学药物与中药。

由于当前猪场的传染性疾病混合感染现象十分普遍，抗微生物类药物的耐药性问题也十分突出，使得兽医技术人员、兽药店经营人员以及养殖专业户在猪病临床上长期轮流使用药物并且同时联合使用几种药物防治疫病的情况十分普遍。下面主要介绍猪病临床上合理使用化学药物，尤其是抗微生物类化学药物防治猪病应遵循的一些基本原则、方法、步骤、注意事项以及药物联合应用的一般原则。

一、猪病临床用药注意事项

1. 药物使用的安全性　任何时候都应把用药的安全性放在第一位，包括对人的安全性和对猪的安全性，同时应尽可能减少药物对环境的污染。

（1）对人类的安全性：它包括所用药物对使用者的直接毒性和用药后动物可食性组织中的药物残留对消费者的间接毒性。

（2）对猪的安全性：包括所用药物能否引起猪的毒性反应，即直接的毒副作用；对猪的间接副作用，能否引起猪的各器官组织损伤；联合用药过程中各药物间的相互作用、配伍禁忌对猪的损伤；猪体内外病原微生物的耐药性以及对正常微生物菌群的破坏作用；应使用已知副作用最小的药物。

2. 药物使用的合法性　拟使用的药物必须在国家或政府的法律、法规许可范围内，不能使用违法、违禁、违规药物；严格遵守休药期的规定。

3. 药物使用的有效性、易用性与治疗成本　选择药物治疗的一个先决条件就是要确保动物用药后其治疗效果应远大于药物对用药动物造成的不良反应。为此，应进行药效与治疗成本评估、药物效果观察和用药的可操作性评估。

4. 确保在安全范围之内有效的血药浓度及其维持时间　必须以所用药物的理化特性、药物代谢动力学特性、猪群的病理生理状态等指标为依据，评估给药剂量、给药途径（注射、口服、混饲、饮水等）、给药间隔（每天给药 1 次或分 2 ~ 3 次给药）、用药的持续期（疗程、间歇式给药或持续性给药）等因素，同时考虑给药操作的便利性和可行性。

5. 用药目的　治疗与预防用药均须考虑药物的使用剂量、用药的持续期（疗程）、临床症状与病理变化，药物敏感性试验结果（MIC 数据）等。联合用药的还需考虑药物间的相互作用及配伍禁忌。

6. 药物稳定性及临床使用记录　应确保所用药物在使用时仍在有效期内，不使用过期、变质及伪劣兽药产品，同时做好临床用药记录。

二、制订给药方案应遵循的原则

（1）根据所获得的猪群疫情的临床与实验室诊断结果确定治疗目标。它包括近期目标与远期目标。近期目标应是缓解或消除临床症状、恢复饮食，尽快控制、减少、消除死亡或其他造成重大损失的现象；远期目标是标本兼治，消除病因与诱因，恢复猪群健康生理状态，防止复发。

（2）根据病猪的具体病理生理状态选用药物。

（3）根据药物产品的性能和使用规定制订治疗方案。

（4）充分考虑治疗方案操作的便利性、可操作性、治疗效果与治疗成本。

（5）评价治疗效果和修正治疗方案（如有疗效不佳的时候）。一般来说，确定猪病治疗方案最复杂的环节是在猪场中根据不同的发病阶段，针对不同临床与病理表现的群体，选择适宜的治疗药物与有益的辅助治疗药物。

（6）当使用药物作为药物预防时，还应考虑以下几方面：应直接针对特定的目标病原微生物或疾病给药。使用药效确定的药物，采用脉冲式给药，持续用药最长不超过 1 周。对猪群有过敏反应或确认有耐药性的，应立即停用；应备有替代药物以备必要时使用。预防用量适当加大，并使已知的副作用最小化；应按猪群平均体重与猪群规模计算药量。

三、选择抗菌药物应考虑的主要因素

1. 药物的抗菌谱　抗菌药物包括抗革兰氏阴性菌和抗革兰氏阳性菌。在明确病原微生物种类的情况下，根据药物的抗菌谱合理地选择药物，科学地联合用药或使用复方制剂，实施交叉或轮换用药，减少耐药菌株产生的风险。

2. 药物的抗菌活性 猪病的抗菌治疗过程包括目标病原菌的分离、培养、鉴定及对分离菌株的最小抑菌浓度（MIC）测定的过程。目标病原菌的分离、培养、鉴定及MIC测定试验应委托有条件和相应资质的实验室进行；当无法开展这些实验，或因病情紧急需要立即控制疫情时，可以参考一些兽医诊断实验室以往这类实验的汇总资料，用以支持进行经验性治疗。在能达到所需疗效时，应参考药物对目标病原菌的MIC指标，使抗菌药物的治疗剂量合理化。按药物对细菌的抗菌活性，可将抗菌药物分为杀菌药物和抑菌药物。杀菌药物一般应用于动物防御系统受到损伤并威胁到生命的严重感染和动物防御系统不能较好发挥作用的重要组织感染（如脑膜、心内膜和骨髓的感染）。

3. 药物代谢动力学特性 包括药物在病原感染部位达到有效浓度的能力，药物作用属于浓度依赖型药物还是时间依赖型，以及药物在猪体内的生物利用度（药物在猪体内被吸收利用的程度，包括在猪体内各组织器官的分布容积、药物的蛋白结合率等）。

4. 药物的不良反应 包括药物对动物安全性（需考虑患畜品种、年龄、疾病状况和繁殖状态），药物禁忌/毒性与药物间的相互作用，药物对使用者的潜在风险。

5. 药物的合理与合法性 包括方案制订者提供完整处置方案的能力，药物用于作为食品动物猪的合法性。

6. 猪场环境因素 包括猪场及猪场周边环境的感染特征，本场使用同类药物的时间与频率，病原微生物对同类药物产生耐药性的可能性。

7. 临床病理与实验室诊断依据 包括病原微生物的分离鉴定；依据药敏试验MIC测定结果，评估药物的敏感性。药物的使用剂量应根据病原微生物对药物的敏感性、感染部位和抗菌药物的药物代谢动力学和药效学特征来决定。但是，体外的药敏数据与其在动物体内的作用结果有时不一定完全一致。因此，药物在临床上的实际使用剂量应在药敏试验结果的指导下，根据实际的临床结情况做适当的调整，但必须考虑药物的相互作用和毒副作用。

对患猪给药治疗，影响疗程的因素较多，不同类型的感染对抗菌药物的敏感性通常不太一致。因此，平时积累大量的临床感染治疗结果非常重要。经临床和微生物学确诊后，急性感染治疗的疗程至少应有3～5 d。对严重的急性感染及慢性感染，治疗疗程应在5～10 d。如果在最多5 d的一个疗程内没有看到明显的病情改善，则应商讨治疗方案的正确性，并考虑对治疗方案进行调整。药效确定的药物可用于预防给药，预防用药应有一个尽可能短且药效一致的持续期。应避免长期持续性、低剂量使用同种或同类抗菌药而导致细菌耐药性的产生与药物残留超标。

四、猪场常用药物的药理作用与适应证

1. 抗微生物类药

（1）β-内酰胺类抗菌药：代表性药物有阿莫西林、头孢噻呋、头孢喹肟（头孢喹诺）等。抗菌活性和耐药性：广谱杀菌药，对革兰氏阳性菌和革兰氏阴性菌均有效，对支原体、钩端螺

旋体无效。用于敏感菌引起的全身感染。

药理学特性：阿莫西林内服肠道吸收良好，注射给药与口服均可；但头孢噻呋、头孢喹肟肠道吸收较差，宜注射给药，用于敏感菌引起的全身感染，不宜经拌料、饮水等口服途径给药。

药物相互作用与联合用药：阿莫西林与 β－内酰胺酶抑制剂克拉维酸钾组成复方制剂，可提高对耐药菌的敏感性。

临床适应证：副猪嗜血杆菌病、链球菌病、猪肺疫、猪丹毒、仔猪黄白痢、仔猪副伤寒、猪葡萄球菌病等。

（2）磺胺类抗菌药：代表性药物有磺胺间甲氧嘧啶（磺胺六甲氧嘧啶）、磺胺二甲嘧啶、磺胺嘧啶、磺胺甲噁唑、磺胺氯吡嗪等。

抗菌活性和耐药性：慢效广谱抑菌剂，对大多数革兰氏阳性菌和革兰氏阴性菌都有较强的抑制作用，对衣原体和某些原虫如弓形虫等也有抑制作用。其中，磺胺六甲氧嘧啶是体内抗菌活性最强的磺胺药。细菌对该类药物较易产生耐药性。

药理学特性：抑制细菌叶酸的合成，除磺胺脒外，多数内服肠道吸收良好，组织分布广泛，注射给药与口服均可。

毒性或不良反应：大剂量或连续用药超过 1 周后，易引起慢性中毒。主要症状表现为结晶尿引起肾脏损害，出现血尿、尿痛、尿闭等症状；抑制胃肠道菌群，导致消化系统障碍。

药物相互作用与联合用药：与抗菌增效剂［（三甲氧苄啶（TMP）、二甲氧苄啶（DVD）］联用时，具有明显的增效作用，可使磺胺类药由抑菌药变为杀菌药，使药效增加数倍至数十倍。

临床适应证：用于链球菌、胸膜肺炎放线杆菌、波氏杆菌、多杀性巴氏杆菌、肺炎杆菌、大肠杆菌、沙门氏菌、化脓棒状杆菌等敏感菌所致的疾病，如猪肺疫、急性败血性链球菌病、乳腺炎、子宫内膜炎和消化道感染等；也可用于猪弓形体病。

（3）四环素类抗菌药：代表性药物有多西环素（强力霉素）、土霉素、金霉素。

抗菌活性和耐药性：为速效广谱抑菌剂，其中多西环素的抗菌活性优于土霉素与金霉素，但细菌对其较易产生耐药性。

药理学特性：本品通过与细菌核糖体 30S 亚基上的受体结合，抑制蛋白质合成而发挥抗菌作用。肠道吸收良好，组织分布较广泛。主要为口服给药，也可注射给药。

药物相互作用与联合用药：与泰乐菌素、泰妙菌素、林可霉素、黏杆菌素、新霉素和庆大霉素等联用有协同作用。

临床适应证：用于敏感细菌所致猪气喘病、副猪嗜血杆菌病、链球菌病、猪肺疫、仔猪副伤寒、仔猪黄白痢，也可作为治疗猪附红细胞体病的首选药物之一。

（4）大环内酯类抗菌药：代表性药物有泰乐菌素、替米考星、泰万菌素、泰拉霉素（土拉霉素）、泰地罗新等。

抗菌活性和耐药性：为速效广谱抑菌剂，通过与细菌核糖体 50S 亚基结合，抑制蛋白质合成而发挥抗菌作用，对好氧性革兰氏阳性菌、革兰氏阴性球菌、厌氧球菌或支原体等感染效果良好，可作为 β－内酰胺类药物的替代品。

药理学特性：能富集于细胞内，对防治细胞内病原体感染所致疾病效果良好，如支原体肺炎和衣原体肺炎。肠道吸收良好，组织分布较广泛。

毒性或不良反应：注射给药毒性较大，肌内注射可引起水肿、瘙痒、肛突等，尤其是当使用高浓度注射剂时；与肾上腺素合用可增加猪的死亡。

药物相互作用与联合用药：泰乐菌素与磺胺二甲嘧啶、金霉素或多西环素合用有协同作用，效果良好。

临床适应证：用于猪传染性胸膜肺炎、副猪嗜血杆菌病、猪链球菌病、猪气喘病、猪肺疫、猪增生性肠炎、猪血痢等效果良好。

（5）氯霉素类（酰胺醇类）抗菌药：代表性药物有氟苯尼考。

常用制剂有粉散剂、预混剂和注射剂。

抗菌活性和耐药性：为速效广谱抗菌药。对革兰氏阳性菌和革兰氏阴性菌均有较强活性，对胸膜肺炎放线杆菌、巴氏杆菌高度敏感，对链球菌、副猪嗜血杆菌、痢疾志贺菌、沙门氏菌、大肠杆菌、肺炎克雷伯菌等敏感。

药理学特性：本品通过与细菌核糖体 50S 亚基上的受体结合，抑制蛋白质合成而发挥抗菌作用。肠道吸收良好，组织分布较广泛。主要经口服给药，也可注射给药。

毒性或不良反应：用药后可出现肛周水肿、直肠外翻现象。使用高浓度注射剂及超剂量用药时，副作用较明显。有胚胎毒性，故妊娠动物禁用。

药物相互作用与联合用药：氟苯尼考与氟尼辛葡甲胺、双氯芬酸钠或卡巴匹林钙组成的复方制剂，可明显提高对呼吸道感染的临床疗效；与泰乐菌素组成的复方制剂，可明显提高对支原体和细菌性肺炎的临床效果。

临床适应证：主要用于防治猪胸膜肺炎放线杆菌感染、副猪嗜血杆菌病、猪肺疫、链球菌病；对痢疾志贺氏菌、沙门氏菌、大肠杆菌、肺炎克雷伯菌等感染也有良好效果。

（6）氨基糖苷类抗菌药：代表性药物有卡那霉素、阿米卡星、庆大霉素、新霉素、大观霉素、安普霉素。

抗菌活性和耐药性：为静止期杀菌剂，对多数革兰氏阴性需氧菌有效，对大肠杆菌、巴氏杆菌、沙门氏菌、志贺氏杆菌、变形杆菌、猪痢疾短螺旋体、支气管败血性波氏杆菌等均敏感。大观霉素对链球菌作用较弱，对支原体有一定作用。

药理学特性：内服，肠道吸收较差，组织分布相对较窄。

毒性或不良反应：大量或长期使用，可产生肾脏毒性与肾脏残留。

药物相互作用与联合用药：与 β-内酰胺类药物具有协同作用，大观霉素与林可霉素联用制成的复方制剂利高霉素可溶性粉可大幅度地提高抗菌活性。

临床适应证：主要适用于仔猪黄白痢、猪肺疫、仔猪副伤寒等。

（7）林可胺类抗菌药：代表性药物有林可霉素。

抗菌活性和耐药性：为速效广谱抑菌药，对革兰氏阳性菌，如葡萄球菌、溶血性链球菌和肺炎双球菌的作用较强，对厌氧菌、猪痢疾短螺旋体、支原体也有较好作用。

药理学特性：本品通过与细菌核糖体 50S 亚基上的受体结合，抑制蛋白质合成而发挥抗菌作用。肠道吸收良好，组织分布较广泛。口服、注射给药均可。

毒性或不良反应：本品对猪较安全。

药物相互作用与联合用药：与大观霉素联合使用可提高抗菌活性，两者的复方制剂用于仔猪黄白痢和猪副伤寒、猪气喘病和猪密螺旋体病等，效果显著；本品还可与多西环素组成复方制剂，对猪气喘病、猪传染性胸膜肺炎、副猪嗜血杆菌病、猪痢疾、猪回肠炎、猪螺旋体病和猪链球菌病等有显著效果。

临床适应证：主要用于防治猪气喘病、传染性胸膜肺炎、副猪嗜血杆菌病、猪痢疾、回肠炎、猪增生性肠炎、猪螺旋体病和猪链球菌病。

（8）氟喹诺酮类抗菌药：代表性药物有恩诺沙星、达氟沙星、麻保沙星，为动物专用药。

抗菌活性和耐药性：为广谱杀菌药，对大多数革兰氏阳性菌、革兰氏阴性菌和支原体都有较强的抗菌作用。

药理学特性：属静止期杀菌药，通过抑制细菌的 DNA 回旋酶（Ⅱ型拓扑异构酶）而发挥抗菌作用。组织中吸收与分布良好。

毒性或不良反应：本品对猪较安全。

临床适应证：适用于仔猪黄白痢、仔猪副伤寒、猪气喘病、猪肺疫、猪传染性胸膜肺炎、猪链球菌病、母猪的乳腺炎－子宫炎－无乳综合征等。

（9）截短侧耳素类抗菌药：代表性药物有泰妙菌素、沃尼妙林，为动物专用药。

抗菌活性和耐药性：为速效广谱抑菌药，对革兰氏阳性菌、部分革兰氏阴性菌、厌氧菌、支原体属和螺旋体均有效，对支原体的抗菌活性高于泰乐菌素。

药理学特性：口服肠道吸收良好，组织分布广泛。

毒性或不良反应：本品对猪较安全。

药物相互作用与联合用药：与金霉素或多西环素联合使用，可降低对猪气喘病的治疗剂量。

临床适应证：用于防治猪气喘病、猪痢疾、猪回肠炎、猪结肠炎、传染性胸膜肺炎病等。

（10）多肽类抗菌药：代表性药物有多黏菌素类（多黏菌素 B、多黏菌素 E）、杆菌肽类（杆菌肽、短杆菌肽）、维吉尼霉素和恩拉霉素。

抗菌活性和耐药性：属静止期杀菌药。抗菌谱较窄，主要对革兰氏阴性菌有效，对大肠杆菌、沙门氏菌、巴氏杆菌、痢疾杆菌、布鲁氏杆菌、弧菌和绿脓杆菌等较敏感。

药理学特性：通过影响敏感细菌的细胞外膜，使胞浆膜的渗透性增加，进而引起细胞功能障碍而死亡。

毒性或不良反应：①神经系统毒性。②肾脏毒性。本品超剂量使用，特别是注射可引起猪肾功能损害，表现为蛋白尿、管型尿、血尿及尿素氮上升。③神经肌肉接头处阻滞。

药物相互作用与联合用药：与杆菌肽、阿莫西林或头孢氨苄等配伍使用效果良好。

临床适应证：主要用于防治猪的革兰氏阴性菌引起的肠道感染，如仔猪副伤寒、仔猪黄白痢等。

2. 抗寄生虫药 在现代专业化的规范养殖场中，主要采用全价饲料饲养，卫生和管理条件良好，一般很少出现寄生虫问题。但在农村地区，一些中小养殖场以及一些散养户，没有使用全价饲料，环境卫生与管理条件较差，寄生虫疾病比较突出。猪体内寄生虫常见的有蛔虫、钩虫、球虫、旋毛虫、囊尾蚴、姜片吸虫、鞭虫、结节线虫、肾线虫、肺丝虫等，血液寄生虫主要有弓形虫，体外寄生虫主要有螨、虱、蜱、蚊、蝇等。其中，以螨虫对猪的危害最大。猪场常用的抗寄生虫药物如下。

（1）苯并咪唑类：常用品种有阿苯达唑、芬苯达唑。本品属广谱驱虫药，对线虫（蛔虫、钩虫、鞭虫、结节线虫、肾线虫、肺丝虫等）作用强，对绦虫和吸虫（姜片吸虫、囊尾蚴等）也有较强的作用，适用于猪的线虫病、绦虫病和吸虫病的防治。本品与伊维菌素或阿维菌素配伍使用，可增强疗效。

使用剂量：按 5 ~ 10 mg/kg 体重拌饲料喂服，连用 3 ~ 10 d。

（2）大环内酯类：常用品种有多拉菌素、伊维菌素、阿维菌素。为广谱驱虫药，对猪体内寄生虫（蛔虫、钩虫、鞭虫、结节线虫、肾线虫、肺丝虫等）和体外寄生虫（疥螨、血虱）均有良好的驱虫作用，适用于猪胃肠道线虫病、猪血虱和猪疥螨病。伊维菌素、阿维菌素可拌饲料喂服，伊维菌素可按 0.3 mg/kg 体重皮下注射，而肌内注射或静脉注射则易引起中毒反应；多拉菌素可按 0.3 mg/kg 体重肌内注射。

（3）三嗪类：此类猪用抗球虫药主要有妥曲珠利。为广谱抗球虫药，对球虫发育的阶段均有作用。可口服给药，用于预防仔猪的球虫病。

（4）磺胺类：本类药物中的磺胺嘧啶、磺胺 - 6 - 甲氧嘧啶等常用于防治猪弓形虫病；部分品种如磺胺喹噁啉、磺胺氯吡嗪，可用于禽的球虫病。

3. 抗炎药 可用于猪的抗炎药物主要有氟尼辛葡甲胺、卡巴匹林钙、吲哚美辛、地塞米松、美洛昔康等。消炎药物一般可作为抗菌药物的辅助药物使用，可有效减缓临床症状。此外，氟尼辛葡甲胺、卡巴匹林钙、吲哚美辛与抗菌药物联合使用，还可有效控制猪的呼吸道疾病伴随的发热症状。

五、猪主要感染性疾病临床用药参考

1. 细菌性疾病

（1）副猪嗜血杆菌病：又称猪多发性纤维素性浆膜炎和关节炎，其病原为副猪嗜血杆菌，革兰氏染色阴性。首选药物为头孢噻呋、头孢喹肟和氟苯尼考，次选药物为阿莫西林、恩诺沙星、替米考星。群发控制：每1 t 饲料添加氟苯尼考200 ~ 250 g或阿莫西林-克拉维酸钾200 ~ 300 g，连用5 ~ 7 d。

（2）猪链球菌病：病原为致病性猪链球菌，革兰氏染色阳性。首选药物为阿莫西林、头孢噻呋[10～15 mg/（kg·d），连用3~5 d]、头孢喹肟、泰万菌素和恩诺沙星，次选药物为氟苯尼考、替米考星、增效磺胺和利高霉素。群发控制：每1 t 饲料添加阿莫西林-克拉维酸钾200～300 g，或磺胺间甲氧嘧啶1 000 g和甲氧苄啶200 g，连用5～7 d。

（3）猪传染性胸膜肺炎：病原为传染性胸膜肺炎放线杆菌，革兰氏染色阴性。多种药物对本病有效，首选药物为氟苯尼考、头孢噻呋和头孢喹肟，次选药物为替米考星、泰万菌素、泰拉霉素、泰地罗新、达氟沙星、恩诺沙星。泰乐菌素-磺胺二甲间嘧啶和多西环素也有一定疗效。群发控制：每1 t 饲料添加阿莫西林-克拉维酸钾200~300 g，或泰乐菌素300 g和多西环素300 g，连用 5～6 d。

（4）猪气喘病（支原体肺炎）：病原为猪肺炎支原体，革兰氏染色阴性。首选药物为泰妙菌素、替米考星、泰万菌素、沃尼妙林和恩诺沙星，次选药物为泰乐菌素、多西环素、金霉素和吉他霉素。联合用药：泰妙菌素-多西环素、泰万菌素-多西环素、泰万菌素-金环素、泰乐菌素-磺胺二甲嘧啶。大环内酯类单用剂量最多为每1 t 饲料添加200 g，连用1～2周，联合多西环素或金霉素后可降至每1 t 饲料添加75～100 g。

（5）猪肺疫：病原为多杀性巴氏杆菌，革兰氏染色阴性。首选药物为头孢噻呋、头孢喹肟、氟苯尼考、恩诺沙星、替米考星、泰拉霉素、泰地罗新。次选药物为青霉素-链霉素、多西环素、林可霉素-大观霉素。

（6）猪丹毒：病原为猪丹毒杆菌，革兰氏染色阳性。首选药物为青霉素、氨苄西林、阿莫西林-克拉维酸钾等，次选药物为替米考星、利高霉素等。

（7）猪附红细胞体病：病原原认为是立克次氏体，现在认为是支原体。首选药物为多西环素、阿散酸，次选药物为土霉素、金霉素、四环素等。联合用药:盐酸多西环素-阿散酸，每1 t 饲料分别添加200 g和150 g，连用5～7 d。

（8）仔猪副伤寒：病原为猪霍乱沙门氏菌与猪伤寒沙门氏菌，革兰氏染色阴性。首选药物为氟苯尼考、恩诺沙星、安普霉素和阿米卡星，次选药物为多西环素、增效磺胺、庆大霉素、土霉素等。

（9）仔猪大肠杆菌病（仔猪白痢、仔猪黄痢、仔猪水肿病）：病原为致病性大肠杆菌，革兰氏染色阴性。可选药物较多，但较易产生耐药性。首选药物为恩诺沙星、头孢噻呋、头孢喹肟、氟苯尼考、多黏菌素、庆大霉素等，次选药物为阿莫西林-克拉维酸钾、新霉素、安普霉素、大观霉素、大观霉素-林可霉素等。

（10）猪痢疾（猪血痢）：主要病原是猪痢疾短螺旋体，革兰氏染色阴性。首选药物为痢菌净、泰妙菌素、沃尼妙林，每1 t 饲料添加150 g，次选药物为林可霉素、多西环素和喹乙醇等。

（11）猪增生性肠炎：病原为胞内劳森菌，革兰氏染色阴性。首选药物为泰妙菌素（每1 t 饲料添加200 g）、沃尼妙林（每1 t 饲料添加150 g）、替米考星、氟苯尼考，次选药物为林可霉素、泰乐菌素、恩诺沙星、金霉素、硫酸黏杆菌素、四环素、水杨酸亚甲基杆菌肽等。

（12）仔猪红痢（猪梭菌性肠炎）：病原为C型产气荚膜梭菌，革兰氏染色阳性。本病发病急、病死率高，药物治疗效果不确切，但可选择恩拉霉素、多西环素、林可霉素等用于预防。

2. 寄生虫性疾病

（1）猪球虫病：主要引起 2 周龄内哺乳仔猪腹泻。首选药物为妥曲珠利（百球清）、地克珠利等。

（2）猪弓形虫病：首选药物为磺胺类药物，如磺胺间甲氧嘧啶-甲氧苄啶或磺胺嘧啶-甲氧苄啶等，次选药物为林可霉素。

（3）猪疥螨病：首选药物为伊维菌素混饲（每1 t 饲料2 g）或皮下注射（0.3 mg/kg体重），次选药物为阿维菌素和多拉菌素。

六、常用抗菌药物和抗寄生虫药物的配制及给药方法

常用抗菌药物和抗寄生虫药物的配置及给药方法见附表 5.1。

附表 5.1　常用抗菌药物和抗寄生虫药物的配制及给药方法

类别	药物	给药方法	备注
青霉素类	青霉素钠（钾）	肌内注射：2 万 ~ 3 万 U/kg 体重	（1）用于革兰氏阳性菌、放线菌及钩端螺旋体感染；（2）临用前配置，室温保存 24 h，2 ~ 8 ℃可保存 7 d
	氨苄西林	肌内注射：25 ~ 40 mg/kg 体重	（1）不用于耐青霉素的金黄色葡萄球菌感染；（2）休药期：猪，15 d
	阿莫西林	肌内注射或皮下注射：15 mg/kg 体重，如需要，可在 48 h 后再注射同等剂量	（1）用前摇均；（2）休药期：猪，28 d
头孢菌素类	头孢噻呋	肌内注射：3 ~ 5 mg/kg 体重，每天 1 次，连用 3 d	（1）用于猪细菌性呼吸道感染；（2）用前摇匀，不宜冷冻，第一次使用后需在 14 d 内用完；（3）休药期：猪，1 d
	头孢喹肟	头孢喹肟注射液：肌内注射，1 ~ 2 mg/kg 体重，每天 1 次，连用 3 d	用于治疗猪巴氏杆菌导致的支气管肺炎，传染性胸膜肺炎，渗出性皮炎等

续表

类别	药物	给药方法	备注
氨基糖苷类	庆大霉素	肌内注射：2 ～ 4 mg/kg 体重	（1）与 β - 内酰胺类抗生素体外混合存在配伍禁忌； （2）休药期：猪，40 d
	卡那霉素	肌内注射：10 ～ 15 mg/kg 体重，每天 2 次，连用 3 ～ 5 d	（1）治疗猪气喘病； （2）动物出现肾功能损害时慎用； （3）休药期：猪，28 d
	链霉素	肌内注射：10 ～ 15 mg/kg 体重，每天 2 次，连用 2 ～ 4 d	（1）对氨基糖苷类抗生素过敏的动物禁用； （2）动物出现肾功能损害时慎用； （3）休药期：猪，18 d
	新霉素	硫酸新霉素预混剂：混饲给药，77 ～ 154 mg/kg 饲料	用于治疗革兰氏阴性菌导致的胃肠道感染，毒性大，易引起肾毒性和耳毒性
	硫酸新霉素甲溴东莨菪碱溶液	内服给药：仔猪，体重 7 kg 以下，1 mL；7 ～ 10 kg，2 mL（每 100 mL 含硫酸新霉素 45 ～ 60 mg，甲溴东莨菪碱 0.225 ～ 0.288 mg）	用于治疗仔猪细菌性感染导致的腹泻
	硫酸（盐酸）大观霉素	内服给药：仔猪，10 mg/kg 体重，每天 2 次，连用 3 ～ 5 d	主要用于防治仔猪白痢
四环素类	土霉素	土霉素片：内服给药，10 ～ 20 mg/kg 体重； 土霉素注射液（长效土霉素注射液）：肌内注射，10 ～ 20 mg/kg（以土霉素计）； 注射用盐酸土霉素：静脉注射，5 ～ 10 mg/kg 体重（盐酸土霉素不宜肌内注射，静脉注射宜缓慢）	（1）广谱抗菌药，避免与乳制品和含钙量高的饲料同服； （2）肝、肾功能障碍的患畜禁用； （3）休药期：内服给药，猪，7 d；注射给药，猪，28 d
	多西环素	多西环素片：内服给药，3 ～ 5 mg/kg 体重，每天 1 次，连用 3 ～ 5 d	（1）治疗支原体病、大肠杆菌病、沙门氏菌病等； （2）休药期：猪，28 d
酰胺醇类	氟苯尼考	氟苯尼考预混剂：混饲，1 ～ 2 g/kg 饲料，连用 7 d； 氟苯尼考注射液：肌内注射，15 ~ 20 mg/kg 体重，每隔 48 h 1 次，连用2次； 氟苯尼考粉：内服给药，20 ～ 30 mg/kg 体重，每天 2 次，连用 3 ～ 5 d	（1）肾功能障碍患畜需减量或延长给药间隔； （2）疫苗接种期或免疫功能缺损的动物禁用； （3）休药期：氟苯尼考粉，猪，20 d，预混剂和注射液 14 d
	甲砜霉素	甲砜霉素片（粉）：内服给药，5 ～ 10 mg/kg 体重，每天 2 次，连用 2 ～ 3 d	（1）强免疫抑制作用，疫苗接种期或免疫功能缺损的动物禁用； （2）妊娠期和哺乳期禁用； （3）休药期：猪，28 d

续表

类别	药物	给药方法	备注
大环内酯类	红霉素	注射用乳糖酸红霉素：静脉注射，3 ~ 5 mg/kg体重，每天2次，连用2 ~ 3 d	（1）治疗耐青霉素葡萄球菌引起的感染，革兰氏阳性菌和支原体感染； （2）不宜肌内注射，静脉注射速度要缓慢，避免漏出血管外； （3）休药期：猪，7 d
	泰乐菌素	泰乐菌素预混剂：混饲给药，10 ~ 100 mg/kg饲料；注射用酒石酸泰乐菌素：肌内注射，5 ~ 13 mg/kg体重	（1）治疗猪支原体、巴氏杆菌等感染所致的肺炎、关节炎和痢疾等； （2）休药期：混饲给药，猪，5 d，注射给药 21 d
	泰万菌素	酒石酸泰万菌素可溶性粉：混饮给药，50 ~ 85 mg/L 水，连用 5 d；酒石酸泰万菌素预混剂：混饲给药，50 mg/kg 饲料	（1）治疗猪支原体、密螺旋体感染； （2）休药期：猪，3 d
	替米考星	替米考星预混剂：混饲给药，200 ~ 400 mg/kg 饲料（以替米考星计），连用 15d	（1）仅用于治疗，不可用作促生长剂，对胸膜肺炎放线杆菌、巴氏杆菌和支原体感染有效； （2）休药期：猪，14 d
	泰拉霉素	泰拉霉素注射液：肌内注射，2.5 mg/kg 体重	（1）治疗胸膜肺炎放线杆菌、多杀性巴氏杆菌和肺炎支原体引起的猪呼吸道疾病； （2）休药期：猪，33 d
多肽类	黏菌素	饮水给药：40 ~ 200 mg/L 水； 混饲给药：2 ~ 40 mg/kg 体重	（1）用于阴性菌导致的肠道感染，连续使用不宜超过 1 周； （2）休药期：猪，7 d
	杆菌肽	混饲给药：6 月龄以下猪，4 ~ 40 mg/kg 体重	用于促生长，治疗细菌性腹泻和密螺旋体导致的血痢，禁用于种猪

续表

类别	药物	给药方法	备注
磺胺类	磺胺嘧啶	磺胺嘧啶片：内服，首次量 0.14 ~ 0.2 g/kg 体重，维持量减半，每天 2 次，连用 3 ~ 5d； 复方磺胺嘧啶预混剂：混饲，15 ~ 30 mg/kg 体重，连用 5 d； 磺胺嘧啶钠注射液：静脉注射，50 ~ 100 mg/kg 体重，每天 1 ~ 2 次，连用 2 ~ 3 d	用于各种敏感菌所致的感染；用药期间，应给患畜大量饮用水，大剂量或长期用药时给予等量的碳酸氢钠；肾功能障碍，应慎用；如出现过敏反应，应停止用药，长期应用补充维生素 B 和维生素 K；复方为加入磺胺增效剂甲氧苄啶，两者比例为 5 : 1
	磺胺噻唑	磺胺噻唑片：内服，首次量 0.14 ~ 0.2 g/kg 体重，维持量减半，每天 2 ~ 3 次，连用 3 ~ 5 d； 磺胺噻唑钠注射液：静脉注射，50 ~ 100 mg/kg 体重，每天 2 次，连用 2 ~ 3 d	
	磺胺二甲嘧啶	磺胺二甲嘧啶片：内服给药，首次 140 ~ 200 mg/kg 体重，维持量 70 ~ 100 mg/kg 体重。每天 1 ~ 2 次，连用 3 ~ 5 d； 磺胺二甲嘧啶注射液：静脉注射，50 ~ 100 mg/kg 体重，每天 1 ~ 2 次，连用 2 ~ 3 d	
	磺胺甲噁唑	磺胺甲噁唑片：内服给药，首次 50 ~ 100 mg/kg 体重，维持量 25 ~ 50 mg/kg 体重，每天 2 次，连用 3 ~ 5 d； 复方磺胺甲噁唑片：内服给药，20 ~ 25 mg/kg 体重（以磺胺甲噁唑计），每天 2 次，连用 3 ~ 5 d	
	磺胺对甲氧嘧啶	磺胺对甲氧嘧啶片：内服给药，首次 50 ~ 100 mg/kg 体重，维持量 25 ~ 50 mg/kg 体重，每天 1 ~ 2 次，连用 3 ~ 5 d； 复方磺胺对甲氧嘧啶注射液：肌内注射，15 ~ 20 mg/kg 体重（以磺胺对甲氧嘧啶计），每天 1 ~ 2 次，连用 2 ~ 3 d	
林可胺类	林可霉素	林可霉素片：内服给药，10 ~ 15 mg/kg 体重，每天 1 ~ 2 次，连用 3 ~ 5 d； 林可霉素可溶性粉：饮水给药，40 ~ 70 mg/kg 体重，连用 5 ~ 10 d； 林可霉素预混剂：混饲给药，44 ~ 77 mg/kg 饲料，连用 1 ~ 3 周； 林可霉素注射液：肌内注射，10 mg/kg 体重，每天 1 次	（1）对革兰氏阳性菌和支原体有较强活性； （2）猪用药后，可能出现胃肠道功能紊乱； （3）休药期：可溶性粉和预混剂为 5 d，林可霉素片为 6 d，注射液为 2 d

续表

类别	药物	给药方法	备注
截短侧耳素类	泰妙菌素	泰妙菌素可溶性粉：混饮，45 ~ 60 mg/L 水，连用 5 d； 泰妙菌素预混剂：混饲给药，40 ~ 100 mg/kg 饲料，连用 5 ~ 10 d； 泰妙菌素注射液：肌内注射，10 ~ 15 mg/kg 体重，每天 1 次，连用 3 d	（1）用于治疗猪支原体肺炎、嗜血杆菌胸膜肺炎和密螺旋体痢疾； （2）禁止与聚醚类抗生素联用； （3）休药期：混饮给药猪 7 d；混饲给药猪 5 d；注射给药，猪，10 d
	沃尼妙林	盐酸沃尼妙林预混剂：75 ~ 150 mg/kg 饲料	（1）用于治疗猪螺旋体导致的结肠病和猪增生性肠炎； （2）休药期：猪，1 d
喹诺酮类	恩诺沙星	恩诺沙星溶液：用给药器经口给药，3 mg/kg 体重（仔猪），连用 3 d； 恩诺沙星液注射液：肌内注射，2.5 mg/kg 体重，每天 1 ~ 2 次，连用 2 ~ 3 d	（1）治疗细菌性疾病和支原体感染； （2）肌内注射有一过性刺激性； （3）休药期：溶液 5 d，注射液 10 d
	环丙沙星	盐酸环丙沙星注射液：肌内注射，静脉注射，2.5 ~ 5 mg/kg体重，每天2次，连用2 ~ 3 d	休药期：注射液 28 d
	沙拉沙星	盐酸沙拉沙星注射液：肌内注射，2.5 ~ 5 mg/kg 体重，每天 2 次，连用 3 ~ 5 d	治疗细菌性疾病和支原体感染
	达氟沙星	达氟沙星注射液：肌内注射，1.25 ~ 2.5 mg/kg 体重，每天 1 次，连用 3 d	勿与含铁制剂在同一天使用
	二氟沙星	二氟沙星注射液：肌内注射，5 mg/kg 体重，每天 2 次，连用 3 d	（1）肌内注射有一过性疼痛； （2）休药期：猪，45 d
喹噁啉类	乙酰甲喹	乙酰甲喹片：5 ~ 10 mg/kg 体重	（1）只用做治疗，治疗猪痢疾，仔猪黄白痢； （2）禁用于促生长； （3）休药期：猪，35 d
	喹乙醇	喹乙醇预混剂：混饲，1 ~ 2 g/kg 饲料	（1）用于体重 35 kg 以下猪作促生长剂； （2）休药期：猪，35 d

续表

类别	药物	给药方法	备注
抗蠕虫药	乌洛托品	乌洛托品注射液：静脉注射，5 ~ 10 g/ 次	用于尿路感染，加服氯化铵，可增强其作用
	阿苯达唑片	内服给药：5 ~ 10 mg/kg 体重	（1）用于治疗线虫、绦虫和吸虫病，不用于妊娠期母猪； （2）休药期：猪，7 d
	芬苯达唑粉	内服给药：5 ~ 7.5 mg/kg 体重	休药期：猪，3 d
	奥芬达唑片	内服给药：4 mg/kg 体重	休药期：猪，7 d
	氟苯达唑预混剂	混饲：30 mg/kg 饲料	（1）用于驱除胃肠道线虫和绦虫，妊娠母猪禁用； （2）休药期：猪，14 d
	氧苯达唑片	内服给药：10 mg/kg 体重	用于胃肠道线虫
	非班太尔	非班太尔片 / 颗粒：内服给药，5 mg/kg 体重	（1）用于驱除胃肠道线虫及肺线虫； （2）休药期：猪，14 d
	左旋咪唑	左旋咪唑片：内服给药，7.5 mg/kg 体重； 左旋咪唑注射液：皮下、肌内注射，7.5 mg/kg 体重	（1）用于驱除胃肠道线虫及肺丝虫病，哺乳母猪禁用； （2）本品中毒时，可用阿托品解毒和其他对症治疗； (3) 休药期：片剂 3 d，注射液 28 d
	磷酸哌嗪	磷酸哌嗪片：内服给药，0.2 ~ 0.25 g/kg 体重	用于猪蛔虫病，休药期 21 d
	伊维菌素	伊维菌素预混剂：混饲，2 mg/kg 饲料，连用 7 d； 伊维菌素注射液：皮下注射，0.3 mg/kg 体重	（1）用于防治猪线虫、螨虫及其他寄生性昆虫病； （2）仅用于皮下注射，且注射不宜超过 10 mL； （3）对虾、鱼及水上生物有剧毒，残存药物的包装切勿污染水源； （4）休药期：预混剂 5 d，注射液 20 d
	阿维菌素	阿维菌素粉/片/胶囊：内服给药，0.3 mg/kg体重； 阿维菌素注射液：皮下注射，0.3 mg/kg 体重	（1）作用和注意事项同伊维菌素； （2）休药期：猪，28 d
	多拉菌素	多拉菌素注射液：肌内注射，0.3 mg/kg 体重	（1）治疗线虫和螨虫病等体内、外寄生虫病； （2）休药期：猪，56 d
	越霉素 A	越霉素 A 预混剂：混饲，5 ~ 10 mg/kg 饲料	（1）用于驱除猪蛔虫、鞭虫等； （2）休药期：猪，15 d
	潮霉素 B	潮霉素 B 预混剂：混饲，10 ~ 13 mg/kg 饲料（育成猪连用 8 周，母猪产前 8 周至分娩）	（1）用于驱除猪蛔虫、鞭虫等； （2）休药期：猪，3 d
	吡喹酮	吡喹酮片：内服给药，10 ~ 35 mg/kg 体重	（1）主要用于血吸虫病； （2）休药期：猪，28 d
	敌百虫	敌百虫片：内服给药，80 ~ 100 mg/kg 体重	（1）用于驱除胃肠道线虫、蝇、蛆、蜱、螨、蚤、虱等； （2）不宜与碱性药物配伍； （3）休药期：猪，28 d

续表

类别	药物	给药方法	备注
抗原虫药	盐霉素钠	混饲给药：25 ~ 75 mg/kg 饲料	（1）主要用于防治猪球虫病，近年来亦用于猪、牛促生长； （2）此药安全范围窄，应严格控制混饲给药浓度； （3）休药期：猪，5 d
外用杀虫药	氰戊菊酯	喷雾：1 ：（1 000 ~ 2 000）稀释	（1）水温以 12 ℃为宜，超过 25 ℃降低药效，超过 50 ℃时则失效； （2）休药期：猪，28 d
	辛硫磷	辛硫磷浇泼溶液：30 mg/kg 体重浇淋	驱杀猪螨、虱、蜱等体外寄生虫，休药期 14 d
	双甲脒	药浴、喷洒或涂擦：0.025% ~ 0.05% 溶液	（1）此药有刺激作用，使用时防止药物沾污皮肤或眼睛； （2）对鱼有剧毒，勿投入鱼塘、河流； （3）休药期：猪，8 d
	硫软膏	外用：适量	驱除体表疥螨和痒螨等，长期大量使用时，具有刺激性，可引起接触性皮炎，使用时注意防护
其他	盐酸小檗碱	盐酸小檗碱片：内服，0.5 ~ 1 g/ 次； 盐酸小檗碱注射液：肌内注射，0.05 ~ 0.1 g/ 次	（1）用于细菌性肠道感染； （2）休药期：猪，28 d

七、常用消毒药及其使用方法

常用消毒药及其使用方法见附表 5.2。

附表 5.2 常用消毒药及其使用方法

药物名称		使用方法	用途
碱类	氢氧化钠	配成 1.0% ～2.0% 的热溶液	用于厩舍、运输工具等消毒，对组织有强腐蚀性，应注意防护
	碳酸钠	外用：去痂皮，配成 0.5% ~ 2% 的溶液；煮沸消毒：配成 1% 溶液	用于器械煮沸消毒和清洁皮肤、去除痂皮
碘制剂	复合碘溶液	厩舍、屠宰场地消毒：配成 1% ~ 3% 溶液；器械消毒：配成 0.5% ~ 1% 溶液	用于厩舍、器械和污物消毒
	聚维酮碘	皮肤消毒：配成 5% 溶液；黏膜及创面冲洗：配成 0.1% 溶液	用于皮肤、黏膜消毒
醛类	甲醛	熏蒸消毒：15 mL/m^3	用于厩舍熏蒸消毒
	戊二醛	喷洒：配成 0.78% 溶液	用于厩舍和器具消毒
酚类	苯酚	配成 2%~5% 溶液	用于用具、器械和环境消毒
	复合酚	喷洒：配成 0.3%~1% 溶液	用于畜舍和器具消毒
	甲酚皂	喷洒或浸泡：配成 5% ~ 10% 水溶液	用于器械、厩舍和排泄物等消毒
卤素类	含氯石灰	饮水消毒：每 50 L 水加 1 g；厩舍等消毒：配成 5%~20% 混悬液	用于饮水、厩舍、场地、车辆及排泄物等消毒
	次氯酸钠溶液	厩舍、器具消毒：按 1 ：（50~100）稀释；口蹄疫病毒疫源地消毒：按 1 ： 50 稀释	用于厩舍、器具及环境消毒
季铵盐类	苯扎溴铵溶液	创面消毒：配成 0.01% 溶液；皮肤、手术器械消毒：配成 0.1% 溶液	用于手术器械、皮肤和创面消毒
	醋酸氯已定	皮肤消毒：配成 0.5%（70% 乙醇）的醇溶液；黏膜、创面消毒：配成 0.05% 溶液；手消毒：配成 0.02% 溶液；器械消毒：配成 0.1% 溶液	用于手术器械、皮肤、黏膜和创面消毒
氧化剂	过氧化氢溶液	清洗创口：适量	用于皮肤、黏膜、创面、瘘管清洗
	高锰酸钾	腔道冲洗：0.05% ~ 0.1% 溶液用于洗涤口炎、咽炎、阴道炎、子宫炎部位及深部脓疮；创伤冲洗：配成 0.1% ~ 0.2% 溶液	用于皮肤创伤及腔道炎症
醇类	乙醇	皮肤、器械、针头消毒：配成 75% 水溶液	用于皮肤器械、针头消毒

参考文献

[1] 中国家畜家禽品种志编委会 . 中国猪品种志 [M]. 上海：上海科学技术出版社，1986.
[2] 杨公社 . 猪生产学 [M]. 北京：中国农业出版社，2002.
[3] 罗满林 . 动物传染病学 [M]. 北京：中国林业出版社，2013.
[4] 文心田，罗满林 . 现代兽医兽药大全：动物常见传染病的防制分册 [M]. 北京：中国农业大学出版社，2011.
[5] 潘耀谦，张春杰，刘思当 . 猪病诊治彩色图谱 [M]. 北京：中国农业出版社，2004.
[6] 杜向党，李新生 . 猪病类症鉴别诊断彩色图谱 [M]. 北京：中国农业出版社，2010.
[7] 徐有生 . 猪病理剖检实录 [M]. 北京：中国农业出版社，2010 年 .
[8] 芦惟本 . 跟卢老师学猪的病理解剖检 [M]. 北京：中国农业出版社，2011.
[9] 中国兽药典委员会 . 兽药使用指南：化学药品卷 [M]. 北京：中国农业出版社，2011.
[10] 陈杖榴 . 兽医药理学 [M]. 3 版 . 北京：中国农业出版社，2009.
[11] 陈溥言 . 兽医传染病学 [M]. 6 版 . 北京：中国农业出版社，2015.
[12] 李国清 . 兽医寄生虫学 [M]. 2 版 . 北京：中国农业大学出版社，2015.
[13] 翁亚彪 . 集约猪场实用驱虫技术手册 [M]. 广州：广东科技出版社，2003.
[14] JIM E R，MARK G P. 兽医药理学与治疗学 [M]. 9 版 . 操继跃，刘雅红，主译 . 北京：中国农业出版社，2007.
[15] JEFFREY J Z，LOCKE A K，ALEJANDRO R， et al. 猪病学 [M]. 10 版 . 赵德明，张仲秋，周向梅，等主译 . 北京：中国农业大学出版社，2014.
[16] MICHAEL R M，THOMAS J L. Managing Pig Health and the Treatment of Disease[M]. sheffield：5M Enterprises Ltd. ，1997.
[17] 王周科 . 猪蓝耳病毒和链球菌混合感染的诊断 [J]. 畜牧兽医杂志，2014（4）：148-149.

[18] 白继武，郭廷军．猪蓝耳病和猪链球菌混合感染的治疗 [J]. 黑龙江畜牧兽医，2012（8）：86.

[19] 刘淑清．猪圆环病毒 2 型和副猪嗜血杆菌 4 型混合感染致病性研究 [D]. 武汉：华中农业大学，2011.

[20] 陈红玲，黎作华，万春燕，等．猪场高致病性猪蓝耳病和猪圆环病毒 2 型混合感染的防控实例分析 [J]. 猪业科学，2016（5）：78-80.

[21] 李广兴，刘思国，任晓峰．动物病理解剖学 [M]. 哈尔滨：黑龙江科学技术出版社，2006.

[22] 马学恩．家畜病理学 [M]. 4 版．北京：中国农业出版社，2007.

[23] 杨鸣琦．兽医病理生理学 [M]. 北京：科学出版社，2010.

[24] 郑明学，刘思当．兽医临床病理解剖学 [M]. 2 版．北京：中国农业大学出版社，2015.

[25] 张宏侠，刘婧．规模化猪场猪疥螨病的诊断及综合防治对策 [J]. 畜牧与饲料科学，2014，35（12）：112-113.

[26] 白成友，范才良，文红．猪球虫病及防制 [J]. 四川畜牧兽医，2012，11：57-58.

[27] 刘坤，兰邹然，姜平．猪瘟病毒分子生物学及检测技术研究进展 [J]. 动物医学进展，2012，33（10）：99-104.

[28] 姚文生，范学政，王琴，等．我国猪瘟流行现状与防控措施建议 [J]. 中国兽药杂志，2011，45（9）：44-47.

[29] 李菲，赵立峰，高云航，等．猪瘟分子生物学诊断新进展 [J]. 中国畜牧兽医，2010，37（6）：168-170.

[30] 陶玉顺，黄涛，袁东波，等．目前我国猪瘟的流行现状及防控策略 [J]. 畜牧与兽医，2008，40（8）：90-94.

[31] 袁红，练斯南，张衡，等．新型猪伪狂犬病流行情况及净化措施 [J]. 中国动物检疫，2016，33（3）：58-62.

[32] 祖立闯，王金良，苗立中，等．猪伪狂犬病常用诊断方法概述 [J]. 养猪，2013（4）：124-127.

[33]杨毅，李文刚，饶宝，等. 猪伪狂犬病疫苗的研究进展[J]. 江西农业学报，2010，22（3）：154-157.

[34] 杨庆芳．规模化猪场猪伪狂犬病净化措施的研究 [J]. 中国畜禽种业，2011，7（12）：100-102.

[35] 艾昱．猪繁殖与呼吸综合征的诊断与防制 [J]. 山东畜牧兽医，2014（4）：30-31.

[36] 张金辉．猪繁殖与呼吸综合征研究进展及防控 [J]. 猪业科学，2013（6）：38.

[37] 王娟，夏玉梅．猪繁殖与呼吸综合征的诊断与防治 [J]. 畜禽业，2011（3）：80-81.

[38] 魏津，王在时 . 猪繁殖与呼吸综合征病毒检测技术的研究进展 [J]. 北方牧业，2014（4）：15-16.

[39] 刘国涛 . 猪繁殖与呼吸综合征的流行与诊断 [J]. 山东畜牧兽医，2016，37（3）：28-29.

[40] 于新友，李天芝，李峰，等 . 猪圆环病毒病流行与防治进展 [J]. 猪业科学，2015，32（11）：100-102.

[41] 宁慧波 . 猪圆环病毒 2 型灭活疫苗免疫效果田间对比试验 [J]. 今日养猪业，2015（12）：86-88.

[42] 张志，孙启峰，张美晶，等 . 我国猪圆环病毒病的流行病学分析 [J]. 中国动物检疫，2015，32（11）：6-10.

[43] 吴爱银，秦兴然，李金华，等 . 猪圆环病毒病的病因与防治措施 [J]. 中国畜牧兽医文摘，2015（8）：190.

[44] 李雅静，高志清，赵宝华 . 猪链球菌检测及猪链球菌病防治的研究进展 [J]. 中国兽药杂志，2007，41（10）：39-43.

[45] 李东华，刘建设，李新杰 . 猪链球菌病的防治措施 [J]. 畜牧兽医杂志，2012，31（3）：103.

[46] 孔维帮 . 规模化猪场猪链球菌病的防治 [J]. 云南畜牧兽医，2013（5）：1-2.

[47] 张亚茹 . 猪副伤寒及其防治 [J]. 养殖技术顾问，2012（6）：133.

[48] 高清友 . 猪副伤寒的诊断与预防 [J]. 养殖技术顾问，2010（2）：88.

[49]王文宇，宁振东，霍明. 猪副伤寒的类症鉴别及防制[J]. 畜牧兽医科技信息，2006（7）：53.

[50] 张玲娟 . 猪弓形体病的诊断与治疗 [J]. 中国畜禽种业，2016，12（2）：105-106.

[51] 刘恒明 . 猪弓形体病的调查与防治措施 [J]. 青海畜牧兽医杂志，2012，42（3）：4.

[52] 杨春佩，陈巧华，杨芳 . 猪弓形体病的防治 [J]. 湖南畜牧兽医，2009（4）：19-20.

[53] 杨彩娟，刘苓钰，谢乐新，等 . 猪场免疫程序的制定和免疫监测的思考 [J]. 广东畜牧兽医科技，2015（6）：23-26.

[54] 李秀萍 . 城郊农村畜禽粪便和尸体污染及其危害 [J]. 现代农业科技，2009（14）：250，252.

[55] 郭立民，李铁全，林世武，等 . 浅谈动物尸体处理现状与危害及对策 [J]. 中国动物检疫，2007，24（6）：8.

[56] 孔源，韩鲁佳 . 我国畜牧业粪便废弃物的污染及其治理对策的探讨 [J]. 中国农业大学学报，2002（6）：92-96.

[57] 高定，陈同斌，刘斌，等 . 我国畜禽养殖业粪便污染风险与控制策略 [J]. 地理研究，2006（2）：311-319.

[58] 朱凤连，马友华，周静，等．我国畜禽粪便污染和利用现状分析 [J]. 安徽农学通报，2008，14（13）：48-50.

[59] 郭冬生，彭小兰，龚群辉，等．畜禽粪便污染与治理利用方法研究进展 [J]. 浙江农业学报，2012，24（6）：1164-1170.

[60] 李胜国，曹磊，李红国．病死畜禽无害化处理机制的构建及运行 [J]. 畜牧兽医杂志，2016（3）：99-100.

[61] 夏坤，李小龙．病死畜禽无害化处理存在的问题与建议 [J]. 畜牧兽医科技信息，2015（7）：119-120.

[62] 周黎明．猪规模养殖粪污的处理与利用 [J]. 畜牧兽医杂志，2016（4）：34-38.

[63] 刘长岗．浅议如何建立病死猪无害化处理机制 [J]. 河南畜牧兽医（综合版），2015，36（1）：37-38.

[64] 赵翠玉．病死畜禽无害化处理的机制探讨 [J]. 中国畜禽种业，2015（11）：33.

[65] 刘晓光．畜禽粪污无害化处理技术 [J]. 四川畜牧兽医，2013（4）：35-37.

[66] 张路寒，韩冶．浅谈动物粪便污染的危害与处理 [J]. 中国畜禽种业，2010（6）：40.

[67] 万雪，崔金光，李颖，等．病死动物的无害化处理建议 [J]. 中国猪业，2013（4）：66-68.

[68] 丁有根，王庆国，郑飞．猪粪污的无害化处理技术及资源化利用途径 [J]. 浙江畜牧兽医，2013（6）：13-14.

[69] 钟云平，苏州，刘瑞平，等．浅析我国南方地区猪场粪污无害化处理对策 [J]. 中国猪业，2015（11）：72.

[70] 翟武明．健康养猪的空间环境与粪污无害化处理技术 [J]. 甘肃畜牧兽医，2016，46（3）：108.

[71] JIANG H H，HUANG S Y，ZHOU D H，et al. Genetic characterization of Toxoplasma gondii from pigs from different localities in China by PCR-RFLP[J]. Parasit Vectors，2013，6：227.

[72] ZHOU P，CHEN Z G，LI H L，et al. Toxoplasma gondii infection in humans in China[J]. Parasites Vectors，2011，4：165.

[73] WENG Y B，HU Y J，LI Y，et al. Survey of intestinal parasites in pigs from intensive farms in Guangdong Province，People' s Republic of China[J]. Vet Parasitol，2005，127（3/4）：333-336.

[74] 郑久坤，杨军香．粪污处理主推技术 [M]. 北京：中国农业科学技术出版社，2013.